周 儒◎著

實踐環境教育
環境學習中心

五南圖書出版公司 印行

推薦序一

　　環境教育講求內容要是關於（about）環境的、要在環境中（in）學習和爲了（for）環境學習。這樣子的學習不限制對象，男女老少人人皆宜。學習的情境最好具備可見的環境問題、適當的教學場地，那麼老師就比較能夠發揮他的職能、能夠喚起學員對環境的同理心和同情心，達到與環境合而爲一的同舟共濟情境。

　　周儒教授專著《實踐環境教育：環境學習中心》就是實現前述理想的指南。周儒教授早期在環保署從事環境教育工作，進修博士學位後，更加投入環境教育教學研究，並先後擔任臺灣師大環境教育研究所所長及環境教育學會理事長，能兼具行政和教學經驗。他多年來專注於公私團體環境學習中心的建立與操作，尤以近年來協助林務局發展環境學習中心的績效最爲顯著。他將數十年來學習和實作的經驗整理完成本書，希望把國內外的發展經驗與你我分享，並共同爲環境盡一份心力。正值我國環境教育法上路，彰顯全民對環保的重視，並力圖能知行合一，本書能適時出版，同爲新法慶生與喝采。

　　在原有的夏令營、自然中心基礎上，環境學習中心已經在國內外興起，更加爲環境教育投注學習資源。本書兼顧理論與實務，可以作爲有志從事環境學習的人士參考，爲更上一層樓準備。

王　鑫

臺灣大學名譽教授

中國文化大學地學研究所教授

推薦序二

　　聯合國將2005至2014年訂爲「國際永續發展教育十年」，世界各國積極地推動環境教育的工作，包括培訓、公眾傳播和訂立相關的法規和政策等。臺灣在亞洲地區的環境教育推廣工作，締造了不少豐碩的成果，包括修訂2011年的環境教育課程，以及在2011年正式開始實施的「環境教育法」，成爲繼美國、日本、韓國、巴西及菲律賓後，第六個將環境教育立法的地方。該法規定機關、公營事業機構、高級中等以下學校及財團法人等，每年應舉辦四小時以上的環境教育課程或活動（http：//www.unicorn-orca.com/forum.php?mod=viewthread&tid=958登入日期 8-8-2011）。

　　此外，臺灣也設立「環境學習中心」。周儒教授的專著《實踐環境教育：環境學習中心》正好指出（頁324）：「它是一種結合臺灣社會、地方與國家永續發展及環境教育實踐的重要工程。」「環境教育中心」可說是一個多元化的教育平臺，它是連結正規教育系統和非正規教育系統的橋樑，一方面提供眞實的「在環境中學習」和體驗學習的場地；另一方面，通過不同機構夥伴協作，提供優質環境教育服務，具教育和經濟效益的社會營銷機會（周儒，2011）。此外，環境教育的方向是「全球關懷，在地行動」，「環境教育中心」如果發展得宜，通過與環境友善的休閒活動和經濟整合，便可「協助在地的環境關懷與行動，追求並實現地方可持續性發展」（頁307）。

　　本書內容詳實，可讀性甚高，理論與實踐並重，客觀知識與個人反思兼備。 據我個人了解本書應該是兩岸四地這類主題的第一本專書，也是周儒兄多年著述的重要力作。

　　我認識周儒兄已很久，他是一位儒雅、活力充沛而鼎鼎大名的環境教育學者。他除了投入臺灣環境教育的事業外，也積極關心和推動兩岸

四地的環境教育工作。我有幸先睹為快，拜讀本書，實感謝周儒兄的邀請作序。在此我誠意地推薦本書給關心兩岸四地環境教育發展的讀者。

李子建

香港教育學院副校長（學術）及課程與教學講座教授

參考資料：

周儒（2011）。〈創建優質的環境與永續發展教育平臺—臺灣發展環境學習中心的經驗〉，李子建主編《海峽兩岸及港澳可持續發展教育研究》（頁18-38），廣東教育出版社。

作者序

　　1985年6月1日，我踏進了美國賓州的Pocono Environmental Education Center（PEEC），開始了我人生第一份環境教育實務工作，也從此開始了我往後二十六年來持續對於這個領域的特殊興趣與情感。這些年來，我從事過許多面向的研究、教學與專業發展，但是我一直沒有忘情於這個開啓了我環境教育視野的特殊領域。多年來，我常趁著參與國際學術會議與個人休假的機會，走訪世界各地環境學習中心類型的機構，也結交了許多這方面的朋友。對我而言，在這個領域不斷的鑽研、學習、體驗，幾乎成了我的重要休閒活動之一。

　　我常想，一個人如果能夠持續被一件事情吸引，背後一定有些原因。雖然我至今仍不太能確切說出是哪些原因讓我投入這個領域樂此不疲，但總覺得1985年當時，我年輕的心，能在PEEC那裡感受到快樂、健康與自信，這些都遠遠超過了我先前在紐約州立大學環境與森林學院課堂內的學習經驗。能在工作中帶學生到森林裡、小溪邊學習，我很快樂！看到大朋友與小朋友在大自然中怡然自得，同時也會對其他的人與萬物產生喜愛與友善，我也很快樂！多年來，我總想要把我自己當年在那樣的機構情境下，所感受到的快樂學習和成長經驗，在臺灣也能夠創發出來。基於這種分享的心理，我開始了在這個領域二十多年來的探索。有時自己一人踽踽獨行，但更多的時候，是和一群來自政府機構、民間團體、學術機構志同道合的好朋友們一同努力，一起做夢、築夢與圓夢。我從這些過程中，找到我做這件事情的意義。我更從參與中心學習活動和體驗的大朋友與小朋友的眼神中，看到了我們一起做這件事情的價值。

　　臺灣的環境教育法在各界夥伴們歷經十八年的努力後，終於從今年6月5日開始正式施行。臺灣的環境教育在這個可以也必須更上層樓的時間

點上，我認為尤其在發展環境學習中心、推動終身環境學習的關切方面，很需要有份能夠兼具學術理論與實務關切的參考資料，幫助大家繼續往前躍升。作為長期耕耘這個園地的「長工」，我更感受到各界同好們，想要在這個領域投入與精進的渴望。於是，我笨鳥先飛，把過去多年來在這領域的經驗與想法寫出來，提供大家參考。

我相信環境教育法的出現，將激勵許多朋友們想要發展建立心目中理想的環境學習中心，或是有機會發展優質的「環境教育設施場所」。問題是該如何建立？有什麼步驟與方法指引？筆者期望透過本書，能夠幫助大家釐清基本的想像，學習相關的理論、方法、策略，以及步驟，進而去實現理想。創建一個自然中心或環境學習中心當然不是一件簡單的事，但是我相信那種追尋、分享、學習的快樂，以及對環境教育的熱情，可以讓我們大家堅持下去。

這本書能夠完成，一定要感謝當年引領我走進環境教育這個領域的恩師Dr. David L. Hanselman以及Dr. Robert E. Roth。他們證明了教育是改變這個世界最重要與最值得的投資。我還要向長久以來，相信環境教育與環境學習中心的重要性，並願持續投入實踐這個理想的一些政府機構、NGO、學術機構的前輩與夥伴們致敬。也感謝多年來與我一起在環境教育這條漫長路途上，共同扶持成長的臺灣師大環境教育研究所的同事與研究生們。同時也要感謝五南圖書出版公司此次專業的出版支持。最重要的，一定要感謝我親愛的父母，我從他們身上學習到了善與美；還要感謝我摯愛的太太與兩個兒子，他們是我心理最大的動力與支持。

我必須承認撰寫這本書的難度，遠遠超過我所慣常的學術研究撰寫。不僅是在專業資訊、經驗、資料上的廣度與深度，挑戰更來自我自己的心理極限與決心！感謝環境教育法的通過，給予了我很大的驅動力，逼著自己一定要把這本書完成，才能夠即時幫助更多的同好夥伴與後進，希望大家能夠喜歡本書。

周 儒

於臺灣師範大學環境教育研究所

8/8/2011

目　　錄
Contents

圖目錄

表目錄

1

更新的環境教育機會與可能

第一節　不斷更新的環境教育需求與發展

一、環境教育愈受重視的趨勢

　　當代社會愈來愈多的人開始注意到，我們必須面對較過去社會更複雜的挑戰與問題，如氣候變遷、自然資源的浩劫與生活環境品質的低落，甚至精神生活的躁鬱。許多人認為以上種種問題的根源，都導源於人們扭曲的價值觀、與自然的疏離，以及民眾沒有掌握環境品質的能力所致。為了能夠透過教育，協助不同對象去學習了解環境，參與環境的改善，環境教育已經很廣泛的在世界各國展開多年。「如何幫助市民產生動機，並具備適當的知識與能力主動地關切環境問題，而且知道如何去解決問題」（Stapp & Tocher, 1971），已經是各界對於解決當代人類環境問題所共同關切和努力的方向。自1972年聯合國人類環境會議以來，透過教育的理念與方法，協助人類面對與解決各式環境與永續發展議題，已經成為全世界各國的共識（Palmer, 1998）。聯合國教科文組織（UNESCO）在過去已經有透過國際環境教育計畫（International Environmental Education Program, IEEP）來進行各式的環境教育努力與推動。更自2005年開始至2014年，在世界各國支持之下，推出了「聯合國以教育促進永續發展的十年」（United Nations Decade of Education for Sustainable Development, DESD），目前正在世界各地積極的推展當中。環境教育的重要性可見一斑。

　　我國自1980年代初開始也為了解決層出不窮的環境公害問題，而陸續成立了衛生署環境保護局與地方環保局，以及後來於1987年將衛生署環保局升格成立了行政院環境保護署。面對眾多環境問題有待解決的挑

戰，也開始覺察到環境教育在協助解決環境問題與預防未來的環境問題
發生上的重要性，開始逐步加緊推展環境教育。自1970年代中末期起，
在政府部門開始有一些計畫性的環境教育工作陸續展開，同時民間團體
也陸續的積極投入全民的環境教育推展。經過了二十餘年來的公部門與
民間共同的努力，環境教育在臺灣已經奠定了一些基礎。在過去多年
來，民間與政府推動環境教育過程中，也發現了必須透過更完善的法規
與制度，才能夠讓臺灣的環境教育發展更上層樓的需求。經過各界多年
的努力，終於在2010年5月18日立法院通過了環境教育法，隨後於同年6
月5日世界環境日經總統公告，並於2011年6月5日世界環境日正式實施
（行政院環境保護署，2010）。這對臺灣或是整個華人世界的環境教育
發展歷程而言，都是一個非常值得重視的里程碑。

二、更新的社會需求

　　環境教育發展多年來，其實不僅是對於關心環境保育與永續發展方
面來說，有不少幫助，甚至因為它本身就是一個具有創新精神的教育
觀，因而也促進了學校教育的活化與改變。這從過去推動多年的綠色學
校、永續校園方面的學校所作的努力可以看出。就學校方面的新契機來
看，課程設計、校園環境、教學方法與辦學理念，在型態、內容方面都
需因應新的環境變化。而學校辦學時，同樣地也必須認知在社會層面、
經濟模式、社區環境、生活態度與政策理念，相較於過去是更為開放與
多元化。在此互動激盪的過程中，環境教育的發展，必須更快速的反應
總體社會和環境的改變與新的需要（如：學生與民眾在週休時段的安
排、休閒活動的場所、課程改革方案增加彈性的教學需求），不論在學
校的鄉土教學、地方環境教育的推動，都呈現相當大的需求與發展空間。

　　機會稍縱即逝，環境教育的發展現在因應環境教育法的出現而有許
多的機會，然而臺灣與全球環境的破壞壓力則是更為緊迫的。在此環境
教育發展的成長階段，政府部門如何掌握住這個需求，透過公共空間的

資源（社區校園、河邊腹地、海邊腹地、山林腹地、都會公園）開放與地方相關部門（企業團體、學術機構、學校團體、民間社團組織）的參與，形成伙伴關係的力量，來開創新生的教育場域（如環境學習中心），發展另一種協助發動環境教育的機制，是臺灣環境教育發展上的重要課題之一。

其實，在立法院通過施行之環境教育法相關的條文裡，如第十四條與第二十條都有相關的關切條文內容（行政院環境保護署，2010），都強調必須要鼓勵與建置類似環境學習中心類型的服務設施與場所，這已成為臺灣發展這類型服務機制很重要的依據與契機。同時這個機制也必須與既有的課程改革方向、地方環境資源特色、環境政策的推動相輔相成，使環境教育的發展體系在型態、內涵、層次上，有更多樣化與精緻化發展活力及地方組織紮根的可能，這樣的方向愈發顯得迫切而有其必要性（周儒，1998）。政府與民間對於這樣完善的環境教育系統機制的規劃工作，應該加以重視。除了應該提供的正規（formal）環境教育設施與機制，來滿足學校教育的發展，也應積極發展非正規（nonformal）環境教育包含了社會教育的面向，將終身學習、成人教育與社區民眾有意義的休閒遊憩經驗，一併納進來考量，以滿足廣大層面終身環境學習的需求。

第二節　臺灣的環境教育挑戰

一、已經做了很多，但仍然不夠

環境教育在臺灣已經實施發展了二十多年，其重要性不論是政府官員、民間專業團體、個人、學校教師與行政人員都已經能夠認同。不論

是在學校裡或社會上，常常都可以看到許多關注環境教育的呼聲與實際的作為。有愈來愈多的人關心環境教育，也有愈來愈多的人參與環境教育的努力。看起來我們是走在一片康莊大道上，但實際上我們真的還有許多地方猶待發展與努力。而臺灣的教育系統對於環境教育方面的重視與回應，確實也已反應在教育部對於國民義務教育新課程的內容規劃與設計中。從過去以知識為導向重點的教育，現在逐漸的以基本能力指標為導向，強調了生活與學習的結合（周儒，2002）。在臺灣目前中小學所進行的九年一貫新課程之原始設計精神與思考中，也強調了人與人、人與自我、人與自然的溝通與和解的主軸關切（Chou, 2006）。驚喜的發現這個課程改革的趨勢方向與環境教育長期以來的主張與關切，是不謀而合的。

環境教育的發展，需要正規環境教育（formal environmental education）系統與非正規教育（non-formal environmental education）系統共同的合作發揮其特性，才能創造最好的效果。在臺灣學校教育中，環境教育已經受到重視，不論是從政府的環保與教育有關機構所推展的各式環境教育工作，或是民間團體與社區的熱情參與和推展。臺灣環境教育的狀況，比起1980年代中期剛剛開始進行環境教育努力的階段，應該進步了許多。但是不容諱言的是，實際上仍然面臨許多的問題猶待克服。在學校教學現場，多少仍然存在著一些迷思有待澄清與破解（周儒，1998）。有研究發現，學校教學現場的環境教育問題在於：1.環境教育理念與教師實際執行的教學方式有差距，學校教師將重點放在知識的堆積，而缺少「體驗學習」、「生活化」的課程設計。2.發展內涵重點的謬誤，有些學校誤認為環境教育就是資源回收，只是一種垃圾處理的方法，侷限環境教育的發展格局。而在戶外教學之中，又只重視硬體的建設，或是進行遊覽性質活動的補助，而缺少對原生的棲地與生活周遭環境的研究與調查，無法建立原創的學習能力。3.發展資源的不足，包括無形的政策支持、有形的經費、人才、場地、教材等不足，加以行政上額外的負擔，教師無法提升環境教育知能。4.資源缺少整合與專業

的規劃，教師在進行學校環境教育時感到執行有困難。而現有學校系統外的環境教育機制，亦有其發展上的限制，如：1.經費無法自主；2.所屬機構支持有限，不能發揮永續經營功能；3.政策績效無法呈現；4.計畫期程短，無專職人員，經驗無法延續，運作成本高；5.行政作業繁瑣，聯繫溝通不足；6.活動型態制式化，較少創新，未必切合學校需求（周儒、林明瑞、蕭瑞棠，2000）。

在推動環境教育時，我們常是以學校為起點，但是也發現，透過了那麼長久的努力，學校在推動環境教育時仍然有許多的障礙存在，沒有場地、沒有受過專業訓練的師資、沒有專業設計配合學校課程的環境教育教材、甚或是沒有時間、沒有興趣等因素，都影響了學校教師進行環境教育的成效（Chou, 1996；周儒，1996，1998；童惠芬、周儒、陳佩正，1999）。但是我們也清楚知道這一代的孩子就是下一代的公民，沒有給予他們環境教育的機會，將來他們也絕不會能自然產生友善環境的態度與行為。因此，除了仰賴學校給予學生適當的環境教育之外，也應該要透過學校以外的環境教育專業機構（如環境教育中心、自然中心），共同建構一個綿密的環境教育支持網絡，來提供完整有效的環境教育服務給學校師生與社區民眾，這樣的需求就變得益發重要起來。

二、環境教育更多的空間與機會

我國發展環境教育時，其實不論是公部門或是私部門二十餘年來皆已經投注了許多心力與資源。但是如果真要充分的回答與回應前節所提出的問題，並提出解決方案，則很明顯的發現我國確實需要有這種在學校以外，提專業的環境教育服務之機構，來支持與呼應學校系統在這方面的

・環境教育其實可以有更多元的樣貌與機會。

需求。尤其是目前學校課程的改革創新**趨勢**，提供了更多的時間、空間機會與需求。而在政府與民間大力提倡「生態旅遊」、「綠色旅遊」的同時，臺灣的環境教育發展如何在此成長階段，能夠掌握住這個社會需求與趨勢脈動，藉由公部門主導推動或提供、釋放一些資源，並結合民間蓬勃的力量，因勢利導來開創發展另一種協助發動環境教育的機制成為重要課題。而這個機制也必須要與既有的組織結構相輔相成，使環境教育的發展，不論是在型態內涵以及層面深度上能更上層樓，有更多樣化與精緻化的發展及服務可能，實在是現階段必須面對並預先妥善規劃的。此外，隨著社會各界在週休二日和愈來愈重視個人與家庭休閒的情況下，對於有意義的休閒遊憩經驗的需求也日益增加。在這種**趨勢**下，不論政府或是民間機構組織，如何就有限的人力資源來提供這種更深一層的環境教育機會與服務給社會，確實是目前亟需思考的課題。

為了有效推動環境教育，過去多年來各個政府機構如環保署、農委會、教育部、內政部等，都曾嘗試陸續建立一些環境教育的推動據點，譬如環境教育中心、水土保持戶外教室、自然教育中心。但因為其任務導向與經費預算限制，其工作方向、服務對象與運作方式都有其侷限性（周儒，2001；周儒、張子超、呂建政，1996；周儒、呂建政、陳盛雄、郭育任，1999）。教育部過去也曾戮力於此方向上一段時間。但由教育部自然教育中心戶外教育計畫來看，在規劃構想中，曾提及縣市風景區、動植物園、公園綠地等，作為合作推展目標。然而限於資源與人力，在歷年的計畫執行中，所設置的位址與實施對象上，惜未能持續增加其影響面。而其服務對象則限於經費、人力，以提供短期的在職教師環境教育研習（一期的教師培訓約二至三天，一個計畫年度有兩期）為主（周儒、呂建政、張子超，1996；Chou, 1996）。地方上，大多數的老師、學生與一般民眾，不容易接近這種學習機會與設施，此外因地處區位的問題，無法讓這些設施廣泛的被大眾所利用。

為了健全我國的環境教育發展，在新的教育環境氛圍中擴散、紮根，多樣化的環境教育服務設施、場域與計畫是必須要建立的。在此關

切中，具有環境教育專業特質的設施如社區自然中心、環境學習中心的設置與服務提供就益發重要。有了這種設施與專業服務機制，才能使得第一線使用者的需求、資源與推動力量能有效整合。這可以充分的由國外經營完善的環境學習中心、戶外環境教育中心，能藉由專業的環境解說、環境教育方案、戶外活動設計、友善環境的規劃與設施，來滿足當地民眾戶外遊憩與學校戶外環境教學之需求，成為推動環境教育的一股活力得到借鏡，非常值得國內參考學習。

環境學習中心作為在學校以外，推動及實踐環境與永續發展教育目標之重要據點，必須能提供以上問題的解決方法與途徑，才能與學校系統共同努力，創造及落實環境與永續發展的行為與可能。當進行各式努力之初，一些最基本的問題猶待回答，那就是我們如何提供更好的環境教育服務（或是說環境教育「產品」）給需要被服務到的使用者（學校學生、教師與一般社會大眾）？這種服務在哪裡？是什麼樣的服務？當九年（或是未來十二年）一貫的課程陸續實施上路時，有非常龐大的環境教育需求產生，我們準備好了嗎？有什麼機制是可以提供來滿足這麼龐大的需求與市場呢？

其實不只是正規教育系統，另一方面在學校以外，伴隨著社會快速的發展以及週休二日的實施，臺灣的社會已經開始進入尋求各式各樣休閒遊憩產品的時代。臺灣人過往辛勤的工作，現在也逐漸的體會「休息其實是為了走更長遠的路」的道理。國人從埋首辛勤工作到逐漸反思體會經濟成就不等同生活品質，亦認知到好的休閒遊憩經驗在人生命中所扮演角色之重要性，並可以感覺社會上已經開始有追求優質休閒經驗的趨勢（周儒，2003）。而優質有意義的遊憩體驗與綠色旅遊的趨勢中，友善環境、親身體驗、直接對話的服務產品型態，已經變得非常重要。而在這類產品的研發與提供過程中，環境教育與環境解說服務正是其產品經驗的核心（黃靜儀譯，2005）。而環境學習中心在此方面的專業人員、產品、設施與服務能量，恰恰給予了它自己參與另外一個全民環境教育的機會。

第三節　環境學習中心可以是一個重要選項

一、一個活潑學習的整體解決方案

　　一般而言，學校的教學常會因為有既定的進度與內容要求而較缺少彈性，在環境關懷上的對應教學上也不太能掌握。但是環境學習中心這類的環教專屬機構，卻可以跳開一般學校在課程執行上的限制，提供經過專業精心設計的學習與體驗方案活動給學習者。又同時因為有專業人員、設施與場地的配合，執行起來分外得心應手有效得多。當然這種服務也是經過了與學校的討論，與學校的整體課程是有所連結呼應的。這種完整的服務，我們可以將之視為一種環境教育整體解決方案（total solution）的提供，其效果與影響很明顯的是較學校一點一滴的去擠出剩餘的教學時間去進行環境教育優越得多。

　　這一種在地性的環境教育設施機制的規劃與成立，是朝向具備自主而靈活的營運管理，與貼近地方特色的教育方案之提供。其功能是以滿足第一線的學校學生和教師，以及地方基層民眾在環境教育上之需要為主要目標。至於營運經費的來源，則可以是多元化並有某種的自主性（當然也視機構權屬而有所不同）。能夠採取較積極而直接的方式主動滿足地方第一線的環境教育服務需求，對地方學校、社會團體、社區企業、組織機關而言，這是一種提供全面解決客戶需求，擁有生命力的綠色體驗學習型產品與服務。

　　此外，現在環境教育也是一般企業與社區居民有興趣參與的活動及課題，環境學習中心的出現與服務提供，無疑地也可以滿足社會各個不同階層對象在這方面終身學習的需求。從北美洲目前已經有五千多所此類型的中心，而日本也有二千多所這類型中心的發展趨勢來看，環境學習中心在近幾十年來的發展歷程，實際上已經清楚回應了社會各界對於

優質環境教育產品的「市場需求」。它的存在價值與發展趨勢已毋庸置疑，在環境教育發展歷程中獨樹一格。

以筆者多年來對於環境學習中心的經驗與理解，更覺得環境學習中心猶如一個「火車頭產業般」，在發展運作的各個階段過程中，已不知不覺的吸納了相關的專業，如環境教育、環境解說、環境傳播、環境與景觀規劃、綠建築、野地經營、棲地管理、野生物保育、戶外遊憩、社區發展、非營利組織經營、志工參與等，多元面向的關懷與加入。這列火車將掛上了各節裝滿不同專業與多元化產品的車廂，持續的往前奔馳邁進。

二、簡單的範疇界定

很多對環境學習中心有興趣的個人或團體，常常會有個疑問，就是什麼型態、組織、大小、經營才能算是一個環境學習中心？以筆者多年的觀察、現場經驗與體悟，我發現縱使詮釋主張各有差異，但是較常見而自己也最能夠接受的，就是筆者參考整理了專家與實務的主張及看法，以及自己過去二十多年來的觀察、參與和經歷，綜合整理後提出來的定位與定義，在本章只提出大概的介紹，詳細的說明將可以參考隨後各章。當然也許讀者會有不同見解，我覺得這也是很正常的。但是在本書中，筆者還是以專業的考慮與立場，提出了這些不太可能獲得全部人滿意，但是應該大多數同好可以接受的看法。

· 為幼兒設計的植物園，開啟孩童與自然的連結。

· 卓越的環境學習中心——美國西雅圖的IslandWood。

· 學童在澳洲墨爾本皇家植物園進　　· 漂浮在稻浪上的環境學習中心——
　行學習。　　　　　　　　　　　　　苗栗苑裡的「有機稻場」。

　　本書所指的環境學習中心（environmental learning center）也就是
在北美地區的自然中心（nature center），它其實是一個代表了許多不
同樣貌而多元型態組織的泛稱，它可以含括很多努力目標類似，但是型
態呈現卻不一的組織機構。以美國自然中心經營者協會（Association of
Nature Center Administrators, ANCA）的看法與主張（Voorhis & Haley,
2008），爲了能夠更廣納而不是排除一些以環境保育觀念之深耕發展爲
目標的組織，因此採用了比較寬廣的想法，即將一些傳統北美所稱的社
區型自然中心（community nature center），也視作環境學習中心
（environmental learning center）來看待。其他的一些型態諸如自然資
源管理單位管轄範圍內的遊客中心（visitor center）、動物園、植物園、
生態農場、博物館（海洋、自然科學、科學教育……）、營地
（camp），或是一些致力推廣環境教育的民間團體，雖然沒有固定設施
場域經營，仍然很寬廣的視之。

　　當然這麼寬廣的定義是爲了能夠讓更多不同類型的團體，能夠受益
於ANCA該組織的服務宗旨與專業的協助。但是以筆者撰寫此書的定位
與立場，並考慮到臺灣的國情狀況，還是主要採用「環境學習中心」作
爲這類型機溝的泛稱[1]，並做了以下操作型的定義與定位。環境學習中心

1　雖然採用「環境學習中心」來作這類型機構的泛稱，但是在全書隨後各章節，
　　仍然會因爲介紹引用的文獻本文或是情境的需要，也還是會用到「自然中心」一
　　詞，或甚至兩者並用，筆者先於此提醒讀者。

是指座落在一片區域上（不一定是擁有土地所有權，但是確實擁有經營管理權責），具有專業的環境教育人員、優質的活動方案與設施去服務使用者，進行環境教育與保育有關學習與行動的組織機構。這是筆者在本書一開始之時，所作的最簡單的介紹與定義。當然，還有許多個人與組織，前前後後不同時期，也對於自然中心或環境學習中心做過了一些定義，也深具參考價值，本書將於隨後有關章節做詳細的介紹與比較。

　　此外，一些以資源保育與環境永續關懷爲宗旨的團體，也會利用原本就提供公眾使用的各式具有特色的場域及資源（如公園或溪流等公有場域），動員該組織團體人員來推動不同類型環境教育與解說方案（program）。這樣的方案也推陳出新廣受大眾歡迎，確實也有其影響力，但是使用者（該組織團體）並不擁有該場地的經營、管理或所有權，在本書中並不會將其稱爲「中心」，而是以「環境教育方案（program）」視之。如此稍微嚴格一點的

・澳洲的小學生在Toolangi森林學校進行學習。

區隔，主要是基於操作與專業發展上的需求，並沒有品質誰優誰劣的差別比較。實際上，此二種型態也沒有什麼好比較的，就像是我們不能把橘子與蘋果硬拿來比較一樣，如果硬拿來比，是沒有什麼實質意義的。筆者爲了怕讀者誤會，特在本書一開始的時候先提出說明。

第四節　學校推展環境教育的好夥伴

　　國內環境教育的推動也有許多年時間了，該進行的努力，其實也已經有一段時日。檢視其成效（周儒，1998；周儒，2000；Chou，2000），其實發現有其一定程度的績效與影響，但是也仍然存在著必須突破的地方。在輔導學校與社會團體、社區進行環境教育努力多年後，筆者彙整了多年的經驗，發覺確實有一些基本問題必須被清楚的回答或是解決，環境教育的效果才能顯著的展現。這些基本關切的問題，筆者嘗試以一個學校教師的角度彙整提出如下：

- 我不會「環境教育」，可是我也很想讓我的學生有機會體驗，誰可以幫助我？
- 好的環境教育服務產品在哪裡？
- 由誰來提供這樣專業的服務？
- 這樣的服務可以滿足我學校課程與教學的需求嗎？
- 我已經厭倦了老是帶學生跑主題樂園遊樂場的校外教學，可是還有哪裡可以去？

　　以上這些問題對關心優質教育與環境教育的學校教育工作者，應該不會陌生！在臺灣目前中小學所進行的九年一貫課程之設計理念中，原本就強調了人與人、人與自我、人與自然的溝通與和解的主軸關切。這些課程精神與環境教育長期以來的主張與關切，其實是不謀而合的。然而，除了精神上的原則宣示外，真要去落實環境教育，除了學校，還有哪些場域與機會呢？

　　近年來各界對於學校的鄉土教學、環境教育，結合生活與學習的趨勢及需求日趨重視。尤其目前國民中小學所進行的九年一貫課程教學

中，如何結合學校課程的內容與真實的生活情境，在任何一個學習領域裡都有實際的需求。可是因為目前臺灣社會高度都市化，以及學校主客觀環境條件的限制、教師的專業能力配合等因素，往往減少了學校以環境中真實事物來進行教學，培養學生環境素養的機會；甚或是限制了利用在戶外真實環境的學習與挑戰，來進行健全學生人格發展和實現自我的生活教育機會。許多時候，學校年度的校外教學流於大規模、人數眾多的校外旅遊。就算是教師有心要將校外教學的旅遊活動，變得有實質教學意義的生活體驗與環境學習，但是卻也會因為教師本身的時間與能力等條件的限制，而不能順利圓滿的進行。一次、兩次之後，教師對於帶領孩子去戶外進行有意義的學習與體驗活動，逐漸的產生了疏離與隔閡，因為那真是太難與太複雜了（周儒，2003）。

臺灣各界在推動環境教育與教育改革時，都極力鼓勵教師突破他（她）們教室的牆、心理的牆、學校的牆，將學生帶領到戶外去進行連結生活經驗與知識的有意義學習。但是絕不能忽略一個關鍵的議題，就是教師不可能是個「萬事通先生或

· 環境學習中心幫助每一個學生都可以有優質的戶外環境學習。

女士」的。許多新興的環境與社會議題如果要用在環境教育，都需要教師灌注心力去進行教學開發與嘗試。但是我們都知道一個老師再努力，仍然有許多不能突破或是力有未逮的時候。另一方面我們必須承認，現代社會是個專業分工的社會，教師作為一個教育活動的設計者與經營者，雖然自己對於環境教育方面也許力有未逮，但是如果學校外面有這樣的專業環境教育服務機構與資源，能夠配合教師的需求並提供他這方面的服務時，教師是不是可以將這些資源善加利用呢？以國外自然中心與環境學習中心等校外的專業環境教育推廣單位的設置與運作成功的案

例來看，適當利用學校外專業環境教育機構資源是非常可行、普遍且效果卓著的。

誠如前述，利用學校以外具有專業特色的環境教育功能場域與師資，來提供專業的環境教育產品服務給學校的師生與社區的居民，在國外多年來早已經有了成熟的案例與做法。而我們在臺灣同樣也需要創造這樣一個完善的環境學習平臺，足以提供學校、社區居民與一般市民有意義與優質的環境學習機會與產品。欲滿足這些教育需求，當然有多種的可能與方式。但從許多先進國家的做法與經驗中，有一種機制與平臺，是常被發展與運用的；它們就是被稱為自然中心、環境學習中心、環境教育中心、自然學校、田野學習中心、戶外學校、保育學校等類型的機構。它們雖然名稱多樣，但其實質功能大多包括了教育、研究、保育、文化、遊憩等多面向的目標。臺灣在發展這類型中心時，名稱上也變多元，但較常使用自然中心或環境學習中心，本文則以環境學習中心統稱之，而依其所提供服務的時間長短又可以區分為單日型（day visit）和住宿型（residential）的兩種服務型態。

一個環境學習中心是在擁有環境特色的地區，提供適當的場域、展示、教育、設施與活動，在環境中學習。在中心的學習，可以透過專業人員的解說、引導及教育，使各年齡層的對象，能在環境中體驗自然的美好，珍視環境與資源的可貴，學習環境的知識，探索人與環境互動及互賴的關係，並培養對環境負責任的行為。

環境學習中心可以成為社區的博物館及圖書館，可以作為學校活生生的教學實驗室，可以有效的與學校課程結合。中心的解說活動與教育方案，可以使民眾了解正確對待土地與資源之重要性，從而認同與力行保育，對自然資源保育與地區永續發展目標的達成極有助益。而周儒、呂建政、陳盛雄、郭育任（1998）曾綜合歸納國內外資料，認為自然中心的存在主要有促進學習者的環境學習、人際溝通與社會互動、鼓勵追求自我實現與挑戰等三項使命。如果再深究現在的學校課程，就會發現這三項使命與目前國中小的九年一貫課程之主軸精神是不謀而合的。因

此筆者深深的認為，環境學習中心的努力與正規學校教育的努力，其實目標幾乎都是一致的。

第五節 優質教育的實踐推手

　　學生在學校裡的學習目前面臨很大的挑戰，就是很多的學習內容與案例，因為學校本身的條件或是課本的設計，根本上在學校裡頭是看不到、摸不著、找不到或是體驗不到的。學生單獨透過課本上的文字與圖片，對許多學生尤其小學生，那些都是較抽象的，很難創造學習者深刻而有意義的學習經驗。很多關心教育的專家與學者，長期以來都認為要透過各種的方式（包括現場經驗、親身體驗與實作）來協助學生產生有意義的學習。對於關注學生有意義學習（meaningful learning）的教育工作者與家長而言，環境學習中心的存在，其實是提供這類型學習最好的場域與夥伴支持。甚至簡單的說，這些中心所提供的環境教育，本身也就是優質的教育！

　　環境學習中心的使用對象雖然廣泛，但很大部分仍來自中小學的學生，因此如何滿足學生的學習需求，就成為中心方案規劃與教學活動設計很重要的考量。我們必須了解學生的學習，主要是藉由概念的獲得，進而將之組合、類比、而逐漸的內化。大部分的人，在6-12歲的孩童階段，都形成了數千個概念（周儒、呂建政，1999，p. 14），因此概念的學習，是學習很重要的基礎方式。但值得注意的是，這些概念的獲得，在一般的傳統學校教育中，只是用抽象的符號（文字）或課本上的圖片來進行教學。學生雖能正確無誤的用語言背誦、表達這些概念，但由於缺少具體的實體經驗，這些概念被有效的學習與內化的效果是存疑的。而環境學習中心可以成為學校最好的夥伴，主要原因就是補足了學校在

這方面教學條件上的限制，且提供了學習者在中心的眞實環境裡第一手的、從做中學的經驗，並鼓勵學生利用各種感官去接觸與體驗，進而產生有意義的學習。

同樣的關切，也早已在如何讓知識保持永久性的相關研究中被提出與驗證。研究發現人類如果從眼睛得到訊息，大概只能記憶一成的內容。用耳朵聽，可以記憶兩成。如果能與人進行討論，可以達到七成。但最令我們注意的是如果學習者透過親身體驗，將可以達到八成！這樣的研究結果，給了我們很明確的訊息與省思。現在一般學校的教育，過度強調記憶與知識（就是「背多分」啦！），與生活經驗脫節，這樣教給孩子的知識是不會持久的。環境學習中心裡的學習機會，絕對不僅是給孩子額外出去玩玩的機會而已，其實那裡的學習活動機會與經驗，將極有助於學生將學校教育的學習經驗及內容與眞實的情境體驗做對照比較，有助於效果的延長與深化。

其實，很多父母與教師都已經關切到現在的孩子們必須面對太多學校要教的知識，可是對於這些孩子而言，這許多的知識卻是無法內化或是產生意義化的。美國的環境保育界先驅瑞秋‧卡森（Rachel Carson）女士，除了寫過一本對於二十世紀美國甚至全世界都影響深遠的《寂靜的春天（Silent Spring）》一書外，更以一本《驚奇之心（The Sense of Wonder）》深刻的表達了她對於孩子接觸自然、親身體驗探索大自然來滿足對於這個世界的好奇心的讚歎與重要性的支持。她認爲如果事實是種子，可以在日後產生知識和智慧，那麼情感和感受就是孕育種子的沃土，而童年時光是準備土壤的階段（李毓昭譯，2006）。筆者深深的爲這句話與她的主張所打動，堅信並期許環境學習中心能夠協助學生（尤其是小學生），幫助他們利用環境學習中心豐富多樣的現場環境與資源，透過活動與全身感官來體驗、感受、學習大自然與這個世界，並協助他們能在童年時期開始準備更深、更厚、更鬆軟的土壤，以便讓他們日後有充分的空間，把成長過程蒐集到的「種子」去播種、萌芽、生根與茁壯。

　　誠如本章前述，筆者認為環境學習中心的發展很像「火車頭產業」，可以匯聚包括學校、社區、社會等各方面的環境教育努力。不僅是環境教育面向的重要啟動（initiative），更可以帶動其他相關領域如環境管理、景觀與環境規劃、永續建築、綠色遊憩、文化保存、地方永續發展等眾面向的努力與能量的匯聚。而以教育品質的關懷觀之，筆者深信環境學習中心的學習場域和機會，本身也就是優質教育的一環。中心的存在，提供了活潑與真實的環境學習經驗給學校裡或是社區裡的成員與份子，專屬的學習活動場域與空間。使得孩子們有更多在戶外的時間，讓孩童與自然之關係更緊密。體驗學習如何與環境相處，如何與他人相處、如何與自己相處。這種思考與著重，其實與現在進行教育改革過程中課程改革的走向是非常類似的，並與目前所推展的九年一貫課程精神其實是完全符合的，就是希望學習與生活是互為關聯，而非脫節的。而這種思考與主張和國外在推動類似型態的自然中心之發展走向與期望，是非常相似的。現將西方學者Jacobson所揭櫫自然中心的好處與意義摘錄分享如下（Roger Tory Peterson Institute of Natural History, 1989, pp. 4-5），且讓我們與孩子一起在自然中心裡，愉悅深度的去學習、體驗與成長：

◆ 在這裡，孩童的身體、情感、心靈與自然相契合

孩子們與自然的要素及其他物種之間互動，形成有意義的個人經驗，這互動過程伴隨著驚喜、神奇及人與世界的聯繫感、與其他物種的親密感和相連性。這些是關切生活世界的根本，而且是負責任行動的基礎。

· 創造人與人、人與自然的親密連結。

◆ 在這裡，孩童學習與了解生命之間的互動與互賴

孩子們從這種互動互賴的經驗中，建立人與自然世界互動的知識、技能。因為他們將知道人類與其他物種相互依存，也唯有這種理解，才能明瞭不論是基於實利觀或倫理觀，人類需與自

· 在自然中學習合作、互助與接受挑戰。

然和諧相處。有關生態原則、生態系概念及環境倫理的知識，使得孩童在各自生活的重要決定上，能檢驗個人價值。教育過程必須是學門整合，並領略隱含在生命本身及知識中的多樣性與相關性，以發展一種生態的世界觀。

◆ 在這裡孩童獲得希望、自信，同時對這世界上的萬物懷著責任感及尊重

對於孩子們的自重與自信能力，雙親為最主要的角色。至於知識方面，教師需要提供機會，讓孩子們澄清並樂於接受他們的感受、態度與世界觀。教育者需創造機會，引導他們熟悉地方性事務並提供全球性視野，使他們能了解權力和行動的動態機制。當他們較早了解個人行為與觀點可能會對環境及社會有不利影響時，有此理解也就能夠多考量行動是否更具建設性。

◆ 在這裡，孩童以發現和學習為樂

只有在學習是有趣而且有意義的情況下，透過教育使他們與自然的聯繫才會發生。此外，只有個人情意與認知活動相契合，才真能領

略自然。孩子們需要有永不減其熱情的經驗，樂於成為終生的學習者、問題解決者及行動主義者。

◆ 在這裡，政治的與教育的機構都支持這樣一種生態的世界觀

政治體系先要明白，只有一個健康的生態系統方能成為一個健康的經濟體系。學校要跨越藩籬，重新採取整體性思維，學科整合的教育方能培養學習者形成一種貼合環境特性的人格素質。

在尋求更合理與更合乎時代需求的教育理念與做法的過程中，自然中心、環境學習中心所能提供的學習場域與機會，無疑的是提供學校師生在傳統學校以外，另一個可以信賴依靠的好夥伴與機制。它絕對不是要取代既有的學習機制，但是卻是正規學校系統以外，另一個尋求活潑學習、發展自我、健全人際互動、培育具有環境素養與視野的現代公民之一個場域。它與學校攜手合作、相輔相成，共同努力尋求更合理、有效教育之理想實踐的空間絕對是存在的。

參 考 文 獻

行政院環境保護署（2010）。環境教育法。2011年1月9日，擷取自http://ivy5.epa.gov.tw/epalaw/index.aspx

李毓昭譯（2006）。《驚奇之心：瑞秋卡森的自然體驗》。臺中：晨星出版社。Carson, R.原著，*The sense of wonder.*

周儒（1996）。〈戶外環境教育中心與戶外教育〉。見中國童子軍教育學會（編撰）《童軍環境教育活動設計與實施》，16-23頁。臺中：臺灣省政府教育廳。

周儒（1998）。〈推動環境教育的關鍵──教師環境教育能力的提升〉。《廣州師院學報，社會科學版》，1998年第1期（總第73期），62-69頁。

周儒（2000）。〈行動研究與教師環境教育能力之發展〉。《臺灣教育》，臺北，589期，22-28頁。

周儒（2001）。〈尋找一個環境教育的實踐場所──「環境學習中心」的需求與概念〉。《中華民國九十年度環境教育國際學術研討會論文集》，72-80頁。臺北：國立臺灣師範大學。

周儒（2002）。〈環境教育的最佳服務資源──自然中心〉。《臺灣教育》。615期，2-14頁。

周儒（2003）。〈我們需要有意義的戶外學習機制〉。《大自然季刊》，2003年4月，96-101頁。

周儒、呂建政合譯（1999）。《戶外教學》。臺北：五南圖書出版公司。Hammerman, D. R., Hammerman, W. M. & Hammerman, E. L. 原著，Teaching in the outdoors.

周儒、林明瑞、蕭瑞棠（2000）。《地方環境學習中心之規劃研究──以臺中都會區為例》。臺北：教育部環境保護小組。

周儒、呂建政、陳盛雄、郭育任（1998）。《建立國家公園環境教育中心之規劃研究──以陽明山國家公園為例》。臺北：內政部營建署。

周儒、呂建政、陳盛雄、郭育任（1999）。〈臺灣地區國家公園設置住宿型環境教育中心之初步評估〉。《第六屆海峽兩岸環境保護研討會論文集》，279-284頁。高雄：中山大學。

周儒、張子超、呂建政（1996）。《教育部委辦自然教育中心實施狀況之研究》。臺北：教育部環境保護小組。

黃靜儀譯（2005）。《NOSARI──迎接綠色假期時代》。臺北：中國生產力中心。佐籐誠原著。

童惠芬、周儒、陳佩正（1999）。〈國小教師發展環境教育知能之需求因素的分析〉。《第六屆海峽兩岸環境保護研討會論文集》，254-258頁。高雄：中山大學。

Chou, J. (2006, July). *The development of environmental education and environmental learning center in Taiwan.* Article presented at the Asian Academic Meeting on 'SATOYAMA' Research and Environmental Education, July 14-17, 2006, Kanazawa, Japan: Kanazawa University.

Chou, J. (2000). Effect of Ministry of Education sponsored nature center's environmental education inservice teacher training program in Taiwan. *Proceedings of the 28th Annual Conference of The North American Association for Environmental Education*, August 26-30, 1999, Cincinnati, Ohio, U.S.A.

Chou, J. (1996). *An assessment of Republic China's Ministry of Education's inservice teacher training program in environmental education*. Article presented at The 25th Annual Conference of The North American Association for Environmental Education, November 1-5, 1996, San Francisco, California, U.S.A.

Palmer, J. A. (1998). *Environmental education in the 21st century: Theory, practice, progress and promise*. New York: Routledge.

Roger Tory Peterson Institute of Natural History (1989). *Our vision in breaking the barriers: Linking children and nature* (pp. 4-5). Jamestown, NY:

AUTHOR.

Stapp, W. B., & Tocher, S. R. (1971). *The community nature center's role in environment education*. The University of Michigan.

Voorhis, K., & Haley, R. (2008). *Director's guide to best practices-Programs*. Logan, UT: Association of Nature Center Administrators.

2

本質與定位

第一節　定義

　　環境學習中心、自然中心並不是一下子就突然出現在這個世界的哪一個角落的，它在不同國家地區有不同的發展先後狀況與特別的目的。它的成立，一定有它的社會需求、背景、意義及目的。當我們在本書隨後各章探討環境學習中心的功能、狀況、影響與各種相關要素發展之前，筆者認為有必要先在這一章，針對環境學習中心的樣貌、特性等，做一些基本界定。這樣在本書隨後篇章的討論與介紹文字裡，讀者才能夠有個依準。

　　在歐美除了位處國家公園、州立公園、保護區等與都會區有段距離，以深度環境體驗和學習活動設計為主的環境學習中心外，還有許多地方的環境學習中心是社區服務的型態，因此也有被稱呼為社區自然中心（community nature center）。Stapp等人認為，社區自然中心最普遍的定義是一個在城市或鄉村中未開發的地區，或是靠近城市和鄉村的未開發地區，提供設備和服務，去執行在自然科學、自然欣賞和保育教育方面的方案。基本

・美國華盛頓州的水資源教育中心。

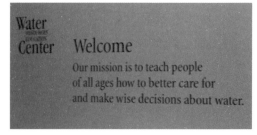

・水資源教育中心清楚的宗旨。

上，自然中心都是在戶外的地點，有設備及機構組織，在那裡可以讓附近的人（特別是年輕人）去享受部分的自然世界，並且去學習生物和非生物之間的關係，包括人類在生態環境中的位置（Stapp & Tocher, 1971）。

美國明尼蘇達州環境教育委員會對自然中心、環境學習中心這類型的機構統稱為「環境教育中心」，是指任何除了公私立學校以外，提供以現場為基礎（field-based）的環境教學（不論全時或半時）之住宿型與單日型的設施。它提供的教學是特別設計來提升學習者，對於生態系統、人與自然之間相互關係的理解。環境教育中心是要能提供有助於一般國民，提升環境敏感度與責任感的學習經驗（Minnesota Department of Natural Resources, 1992）。

王鑫則認為自然中心是指某一個擁有戶外環境教育（自然生態環境教育）教學資源之地區，經規劃為戶外環境教育教學用地，設有管理機構並備有必須之教材、教具及專責人員等，經常性辦理教學活動的地區（王鑫，1995）。周儒（2001）則定義環境學習中心是在一片具有環境教育資源特色（不論是大或小）的土地區域上，整合環境教育專業人力、專業課程方案與適當的環境資源與設施，整體發揮其能量，提供環境教育專業服務給第一線的顧客，如學校學生、一般社會民眾，以達成教育、研究、保育、文化、遊憩之多功能目標的環境教育專業機構。除了以上學術界的定義，甚至連網際網路上的維基百科（Wikipedia），也都可以找得到自然中心（nature center）的相關介紹說明內容。維基百科英文版（Wikipedia, n.d.）認為，自然中心是一個以教育民眾關懷自然與環境而設計與設置的機構，擁有遊客中心，並具有特色的環境與資源場域和步道、展示，通常由有支薪的工作人員或是志工來支持與運作。提供教育方案來滿足不同對象與需求，如一般大眾、學校、社區、夏令營、課後方案等。

· 幼稚園學生在關渡自然公園進行
　戶外體驗。

· 環境學習中心提供親自動手親身
　參與的學習。

第二節　目的與目標

　　環境學習中心的成立有他的意義及目的，各國在發展環境學習中心類型服務以促進環境教育的發展上，其實已經有很多經驗與研究案例成果可供參考。Ashbaugh（1971）認為，自然中心對於學校體系與公園的自然資源管理有很大正面貢獻。自然中心可以成為社區的博物館及圖書館，可以作為學校活生生的教學實驗室，可以有效的與學校課程相結合。自然中心的解說活動與教育活動方案，可以使民眾了解正確對待土地與自然資源之重要性，從而認同與力行保育，對國家公園或地區公園自然資源保育目標的達成很有助益。

· 環境學習中心引領終身的環境教育。

Stapp等人認為，自然中心傳統的目的是去刺激兒童和成人對環繞在附近的美麗自然世界的興趣，並且去激勵他們為了自己的後代去保育環境，形成價值觀（Stapp & Tocher, 1971）。而王鑫則認為，自然教育中心是校外教學的一種方式。一般而言，校外教學的目的有二，分別是：

1. 配合學校教學
2. 彌補學校教學的不足
　　(1) 校內不易舉辦的活動
　　(2) 教材、情境或教學時間受限的情形

　　因此，自然中心提供自然教育、戶外教育場地的做法，不僅可以結合教育和遊憩活動，並可以同時達成德（環境倫理）、智（自然的奧秘）、體（遊憩活動）、群（共同維護環境）、美（欣賞自然、愛護自然的情操）五育並行的教育目的，也可以改善多年來令人詬病的自然教育脫離自然的教育問題（王鑫，1995）。

　　Hungerford, Peyton 與 Wilke（1980）曾論述表示，環境教育相關課程的重要目的是：「幫助人們成為一群具有環境知識、有能力且獻身環境改善的人。」也就是說，環境教育是一種環境公民的養成概念。「一種市民，有知識及能力主動地關切『自然環境』相關的問題，並知道如何去解決問題，且懷有動機去這樣做。」特別要說明的是，Stapp等環境教育學者在1969年所界定的概念裡，已經將「自然環境」（biophysical environment）含括自然原生的與人為的（natural and man-made environment）兩類，是一個整體（Milmine,1971）。同時，Shomon（1969）也表明，設置自然中心，作為一種市民教育的場所，所設定的目標是「讓孩童與成人處於自然世界之美所圍繞的場合中，並鼓勵他們能為下一代保留與維護這些美好的自然事物；以整個生態社群而言，也包括人所在之處。」因此，成立中心應達成之環境教育的目標，在於：1.如何安排活動與設施吸引學習者；2.如何安排課程內容，能幫助學習者成為具有環境素養的個人（周儒、張子超、呂建政，1996）。

Shomon（1975）提到，自然中心是一個戶外教育的焦點、一個服務性的設施，亦是一個社區的機構。自然中心的設置，自然是社區的一員，並負起改善社會現狀的角色，所以應有的功能有：1.促成居民對自然事物的理解與鑑賞；2.豐富並活化社區歸屬感。進一步的Milmine（1971）提到：自然中心的成員，不僅提供資訊，也是一位在生態覺知、關懷、行動的傳燈者（kindler）。

在美國奧杜邦協會（National Audubon Society）推動「社區自然中心」的理念中，提到中心的發展：在使青年孩童認識自然的神奇與趣味，提供建設性與教育性的活動、提供科學家的訓練、提供有關自然愛好的相關研習、提供家庭式悠閒與輕鬆的活動、提供成年人在物質追求之外的一種精神生活的平衡、提供不同層次之趣味和意義的要素。簡言之，一個這種功能的地方設施，在教育上，這是一個在室外的情境下，一個「土地有著學習目的」的概念。這也是一個公共的計畫，為了使人與土地親密的接觸，讓年輕的與年紀大的使用者在完善的教育互動中去理解「自然」世界，也為了個人發展一種必要的環境意識及相關的生活態度與方式。自然中心、環境學習中心是一個戶外教育的焦點、一個服務性設施，亦是一個社區的機構。市民尤其是年輕一輩的，在此能夠親近自然世界的一小部分，並學習生命與非生命事物之間的緊密關係，以整個生態社群而言，這關係內涵也包括人所在之處（Shomon, 1975）。此外Milmine（1971）亦認為，環境學習中心可以有三個功能：1.成為在未開發土地及都市化地區之間的緩衝帶；2.提供社區居民接近自然世界的經驗；3.達成環境教育的目的，讓市民的舉止之間，是一個在環境中有生態良知、有責任的一份子，與環境中的事物和諧相處。

臺灣發展環境學習中心類型的服務設施時間起步較晚。但長久以來，世界上許多國家早就有相關的服務機制與產品，成為一個社會中不可缺少的環境教育機制，與兼具教育、休閒與保育功能的產業（Palmer, 1998；周儒、呂建政，1999；周儒、張子超、黃淑芬，2003）。譬如以英國為例，全國三百多個各式型態的戶外教育中心、田野學習中心，

已經形成了一個一年七億五千萬英鎊的產業，它所提供的休閒、文化的經驗與活動，以及促成環境保育觀點的傳播與行動的參與，對於英國國家、社會與環境的永續，影響力是非常重大深遠的（周儒，2003）。這種規模的產業，代表的不僅是龐大的實質經濟效益，更代表了一個綿密的環境教育、保育、戶外休閒、遊憩、冒險教育、體驗教育、解說、展示、景觀、環境規劃、環境管理、永續發展等專業人力的投入與整合，以及相關的衣、食、住、行安排與勞務服務的提供，是一個非常特別與龐大的服務與學習產業。

周儒、呂建政、陳盛雄、郭育任（1998）綜合歸納國內外資料後，認為環境學習中心主要可以協助學習者，達成在環境學習、社會互動、自我挑戰與實現等三方面的學習與成長：

1. 環境學習：能夠使學習者透過親身的環境體驗來激發其對於環境的關懷，建構有關於整體環境的知識，並促成關心環境、支持並參與保育、改善環境的行動。

2. 社會互動：能夠透過戶外生活的體驗，學習到在戶外生活與活動的進行中，團體生活的紀律和與人相處、互助合作的學習方式，以及合理應對待人之道。

3. 自我挑戰與實現：透過在自然環境下生活與學習活動的體驗與挑戰，能夠滿足個人自我精神的需求與肯定，並培養建立個人積極進取的人生觀。

而目前臺灣國民中小學九年一貫課程的核心精神，也正是期望學習者能夠透過學習來達成人與自己、人與人、人與自然的和諧與發展。筆者發現其實自然中心、環境學習中心的三項使命，與目前臺灣九年一貫課程的主軸精神之期盼不謀而合。因此，更能確信發展環境學習中心與提供這樣的學習經驗與機會給學生，這個努力本身就是在追求有意義的學習，也就是追求與促進優質教育的各種努力中很重要的一環。

而Ashbaugh（1971）認為，自然中心是為服務社區中每一個人所設計的，因此自然中心及其提供的活動方案必須具備以下四種目的：

1. 教育：透過有經驗的教師和領隊，能促使一般民眾透過實際接觸自然的機會來了解與愛護自然。

2. 研究：透過完好設計安排的科學觀察和實驗，來尋求了解我們的環境。

3. 保育：實際運用對自然資源有關的資訊，來嘗試尋求經營管理人類環境與促進長期人類福祉的最聰明適當的方法。

4. 文化：自然中心應是一個能透過美感的經驗，來使訪客獲致心中愉悅與精神淬鍊機會的地方。這樣的經驗能刺激思考，並隨著刺激有創意的表達，對想要了解當地究竟有何特色的當地居民和外來遊客都是很重要的。

周儒（2000）對於環境學習中心所進行的各項活動方案（program），認為主要是希望透過環境學習中心周詳的教育、解說規劃設計與專業的環境教育、解說等服務作為一個界面，拉近周邊居民與學校師生對於所在地區環境的了解與增加其喜悅和感念。因此，學習中心如何提供有意義的活動給使用者就益發顯得重要。也就是說，中心本身能夠發展出來的活動方案（program），必須有能力滿足使用者需求與提供有意義的經驗給他們。而一個此種型態的中心（包括了自然中心、環境教育中心、戶外學校、戶外教育中心等）其所提供的活動方案，必須要能夠達成什麼目標呢？在綜合歸納了國內外各方專家的看法（Ashbaugh, 1971; Shomon, 1975; Evans & Chipman-Evans, 2004；周儒、呂建政、陳盛雄、郭育任，1998；周儒，2000）之後，筆者認為自然中心、環境學習中心可以達成的目標有：

1. 教育：透過中心專業的環境教育工作人員，能夠引領學校師生和社區民眾接觸、了解、關心、愛護環境。尤其是提供學校進行戶外教學、自然體驗、環境調查等專業性教學模組，並解決教師在行政與專業能力欠缺之問題。

2. 研究：透過中心以及相關領域專業人士的協助，能將中心所在區域的環境狀況做長期深入的觀察、研究，增進對區域環境狀況與

變遷的了解與掌握，並能夠提供教育與解說活動之利用。

3. 保育：經由中心的教育活動與實際環境狀況的觀察與了解，能促進居民與學校師生對於地區的環境、資源，更合理有效的運用與管理。滿足地方上在認識環境問題、體驗環境改善經驗、營造有品質環境的行動學習、資訊服務等需求。

4. 文化：經由中心仔細的蒐集與整理、設計，可以提供社區居民與學校師生對於當地環境長期變遷的理解、體驗環境愉悅的經驗，以及從中領會人與環境長期互動的過程，並由其歷程了解環境與人類生活、文化之互動和影響。

5. 遊憩：透過環境學習中心、設施、空間、環境的巧妙利用以及有趣的活動參與和體驗，鼓勵使用者追求有意義的戶外休閒遊憩活動的經驗，經由這些經驗來滿足人們對精神的淬鍊和愉悅身心的需求。

第三節　類型

中心因其資源、區位、功能之不同，也有不同的類型。在Shomon（1968）所撰的戶外保育教育手冊中，列出下列九類可以實施自然與保育教育的地點，這些地點形成了具有不同特色方案服務的中心，包括了：

1. 自然與保育教育中心
2. 自然地區及自然保留區
3. 實驗林以及戶外實驗室（如農林改良場、山地牧場、水質監測站等）
4. 野生物保護區

· 美國西雅圖的IslandWood林間教室，本身即是最
佳的環境教育教材。

5. 保育示範農場（如觀光果園、水土保持戶外教室）

6. 各類公園

7. 各類野營地

8. 森林地、植物園、動物園、河邊公園

9. 市區內（如行道樹）

以上這些地區都可視爲環境學習中心活動，可能存在、運用與發生
之場所。當然隨著時代與環境的變遷，世界各國已經有了更多樣貌類型
的環境學習中心發展出來。

當然在國外，戶外環境教育中心的經營型態是有很多種不同的方
式，從公辦公營、公辦民營、委託民營到純由民間經營辦理。而在不同
國家，也可能因爲社會的不同需求與狀況，而有不同類型營運管理的展
現。譬如澳洲曾有Webb（1990）提出一個分類的方法，他們將澳洲的
戶外環境教育中心分成以下六種方式：

1. 這個中心是由教育部所支援成立的。是由教育部所設置、支援，
   並且同時有固定的人力在那邊投注，這些都是純粹由教育單位所
   提供的。

2. 一種合作的方式。由教育部來配置人員、人力，但是卻由其他的政府單位或是社區團體來支援運作（support）的中心。

3. 由高等教育機構所管理、營運的中心。

4. 由私人團體或是個人來營運管理的中心。

5. 由體育以及運動休閒遊憩有關政府部門單位所管理營運的中心。

6. 個別的學校團體經營，是由個別的學校，可能是小學或中學所管理營運的中心。

臺灣許多類型的組織機構，過去多年來基於個人或是組織的興趣，都已經有實質運作，並發展了環境教育與在地永續關懷行動的各式案例。筆者基於本書介紹、傳承與引領後續努力之目的，因此在此書一開始的時候，還是花點篇幅將環境學習中心的類型做個操作型的分類定位，方便大家參考討論。筆者根據過去多年經驗與親身的觀察，將環境學習中心以操作型區分爲以下四大類型，包括自然中心類、農牧場類、博物場館類、公園遊客中心與展館類：

1. 環境學習中心：以環境教育努力作爲中心核心發展目標與宗旨之類型組織機構。譬如農委會林務局的自然教育中心、陽明山國家公園的天溪園生態教育中心、臺北市政府委託臺北鳥會經營的關渡自然中心、臺灣田野學習學會

· 成年人也可以在東眼山自然教育中心找到機會。

的二格山自然中心、觀樹基金會的有機稻場自然中心、新北市政府的永續環境教育中心、臺灣大學實驗林溪頭自然教育園區等。

2. 生態農場、牧場、教育農園：目前許多民間經營的農場、牧場，如果不是純粹以營利與大眾旅遊爲主（或是在進行大眾旅遊操作

之餘，仍然心繫環境），而是以生態關懷、永續環境為主要發展的重點目標，也可以算是屬於此類。譬如阿里磅生態農場、飛牛牧場等農委會輔導的優質生態農場等。而公部門如臺大梅峰農場、雲林縣政府的華山教育農園亦屬之。

3. 具有推廣環境永續、自然保育目標的博物館、社教場館：譬如海洋生物博物館、自然科學博物館、科學教育館、動物園、植物園等；或是具備有相關教育與解說方案、展示、人員與教育場館的保育研究機構，如林試所福山植物園、農委會特有生物研究保育中心等。

4. 國家公園、林務局、自然保護區等區域裡的遊客中心（visitor center）與有關展館：譬如自然資源管理機構如國家公園與林務局的遊客中心，除了一般遊客服務外，還提供經過設計的展示場館（有無配合的人員解說服務或是配合學校課程運作等考量，則因各機構投入的資源、人力強度差異，而表現會有所不同）。譬如各國家公園管理處的遊客中心、林務局管理保護（留）區的生態教育館如火炎山森林生態教育館、紅樹林生態展示館、瑞穗生態教育館等。

第四節　目標對象

環境學習中心不論是專業導向的或社區型態的、是住宿型態的或是單日拜訪使用型態的，都有設計多元的產品來服務包括學校學生與一般市民的各式對象，它是一個典型的終身學習服務機構。如果是以經營環境教育為主要目標，而不是一般性遊客服務為主的中心，則其使用者最主要仍是來自學校的團體，其中又以中小學生為主。譬如以美國賓州著

名的波克諾環境教育中心（Pocono Environmental Education Center）為例（Chou, 1986），即使早在1985年，中心的所有設施每一年大約就已有2萬多名的使用者，以住宿型的環境教育中心而言是頗具規模的，是美國最大的住宿型環境教育中心之一。中心的使用者幾乎含括了正規教育與非正規教育所要面對的對象，從幼稚園孩子到大學學生，甚至退休的老年人都在其使用者之列，所以也符合環境教育所強調之終身學習的理念。約有75.1%的全年使用者，是由正規教育系統而來的，其中又以小學到國中的對象占了最大的比例，有62.1%；而來自非正規教育系統或是各類型社會團體或個人，有24.9%。另外一個有趣的現象是，從相近幾年來的統計數字來看，來自學校的使用者比例上有逐年降低的趨勢，而學校以外的社會人士其數目比例有明顯上升的趨勢。這些人士包括了各種不同性質的對象團體，譬如有退休人士團體、對自然有特殊保育興趣的團體（賞鳥、賞鷹或觀察蕨類、蕈類）、一般家庭使用者。可見在學校對象以外推動環境教育的活動空間愈來愈寬廣，需求也愈來愈高。當然這已經是二十多年前該中心的情況，但是以筆者過去多年所接觸世界各主要國家這類型的中心來看，容或比例會有不同，學生仍是中心的重要服務對象，而一般民眾也逐漸占有一定比例，顯現了終身環境學習的趨勢。以日本的「國立那須甲子少年自然之家」的情況而言，1995年的住宿人次總計為11萬5,297人，露營場人次為9,151人，那須團體營社區為2,204人；自從1977年啟用以來，總住宿人數超過240萬人次。依服務對象分別為：小學35.1%、中學42.9%、青少年團體10.4%、其他11.6%，又以中、小學幾乎占了近八成的使用率（周儒、呂建政、陳盛雄、郭育任，1998）。而臺灣的環境學習中心之發展，譬如在關渡自然中心或是林務局的自然教育中心，學校學生的使用與比重，也確實占有一個重要的比例。當然在近年來全世界都注重終身學習的風潮下，各國環境學習中心的成年人與家庭的使用者比例，也有逐年漸增的趨勢。

第五節　構成要素

　　環境學習中心的規劃與運作因所面對的工作複雜而具挑戰，在千頭萬緒之時，如何有條理、邏輯的整理出該有的步驟與應該完成的重點工作，以提供作爲未來執行時實現這個願景和理想的依據，是非常重要的。因此最基本的，還是要考慮到一個中心存在的基本要素與價值，如此中心的各項工作才能在一個有意義的方向軌道上向前行進。

　　我們應該清楚了解，一個環境學習中心的設置，不僅是在產出一些環境教育活動教材，更代表了推動教材能夠發展運作的一個環境教育方案系統的建置。這個系統要能夠長遠的運作發展，有許多必要條件必須要愼重的考慮與多方設法和配合，系統才能夠持續的運轉。以下先根據這些基本的思考，去進行一個環境學習中心相關因素與關切層面之闡述。

　　而設置環境學習中心的單位屬性與掌握和投入的資源不同，中心的規模大小、服務特性、服務能量也會有所差異。有的環境學習中心是僅提供單日參訪，有的是具有住宿設施，可以進行多日的學習。但是不論哪種型態，總有一些是構成這種環境教育中心的基本條件要素，是可以抽離萃取出來，作爲了解與試圖掌握發展一個環境學習中心所必須考慮的重點。臺灣的起步較晚，案例也許較少，但是國外已有的案例可以提供我國做參考。譬如依據美國加州教育廳所公布的住宿型環境教育計畫的認定審核標準，這種類型的中心必須要符合以下的數項要件（Office of Los Angeles County Superintendent of School, 1976）：

1. 必須要能提供課程來幫助學生了解人類在生態系中，與外在生物和物理環境的相互關係，而這種課程所建立的了解是有助於發展學生適當的改善環境與妥善的利用自然資源所需要的技能、態度、知識以及承諾。

2. 必須要有場所（site）提供，作為學生親自觀察與研習多樣的環境現象之用。

3. 必須要有材料、設備、人員以及設施，提供給學生去觀察和研習環境現象和相互關係，以達成最大的學習效果。

4. 必須要有提供適宜的住宿與飲食所需的設施和人員，提供服務給參加中心研習活動的教師與學生。

5. 活動方案（program）最少要能提供學生四天三夜的學習。

澳洲的研究者Webb在調查整理了眾多澳洲各地的田野學習中心之後，認為這類環境教育中心的組成，必須要包括四項基本要素：土地（land）、建物（building）、人（people）、方案（programs），相關說明如後所述（Webb, 1989, p. 5）。

1. 土地：理想上，中心最好座落在具有多樣特質的一片區域，這樣才能允許多樣化的學習活動發生。而面積最好要夠大到能讓一些被過度使用的區域，可以依需要而暫時關閉去進行復育。所在位置最好要能靠近大眾運輸工具如火車站，或是方便巴士轉乘，以減少交通上的花費。中心必須要能隨時對外開放。當然如果建立發展一個中心時，為了省錢而使用一些關閉了的學校（廢校）或是公部門閒置土地也是可以的，但是也要注意考慮其適宜性。

2. 活動方案與建物：當取得土地之後，要發展中心很重要的階段就是要進行學習活動方案的規劃，並且將建物的規劃，設計去滿足方案的需求。也就是教學活動方案等軟體的規劃要與建物的規劃設計互相關聯。建築師要充分考慮來自社區與學校使用者的需求，並將之納入設計考慮。一些重要的考慮包括了：

・中心的總部建築（main building），必須要能夠設計包括有展示空間、一間圖書館（室）、辦公室、洗手間、一間可容納大團體集會或展演的大廳（有時還可以進行視聽放映）、一個遊客可以進行動手操作的工坊或是實驗室。

・洗手間的設計最好能夠考慮內部人員使用，以及外部訪客也需要使用時的可及性。

・入口區域必須要能夠同時處理得了30個又溼又泥濘的小孩。

・足夠的牆壁壁板空間，能夠容納許多展示與布告欄。

・戶外集會區，要有長樹幹座椅、營火會空間。

・中心工作人員的工作空間，對於準備上課材料、列印資料、準備解說設施與展示等，都是非常必要基本的。

・維修以及儲存空間，不管是放到主建物內或是外面。

・提供一些資源像是原生植物園、鳥類餵食平臺等。

3. 人：一個環境教育中心的成敗關鍵因素，就是中心工作人員的品質。一個中心理想上要有一個受過良好訓練的教育部門主任、一位或數位助理教師、一位秘書，以及一位總務或是現場維護經理人員。而中心的教育人員不僅具有環境教育專業，最好還要有景觀、園藝、設備維修、戶外現場工作督導、急救等多方面能力。對一些私立的中心而言，甚至是教師還要兼任經理，有時還要能夠一個禮拜七天、一天二十四小時待命（這其實是很有挑戰的）。

而Webb也發現，許多澳洲的田野學習中心從1970到1980年代有個趨勢，就是在服務對象與方案提供上，慢慢地從當初純粹服務學校學生，漸漸轉變到愈來愈多的中心提供給成人進行環境學習的活動方案。

而筆者在參考國外眾多案例與資料整理後，認為一個環境學習中心（或是自然中心）要能夠存在，必須具備以下四項最基本的要素（周儒，2000），包括：1.方案（program）；2.設施（facility）；3.人（people）；4.營運管理（operation and management），彼此互相依存、影響，而又以活動方案為核心，逐步影響到設施、人、營運管理。而在設施、人、營運管理等三項要素上，彼此也互相影響著。其交互關係，可由圖2-1來表示。

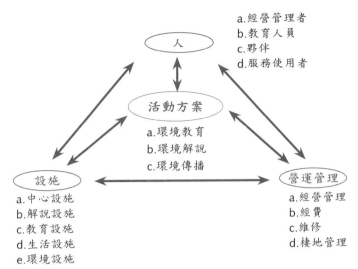

圖2-1 環境學習中心構成要素圖

資料來源：周儒（2000）。《設置臺北市新店溪畔河濱公園都市環境學習中心之規劃研究，市府建設專題研究報告第298輯》（頁VI-2）。臺北市政府研究發展考核委員會。

筆者現將構成中心的四項要素，其意義與考慮分別介紹如下：

1. 活動方案

方案是一個中心存在的最基本條件，方案可以有許多不同類型的活動，針對滿足不同年齡、屬性對象與不同之需求而設計。大致上我們可以區分為：(1)環境教育（environmental education）；(2)環境解說（environmental interpretation）；(3)環境傳播（environmental communication）等三大類型活動。

2. 設施

一個具有環境教育功能的學習中心，必須具備足夠的設施，才足以發揮其功能。這些設施包括了中心的：(1)房舍（教室、展示、研究規劃、保存等）；(2)環境教育（environmental education）設施；(3)環境解說設施；(4)生活設施（休息、住宿設施）；(5)環境設施（衛生、環保、永續等設施）。

3. 人

一個環境學習中心必須要有人的存在，人的使用、活動，才能使得中心的存在具有實質上的意義。而在人方面，包含了：(1)中心的人員；(2)中心的環境教育專業人員；(3)與中心共同合作的夥伴（社區人士、民間團體）；(4)中心設施與服務的使用者（學校師生、社區民眾）等。

4. 營運管理

學習中心的存在、運作與發展，一定要有有效的經營管理策略與實際的執行，在此種關切層面上，可以考慮到：(1)經營管理；(2)財務；(3)維護（maintenance）；(4)土地與棲地管理等四大方向。有完善的營運管理，一個中心才能邁開步伐向前滾動，才能真正提供有品質的環境教育服務給使用者。

第六節　意義與價值

建立一個環境教育機制，以提供社會各階層對於環境學習的需求，是各國推動環境教育工作的一項重要措施。外國長期的發展經驗中，自然中心即定位為一個拉近師生、群眾與自然環境（或自然與人為的環境）親近距離的一個學習據點。雖然科技是日新月異的，但我們絕對不希望看到我們的下一代指著木瓜樹說椰子樹，我們也絕對不希望他們所得到的外在環境認知，全部來自電腦網路與書籍。因為我們相信，人類經驗的傳承與對萬事萬物的體驗，絕對必須要仰賴學習者親身接觸的第一手經驗。這種接觸，學習者自行的嘗試摸索是一種方式，另外也可以藉由有專業經驗的機構與人員，去引導進行這種經過設計的體驗與學習。著名的教育學者杜威不也曾強調「教育即生活」嗎？現今臺灣與世界各國的教育改革趨勢與浪潮，也都強調這個結合生活與學習的重要觀點。以我國九年一貫課程發展的趨勢與現況來看，更是印證了這個關

切。能夠帶領與提供學生在生活中學習、在真實環境中學習，更藉由環境的接觸、探索，架構出有意義的學習，這都是環境學習中心勝任且專長的。

　　目前我國社會由於工作與休閒時段的改觀，整個社會對於休閒遊憩活動的需求增加非常多，但是在考慮到能夠提供有意義的休閒經驗與產品時，以量和質兩方面來檢視，就會發現其實是有限與不足的。常見的場景是一家老少、親朋好友在週休二日與休假時候，拼著車潮擠去所謂的風景名勝地區，很努力的吃完土雞土產，很賣力的唱完卡拉OK，留下一堆垃圾給環境，然後再很疲憊的塞車回家。這真是臺灣人要的主要休閒遊憩經驗與模式嗎？其實消費者也是很無奈的，如果我們要求有意義的遊憩經驗與產品，不禁要問產品在哪裡？誰來提供呢？誰又藉由有意義的休閒產品，來教育與提升消費者的水準與消費型態呢？

　　人對於接觸自然多少是有點天生的渴望與呼喚，現今高度都市化的發展也確實造成了人與自然環境的隔閡。如果分布在全臺灣各地的環境學習中心能夠成為國民休閒遊憩時可以去接觸自然的友善界面，以完善的設施與解說活動內涵去拉近民眾與環境（自然、人為、文化等皆可）的距離，相信對於滿足以上所提到的有意義休閒產品服務的需求，是有很正面意義的。尤其是目前政府與民間都非常關心與推動的生態旅遊而言，有效完善的解說設施與人員更是生態旅遊不可缺少的要素。環境學習中心的存在與服務產品的特質，更是符合這類型旅遊的需求。且藉由環境學習中心的完善界面，得以為廣大的民眾，開啟了一扇通往自然的心理與實質的窗，藉由這扇窗，人與自然的關係得以逐步邁向和諧。

　　所以環境學習中心的存在與服務的提供，不僅是滿足了推廣環境教育的專業觀點需求，也符合了教育改革對於生活與學習結合的需要，更能提供高品質的遊憩活動經驗產品給一般民眾，滿足社會對於生態旅遊產品的需求。以這些多面向與社會功能的考慮來看，環境學習中心的存在絕對是必要的，也印證說明了為什麼環境學習中心近三十年來，在世界上已開發國家和開發中國家裡都仍持續蓬勃的發展。

　　美國環境教育學者Monroe認爲，自然中心可扮演保護自然和對學生與遊客解說、教育這個自然世界的一個重要角色，譬如透過遠足到青蛙池、上層森林、或者引人入勝的大峽谷，讓許多美國人體驗到他們的戶外環境並且欣賞複雜的大自然。在自然中的這些冒險是重要的，可以幫助學生了解在這個星球上支配生命的生態原理，但是只了解自然世界中的水循環或是食物鏈是不夠的，自然學者和自然中心必須去連接存在於人爲環境和自然環境間的鴻溝，這是自然中心需要去做更多努力的地方（Monroe ,1984）。

　　以美國爲例，幾乎75％的美國人士擁擠地居住在他們16％的國土上，所以到訪自然中心的人大多是來自都市，對他們大多數而言，自然界中的生態原理是有趣的，但是這些原理卻很少可以應用在學習者住家附近的環境。如果自然中心沒有教導他們時，去連接這個鴻溝不是一件容易的事。例如食物鏈和食品連鎖店、鹿和高速公路，或者腐爛的木材和掩埋場。讓他們了解自己所處的環境生態系後，對自然資源和環境品質就會做出較有智慧的抉擇。只要能夠將教育活動方案的內容稍做修改，自然中心應可以在人爲環境和自然環境中心做一個很好的溝通橋樑（Tzitz , 1984）。

　　國外的環境學習中心的發展案例，可以作爲我們參考學習的對象，譬如環境學習中心可以是一個催化劑，由自然現象中豐富的自然變化來擴大和伸展學生對新知識的探索，在那裡環境學習中心提供學生了解生命的過程。自從1969年來，美國的Schuylkill Valley Nature Center 爲老師提供在環境教育和環境科學方面畢業學分課程的計畫方案，直到現在，這個計畫已成爲中心財務上一個很好的幫助，透過和學院與各大學的合作，環境學習中心可以節省很多人事費用，也可以節省大學院校中過多的課程所需的花費和預算。同時，環境學習中心還可以利用課程收費來幫助其他計畫的推動。此外，在Wave Hill自然中心推出年輕人課後的活動方案，這個計畫方案主要是幫助學生透過資料的蒐集和戶外的遊戲，了解自然和人爲的社會環境，並從中獲取一些技能。由於這個計畫

很受歡迎，所以現在計畫的內容包括下列四項：

1. 參觀研習（field trip）
2. 老師的研習工作坊
3. 社區的活動
4. 和文化中心與社區服務機關的合作發展

其中參觀研習可以包括附近的消防隊、公園等，環境學習中心可以利用這些地方作爲輔助教學的地點。

了解一個戶外環境教育中心，必須具備達成的功能，可由以下六個方向來綜合說明（周儒、呂建政、陳盛雄、郭育任，1998）：

1. 一個戶外環境教育中心它必須是一個擁有環境教育資源的中心，它要能夠有圖書館或是資料室這些設施，提供給老師以及學生。
2. 它能夠提供給從幼稚園一直到成年人一個學習的場地（site），而且適合讓學習者能進行現場實際的學習活動，而這些學習是能夠結合他們在學校的課程，爲他們提供一個場地，也提供眞實的現場學習經驗機會。
3. 它能夠幫助、協助老師去設計並執行現場的實習、眞實的學習。在這個戶外教育中心，它能夠協助老師設計並且執行他們所選定的現場實習探索的工作。
4. 它能夠提供場所、課程或是活動以及機會，給其他諸如師資的訓練、自我成長學習、在職教師進修等的需求。
5. 它能夠幫助老師對於環境教育的執行與推動。
6. 它能夠設計編寫產生一些教材、教學活動、教學手冊或是教育資料，提供大家參考使用。

以上這六點可以是一個戶外環境教育中心提供服務的基本功能，具備了這些功能後，組織機構在戶外環境教育上的影響，才能夠充分的發揮。

在美國一個由Roger Tory Peterson Institute of Natural History所召開之探討自然中心工作與使命的研討會中，與會的專家曾認爲自然中心必

須能關切到（Benke, Froke, & Sharp, 1990）：

1. 提供個人相關的服務。
2. 對來參加自然教育中心計畫的人或來參觀的人進行意見調查，或是利用隨後訪查來確定他們的需求。
3. 符合當地的教育需求。
4. 提升計畫的品質、市場化、執行計畫，並評鑑計畫。
5. 把自然中心安排成是一個有趣的地方，民眾喜歡去的地方。
6. 發展符合中心成立的目的和使命的整體計畫。
7. 發展中心教育使命的基本指引。
8. 提供表現穩定高品質的教育計畫。

環境學習中心的設置，不僅是在產出一些環境教育活動教材，更代表了推動教材能夠發展運作的一個環境教育系統的建置，這個系統要能夠長遠的運作發展，有許多必要條件必須要慎重的考慮與多方設法和配合，系統才能夠持續的運轉。

以現今環境教育的世界發展趨勢來看，環境學習中心就是一個可提供社會各階層對於環境教育學習需求整體解決（total solution）方案的環境學習園區。在很多國家地區已有的做法上，常將之定位在一個社區自然中心（community nature center）的案例。環境學習中心並不是像一般人所想像的，如常見的國家公園遊客中心那樣一大棟房子而已。其實環境學習中心指的是包括了中心所在的一大片土地區域以及在其上的建築物，還包括了所有的教育、解說與生活等必要的設施。簡言之，環境學習中心指的是一個有專屬活動區域範圍和完善軟硬體設施的一個環境學習園區。中心的行政、教學房舍與遊客中心等建築，其實只是整個環境學習中心的一部分，扮演的角色猶如一個全球資訊網網站的首頁（front page），由它所牽連出來的，是整個環境學習中心的所有資源與學習的機會。它的軟硬體包括了環境學習中心的展示、教學、研究、發展等所使用的房舍設施，與經過專業規劃的解說步道、戶外學習設施與學習據點，並具備了經由專家與社區民眾、團體共同參與及審慎規劃的

環境教育，以及環境解說活動方案（program），當然很重要的是，它還具有專業環境教育能力的人才來執行中心的課程活動方案。「環境學習中心」的理念其實早已經在世界各國得到驗證與落實的機會，是一個協助國民去體驗、親近、了解自然與環境的重要界面。

參 考 文 獻

王鑫（1995）。《戶外教學發展史及思想之研究》。行政院國家科學委員會專題研究計畫成果報告。

周儒（2003）。〈另一種休閒產業——臺灣的自然中心需求與可能〉。《「休閒、文化與綠色資源」理論、政策與實務論壇論文集》，2A7.1-2A7.22頁。臺北：國立臺灣大學農業推廣學系。

周儒（2001）。〈尋找一個環境教育的實踐場所——「環境學習中心」的需求與概念〉。《中華民國九十年度環境教育國際學術研討會論文集》，72-80頁。臺北：國立臺灣師範大學。

周儒（2000）。《設置臺北市新店溪畔河濱公園都市環境學習中心之規劃研究》，市府建設專題研究報告第298輯。臺北：臺北市政府研究發展考核委員會。

周儒、呂建政合譯（1999）。《戶外教學》。臺北：五南圖書出版公司。Hammerman, D. R., Hammerman, W. M. & Hammerman, E. L. 原著，Teaching in the outdoors.

周儒、呂建政、陳盛雄、郭育任（1998）。《建立國家公園環境教育中心之規劃研究——以陽明山國家公園為例》。臺北：內政部營建署。

周儒、張子超、呂建政（1996）：《教育部委辦自然教育中心實施狀況之研究》。臺北：教育部環境保護小組。

周儒、張子超、黃淑芬合譯（2003）。《環境教育課程規劃》。臺北：五南圖書出版公司。Engleson, D. C. & Yockers, D. H. 原著，*A guide to curriculum planning in environmental education*.

Ashbaugh, B. L. (1971). Nature center purposes and values. *The Journal of Environmental Education, 2* (3), 4-5.

Benke, P. A., & Froke, J. B., & Sharp, W. L. (1990). *American nature centers guideline for leadership in the nineties*. Roger Tory Peterson Institute of Natural History.

Chou, J. (1986). *Introduction to environmental education center-Scope, program, activity and operation (some examples in the U.S.A.).* Unpublished master's internship report, State University of New York, College of Environmental Science and Forestry, Syracuse, New York.

Evans, B., & Chipman-Evans, C. (2004). *The nature center book: How to create and nurture a nature center in your community.* Fort Collins, Colorado: The National Association for Interpretation.

Hungerford, H., Peyton, R., & Wilke, R. (1980). Goals for curriculum development in environmental education. *Journal of Environmental Education, 11*(3), 42-47.

Milmine, J. T. (1971). *The community nature center's role in environmental education.* Unpublished master's thesis, University of Michigan.

Minnesota State Department of Natural Resource (1992). *E. E. C. 2000: A study of environmental education centers.* Saint Paul, Minnesota: Author.

Monroe, M. C. (1984). *Bridging the gap between the nature and the built environment with nature center programs.* Dahlem Environmental Education Center.

Office of the Los Angeles County Superintendent of Schools (1976). *Guide fro self-appraisal and certification of resident outdoor environmental education programs.* Los Angeles, CA: Author.

Palmer, J. A. (1998). *Environmental education in the 21st century: Theory, practice, progress and promise.* New York, NY: Routledge.

Shomon, J. J. (1975). *A nature center for your community.* New York, NY: National Audubon Society.

Shomon, J. J. (1969). Nature center: One approach to urban environmental education. *Journal of Environmental Education, 1*(2), 58.

Shomon, J. J. (1968). *Manual of outdoor conservation education.* New York, NY: National Audubon Society.

Stapp, W. B., & Tocher, S. R. (1971). *The community nature center's role in environment education.* The University of Michigan.

Tzitz, C. J. (1984). The water discovery center: A cooperative effort of the youth science institute, Santa Clara Valley Water District and Santa Clara County Parka and Recreation Department. *Nature Study,* 37, 30.

Webb, J. B. (1990). Off-school field centres for environmental education, in K. McRae (Ed.) *Outdoor and environmental education: Diverse purposes and practices* (pp. 107-124). South Melbourne, Victoria, Australia: Macmillan Company of Australia PTY LTD.

Webb, J. B. (1989). *A review of field study centres in eastern Australia.* Canberra, Australia: Australian National Parks and Wildlife Service.

Wikipedia (n.d.). *Nature center.* Retrieved April 29, 2011, from http://en. wikipedia.org/wiki/Nature_center

3

發展與蛻變

第一節　漫長久遠卻有新意

　　在歐美國家，連結田野現場（field）與學校的學習起源蠻早的。英國早在1892年Patrick Geddes爵士在愛丁堡（Edinburgh），設置了英國的第一個田野學習中心（field study center）Outlook Tower。英國社會在1940年代鼓勵學校的學科如歷史、地理、生物等科目的教學，能儘量利用實地現場的環境，後來在1943年成立了一個「促進田野學習協會」（Council for the Promotion of Field Studies）的組織，現在叫做「田野學習協會」（Field Studies Council），來促進這些方面的教學與努力。隨後在1946年於英國Suffolk的Flatford Mill地區，開始設置了英國第一所住宿型的田野學習中心（Palmer, 1998）。而按照Evans & Chipman-Evan（2004）的介紹，美國在1913年有一個Fontenelle Forest算是最早的自然中心。在周儒、呂建政、陳盛雄、郭育任（1998）之規劃報告中顯示，日本較早的自然中心是1948年設置的清里森林學校。

　　在北美洲大部分興起於1960年代與1970年代的自然中心，當時的主要功能與目標在於自然鑑賞與保育研習等活動。自然中心的角色與功能，是引發都市人們欣賞大自然的興趣，作為轉換都市生活，進入不同自然體驗的門徑。只是這樣的角色定位與功能取向有其侷限，當人們一旦離開自然情境，再回到都市環境，其日常生活的行為，仍舊依循導致環境公害與破壞自然的模式與習慣，而那些為愛護自然而設計的教育方案、遊憩活動，並沒有完全發揮改變現實人們的知識與行為的效果。人們只會以為那是一種暫時性的休閒活動，娛樂的價值大於愛護環境與有責任之行為的意義。

　　美國自然中心的出現和戶外教育的興起有密切的關係（周儒、呂建政，1999），而要追溯戶外環境教育的根源可從團隊野營（organised camping）、自然教育（nature study）及保育教育（conservation education）等運動來進行了解（Knapp, 1990）。在19世紀時，整個社會現況是以工業發展爲主，人口也開始向都市集中，人類的生活逐漸以室內環境爲主要的活動場所。而在19世紀晚期，有一些人開始舉辦以青少年爲主要對象的營隊活動。早期的活動是以將青少年帶到戶外爲理念，培養青少年的自立精神及強化體能與道德感爲目的。Frederick William Gunn 及其妻子於1861年在康乃迪克州舉辦的夏季營隊旅行，首先將學校課程與營隊活動結合在一起，此舉被視爲美國團隊野營（organised camping）運動的開端（Knapp, 1990）。而美國在1930年至1960年代所遭遇到的兩次經濟劇變，也間接影響團體營隊活動的發展，此兩次經濟劇變分別爲大蕭條（Great Depression）與世界大戰。在這段時期有數百萬的兒童衣食無法溫飽，且居住在缺乏活動空間的貧民區內，此時學校的戶外營隊活動便扮演了提供學童健康生活的重要角色。在同時期自然教育（nature study）也因爲多位自然文學作家相繼發表其著作而開始興起，其中亨利・梭羅（Henry David Thoreau）被公認爲是美國自然文學之父，其主張要從直接經驗中學習的體能活動（physical activity），在兒童教育中占有很重要的地位。自然教育這個名詞一直到1884年才開始正式出現，而1890年至1920年代爲活躍期，但在1930年代則因保育教育的興起而沈靜下來。支持自然教育的人有一派主張，自然教育應該是以培養青少年的心智能力爲主，而非提供資訊或塑造其態度，但是另一派則認爲自然教育應提供青少年動機與方法，使其能自發並合理的進行科學調查以獲得知識（周儒、呂建政，1999）。

保育教育（conservation education）方面，George Perkins Marsh在1864年出版的《人與自然》（*Men and Nature*）一書喚醒了美國的環保意識，了解人類是自然系統的一部分無法脫離自然而存在。而後來羅斯福總統（Theodore Roosevelt）也開始設立許多自然資源管理機構，以鼓勵民眾善用自然資源並保育自然生態。此外，1930年代早期發生的旱災與塵暴，顯示美國中西部的土壤遭受嚴重侵蝕，自然資源的損失影響到

美國的經濟，更促使民眾體認到保育的重要。而土壤保育局（Soil
Conservation Service）也在1935年成立，此時水土保育也開始出現於學
校的課程中（Knapp, 1990）。而對保育教育的迫切需要，便成為促使
學校積極發展戶外教育計畫的有力因素，在發展趨勢上更逐步的與環境
教育的關聯性愈來愈密切。Hammerman等人曾將戶外教育的發展
歷程分為六個時期來討論，分別為：啟蒙期（inception）、實驗期
（experimentation）、標準化期（standardization）、復甦與創新期
（resurgence and innovation）、新方向期（new direction）及多樣化與
網絡連結期（diversity and networking）（周儒、呂建政，1999）。

　　環境教育的目標逐漸為世人所重視以後，自然中心的發展也開始朝
向如何因應環境問題，達成環境教育目標。有的改名為環境教育中心、
戶外環境教育中心，有的開始注意到在城市內的環境教育，有關都市的
空地、畸零地、行道樹、公園綠地、河岸交會地帶，以及都市微氣候變
化、社區文化等，這些對市民而言是很直接而有影響性的主題。都市人
平時到訪的地點，可以成為都市的自然中心、都市環境中心或社區環境
教育中心。

　　環境教育研究者特別重視如何賦予地方與社區的環境學習中心，達
成環境教育目標應具備之功能與策略（Shomon, 1969, 1975；Stapp &
Tocher, 1971；Mlimine, 1971；Monore, 1984；Simmon, 1991）。在北
美地區相當活躍的美國奧杜邦協會（National Audubon Society），自
1961年起，積極推動「社區自然中心」（community nature center）計
畫，以鼓勵政府與民間機構自行設立自然中心，協會也提供有關規劃與
資訊的專業諮詢。未及十年，已有25州100個社區相繼成立自然中心，
服務都市的居民。這些大小規模不一的教育機構，是每個社區一個綠色
的島嶼、一個呼吸的開放空間，讓人們感受室外綠色活力的價值，具有
社區發展、休閒、保育與教育的功能（Ashbaugh, 1973）。一直到現
在，奧杜邦協會在自然中心這個領域的發展仍然持續邁進，在美國也深
具影響力。因此，筆者認為奧杜邦協會的領導者與核心成員，當年藉由

他們卓越的視野與專業，支持並推動促成了美國自然中心的發展風潮。

　　國外推動環境教育工作的機構與設施，名稱多樣化如前所述。這些機構大都有一個類似的理念「體驗自然、群體學習」。其理念是利用優美、自然的室外環境，進行團體營隊、自然教育、保育教育、資源教育以及戶外教育等教育方案（Knapp, 1990；柯淑婉，1992；梁明煌，1992；周儒、張子超、呂建政，1996）。這類教育方案可以前溯到19世紀後期，約在工業化、都市化的社會轉變之後。1970年代前後，環境教育開始受到各國的重視，而前述的教育方案，也逐步採取長期經營的方式，設置定點的設施與機構，使理念能夠落地生根。不論國內外，這些機構向來吸引了相當多的人力與專業投入，而這些活力的來源，往往以民間保育團體發揮的影響力最大（周儒、張子超、呂建政，1996；梁明煌，1998）。北美地區這些多樣化的機構與設施，與臺灣早期以政府為主的模式（如教育部自然教育中心計畫、師範院校環境教育中心）並不相同，而與日本的青年之家、少年自然之家、森林學校、自然學校等，在經營的規模與目的上也有所差異。這當然部分是因為臺灣的整體社會情境，以及政府在自然資源管理與環境保護上扮演的角色不同而產生。而臺灣近年來在許多有心的民間與政府機構投入下，發展逐漸加速，已經逐漸呈現出多元的樣貌，將於本章隨後介紹。

　　人們走向原野，有一種孺慕的、安定的像是在母親懷中的滿足；因為自然的觀念，相較於人類生命是永恆的，相較於生活的面向是穩定的；相對於都市生活的變換、無常，耳目所及不斷被更新、取代，反而塑造一種不安、冷漠的環境氛圍，猶如一種創造性的破壞般弔詭；所以愛默森曾經表示，城市裡沒有感動的餘地（room for the senses）（Ashbaugh, 1973）。這也是座落在山海曠野中的自然中心，特別吸引人的原因。人們選擇鄉野的聲音、風景圖畫等自然印象，來調和室內生活的氣氛，顯示在自然中的懷抱與記憶的感覺對都市人而言是很重要的。現代的都市規劃理念就認為，提供某種自然的、可掌握的、記憶的要素，或是那些失去的生活趣味，是一座都市所需要的。這一種價值

感，在都會區之內與鄰近地區，成立一種執行教育計畫的設施，是由自然中心的概念所移轉過來的。滿足人們對於自然的需要，建立都市生活與自然的關聯，依循以上概念的轉換，讓其發生在都市生活當中，就是幫助市民能鑑賞都市生活過程之能力，增加其掌握都市印象的技能。所以Milmine（1971）建議，都會區的自然中心，應包含的主題有都市廢棄物、能源系統、都市化過程、空氣污染。這是把「自然即教室」的概念，轉為「都市即教室」，以都市生活的問題作為教育計畫主題。這一個思維，也呼應了英國城鄉規劃教育者Ward（1973）所說的：「都市本身就是環境教育」。

第二節　國外發展概況

筆者理解要將全世界環境學習中心的發展能夠完全介紹，似乎是一項不可能的任務，而這也不是本書的企圖。但是仍覺得要對一些國家和區域的發展做一些簡單的介紹，以便於幫助讀者與同好們了解，我們所從事的努力，其實也是全世界這方面關切中的一環。

一、北美洲

欲了解整個北美洲目前的發展狀況，因其幅員甚廣，要做出能顯現完整現況的調查研究有其實質上的挑戰與困難。而ANCA雖有進行過一些類似關切的近況調查，但因只有針對其所屬會員，因此也不能顯示全盤狀況。但一般的理解是北美洲發展至今，最起碼應該已經有五千多所自然中心、環境學習中心類型的機構，是全世界有提供這類型服務非常興盛的地區。針對北美自然中心的狀況，曾經有青年自然科學基金會（Natural Science for Youth Foundation, 1990）針對美國及加拿大可得

・孩子們在自然中心的森林中，探 　・成年人參訪社區環境學習中心，學
　索與學習。 　　　　　　　　　　　習水資源保育。

到確定名單的自然中心，進行過大範圍的問卷調查。藉由各種可能的管
道所得到的自然中心名單共計有超過4,200所，有回答該調查問卷的有
1,216所。針對這1,216所做的研究分析，大概可初步了解北美洲自然中
心在所有權的歸屬、座落地點、每年預算、職員組成、使用情形、面積
範圍、軟硬體設備的概況。雖然這些數據顯現的狀況已經距離現在有好
一陣子了，但是筆者認為仍可以提供同好們參考。以下為各個層面分析
結果：

　　1. 在所有權方面

　　有半數以上的自然中心是由政府單位所經營管理的，其中有近39％
屬於私人非營利組織，只有9％是由大專院校及地方學校等教育機構所負
責。此外，由私人營利機構或工業團體所贊助的自然中心，也占有近3％
的比例。而整體來說，自然中心的所有權大多還是以公營機構為主。

　　2. 在地點方面

　　自然中心以位於鄉村者居多占57％，其次為郊區的25％，而位於都
市的自然中心所占比例最少為18％。絕大部分自然中心其服務範圍，同
時包括了鄉村、郊區與都市。

　　3. 在年度預算方面

　　主要是在25,000美元至1,000,000美元之間。由此不同的預算分布情
形，反應出自然中心規模的多樣性。

　　4. 在工作人員的組成方面

　　大多數的自然中心有1-5個專職人員，但仍有7％的中心並無專職人員。此外，志工在自然中心的人員組成上占有非常重要的角色，而實習生（intern）則因為限制較多，所以大多數的自然中心只僱用1-2位。

　　5. 在年度的使用情形方面

　　各自然中心主要是提供一日型的活動，而有將近20％的自然中心有舉辦住宿型的活動。在一日型的活動中，有近三分之二的中心每年的遊客量超過10,000人次，而有三分之一超過50,000人次。至於住宿型的活動中，有43％的中心每年服務超過5,000人次，而有近20％在3,000到5,000人次之間。

　　6. 在範圍面積方面

　　各自然中心的面積大小，因其地方特性等因素的影響而有明顯的不同。有將近19％的自然中心面積在5英畝以下，而有31.4％的自然中心面積超過500英畝。

　　7. 在設備方面

　　雖然自然中心各有不同的特色，但在設備方面卻大多具有共通性，大部分都有展示館、健行步道及自導式步道。而有些則會依據其特色，另有天文館、歷史建築、溫室等不同的設備。

　　從以上的分析結果可看出，要定義何謂典型的環境學習中心是一件很困難的事，因為每個環境學習中心都有其本身的特色與地點的限制，所呈現出來的樣貌是很多元的。也正因為此種多樣性，使得各個環境學習中心得以發揮其功能，達到其設立的目的，讓遊客可以走出教室在戶外環境中學習，藉由實際經驗達成教育目的，了解自然與人類的關係。

　　美國幅員廣大，要進行大範圍的理解有其困難，但是從一些州或區域的資料中，仍然可以看出美國各地自然中心一直在持續蓬勃的發展著，而且被視為加強發展整體環境教育系統作為和策略中的重要一環。譬如在1990年，美國明尼蘇達州州議會就根據州法律通過一項決議，要

求該州州政府必須統合所有與環境學習中心發展有關的各政府部門與民間團體，以兩年的時間，必須完成針對該州環境教育中心類型的組織，如何強化的需求評估以及長程規劃，已於1992年1月1日向州議會提出報告。在筆者所取得的該份報告中，可以了解該州在此方面的發展概況。該州認為一個具有完整服務功能的環境教育中心，必須符合以下六個條件：

1. 一個清楚正式的中心環境教育宗旨（mission statement）以及策略（長程）規劃。

2. 具有公共或非營利的組織身分狀態。

3. 稱職專業的全職環境教育工作人員（最起碼要有一位全職人員）。

4. 有持續進行的環境教育方案（最起碼一年裡要有執行九個月），並與州環境教育計畫相配合一致。

5. 要有達到一定水準的土地與建物資源（不是網路上虛擬的）。

6. 要有獨立的環境教育年度預算經費。

他們將這些全能量服務的環境教育中心，區分成三類：1.博物館、動物園及一些特殊設施；2.單日使用型（包括以自然資源為基礎的如公園，以及以社區為基礎的如自然中心）；3.住宿型〔包括營地（camp）以及環境學習中心（environmental learning center）〕。根據他們的操作型分類，分別對於該州符合這些標準的組織一共250處設施機構，進行了基礎的狀況調查（獲得180份回覆）和需求評估。由此份資料可以了解該州在1990年時，即已經有250所（甚至更多）左右的環境教育中心類型的機構（Minnesota Department of Natural Resources, 1992）。而以該州面積為臺灣的6.25倍，當時人口不超過480萬的狀況來比較，可以對於該州環境教育中心類型機構的服務密度狀況與服務的社會需求，有個概略了解。 此外，以華盛頓州的情況來看，雖然找不到具體的描述該州總共有多少個自然中心或環境學習中心類型的機構，但是從可獲得的資料數據觀之，該州人口590多萬，先不算單日型的中心，以具有完整經營管理系統、設備、人員、學習方案的住宿型環境學習中心，應該至少就

有30所以上（Boulbol & Levine, 1999）。

　　自然中心、環境學習中心功能的充分發揮，對於環境教育的推動是具有正面且不容忽視的影響。事實上，Smith 和 Vaughn（1986）整理了1966到1986年間美國環境學習中心的發展後，認為這類型的環境教育機構確實扮演了推動美國環境教育的核心角色，其影響力絕對不容忽視。

二、英國

　　英國社會早有注重連結眞實環境與學校學生學科學習的傳統，本章一開始階段就曾先介紹過。英國早在1892年，就有Patrick Geddes爵士在愛丁堡（Edinburgh）設置了英國第一個田野學習中心（field study center）Outlook Tower。英國社會在1940年代即已鼓勵學校將一些學科，諸如歷史、地理、生物等科目的教學，能儘量利用實地現場的環境。隨後在1943年成立了一個促進田野學習協會（Council for the Promotion of Field Studies）的組織，歷經長期發展，現在稱作田野學習協會（Field Studies Council, FSC），來促進這些方面的教學與努力。隨後在1946年於英國Suffolk的Flatford Mill地區，設置了英國第一所住宿型的田野學習中心（Palmer, 1998）。而田野學習協會（FSC）也一直秉持著當時創建時的理想，逐步壯大，時至今日，已然成爲英國推動全民環境學習最具影響力的單位之一，對於促進英國環境學習中心類型設施機構發展與精進方面，有著舉足輕重的影響力。

　　而從過去筆者參與協助的一些案例文獻資料中[1]，可以更清楚理解到從當時的田野學習發展至今，英國的自然中心、環境學習中心類型的機構，已經發展到可以成爲一個促進全英國終身環境學習的產業，其對整

---

[1] 筆者曾於擔任環教學會理事長任內，協助林務局、林試所、陽明山國家公園等政府單位，邀請英國FSC的專家Mr. Robert Lucas和Mr. Andrew Turney來臺，於2002年10月24-25日，辦理「自然中心發展與環境教育推廣技術工作坊」。

個英國社會的影響力已不容小覷。根據現任FSC營運長的Mr. Robert Lucas當時的報告分享（Lucas, 2002），在2002年時，英國就大約有300個戶外教育中心，也就是平均每20萬個英國人就有一個中心來服務。這些中心類型多元化，大致可區分為四種類型：

1. 自然中心（nature centres）：主要是以推展田野現場學習（fieldwork）為主，大多座落在有優質自然環境條件之所在。

2. 環境中心（environmental centres）：也是以推展現場體驗學習（fieldwork）為主，主要座落在具有特殊環境議題與自然條件所在區域。

3. 戶外活動中心（outdoor pursuits centres）：以推動體驗教育、探索教育等戶外活動如攀岩、操舟等活動為主，座落在可提供以上具挑戰活動特色條件的環境區域。

4. 住宿中心（accommodation centres）：以提供年輕人戶外活動住宿餐飲等支持為主，當然也有提供配合活動，但不是其強項和重點，位處比較偏「旅遊地」之區域。

這些分布於全英國的中心，提供了全英國各級學校以及整個英國社會各個不同年齡階層的國民，一個終身環境學習的綿密網路，真的以學習型產業來稱之亦不為過。因為，每個中心都必須推陳出新的提供各式各樣，以自然與環境為題材的教學方案與活動，滿足來自社會各階層的需求。而各中心因為要推出這樣的學習服務產品，就必須要有配合的專業師資、支援人力、教學設施、住宿設施與服務、餐飲服務、交通服務、保險機制、環境景觀設計施工與維護、永續發展有關關切的設施裝置與維護等。簡直就是一個分布於全英國，環環相扣的環境學習機制。它結合了學校學科課程的有意義學習，以及學校以外全體社會有意義休閒遊憩與終身環境學習，成為一個龐大的學習型服務產業。光以2002年當時的狀況，就已經為全英國創造了每年7億5,000萬英鎊的產值（保守估計約新臺幣363億元）。而這300個中心的經營單位，大多是由推動社會公益的非政府組織（Non-Governmental Organization, NGO）來經

營；此外也有由地方教育主管單位設置經營、民間其他組織進行非商業性營運（Non-Commercial Operations by PLC's），少部分由商業性機構經營（Commercial Operators）。

而成立於1943年12月的FSC，目前已經是英國環境學習中心類型服務的主要提供者。負責全英國17個中心的營運，並且也曾於世界50個以上國家辦理過有關的教育訓練課程。單是英國每年就有超過7萬人參與FSC所提供的各式課程，每年營業額大約是750萬英鎊（大約新臺幣3億6000多萬元）。

從以上這些數據資料，可以了解在英國，環境學習中心這類型機構與所推出的各式學習活動，已深受英國各級學校學生與社會各界人士的喜愛。這個現象更可以從Plowright（2007）所撰寫介紹英國各地廣受歡迎的生態中心（eco-centre）與課程的書中獲得印證。雖然Plowright是以關心永續發展與再生能源教育為核心關切，走訪與挑選了全英國各地150個具有這樣設施與課程服務的中心。中心總數目看似不大，但如果以能夠充分反應在全英國各個角落，持續教育民眾必須面對極大的全球變遷、再生能源、永續發展等挑戰議題，努力學習有關的知識、態度、行為，甚至行動參與的貢獻上，是非常了不起的。筆者發現英國長久以來已經有非常完整的環境學習中心體系，目前面對新的挑戰，已完成了課程的調整、發展與運作，能更有效的去進行新趨勢議題有關的教育、溝通，以及人民行動的喚起。

三、日本

東亞方面，以我們的近鄰國家日本而言，其利用環境學習中心類似設施，作為提供青少年學習與人格成長發展的做法與歷史上，已超越我國許多，實在有值得借鏡的地方，在筆者過去研究中已有詳細的介紹（周儒、呂建政、陳盛雄、郭育任，1998）。日本在1945年戰敗後，經過十年的努力，國家從廢墟中重建起來，然而身負世代交替的青年卻在

這段混亂迷茫的社會情勢下，在成長過程中漸漸喪失青年人所應肩負的團體規律、同心協力與友愛的精神。此時一些教育人士及有心的社會人士開始重視這項問題，於是呼籲政府應該設置一些提供青少年能夠親近自然，體驗共同生活的戶外設施。在這樣的背景之下，自1955年起全國各地陸續展開「青少年野外訓練設施」以及「在職青年的野外教育設施」，同時為配合當時的社會環境背景，並設計有配合職業技術教育的實習與實驗之訓練設施。及至1958年文部省（相當於我國的教育部）才正式由中央政府編列預算，補助全國各地方政府（日本為都、道、府、縣）建設野外教育設施。是年首先補助八處建設，也從此定名為「青年之家」（佚名，1978）。隨著社會的變遷與需要，文部省又於1972年開始設立「少年自然之家」（川崎繁，1982）；而同年由運輸省（交通部）主導，亦開始編列預算補助建設「青少年旅行村」（中村忠生，1984）。到了1978年隨著經濟的高度成長，國民休假意願之提高而開始建設「家庭旅行村」及「家庭露營場」（小畠哲，1992）。此時自然環境以及環境教育的問題已漸漸在日本萌芽，自1984年這種對於環境教育及環境保護的觀念更為顯著，於是在1994年由環境廳主導開始規劃及補助建設「自然體驗設施／生態露營地」（環境廳，1993）。

　　日本提供在學青少年及在職青年之戶外環境教育設施，經過近四十年的發展，從早期的「青年之家」到最近的自然體驗設施／生態露營地，名稱上有「青年之家」、「青少年之家」、「少年自然之家」、「自然學園」、「林間學校」、「山之家」、「海之家」、「森林之家」、「自然教室」、「野外教育中心」、「青少年教育中心」等三十餘種之多。由於自1958年起政府每年編列預算補助，到1990年代這種戶外環境教育設施遍布日本全國各地，總數已經超過1,200處所。其中除國立的29處、財團法人的101處外，其餘均為縣、市、鄉、鎮等地方政府所屬，其中數量最多的是「青年之家」424所及「少年自然之家」184所，狀況如表3-1所示（周儒、呂建政、陳盛雄、郭育任，1998）。

表3-1 日本青少年自然環境教育設施所屬單位表

單位性質	國立	公立						合作社	財團法人	合計
		都道縣府	指定都市	市	鄉	村				
住宿型	29	277	32	29	126	29	18	87	871
非住宿型	0	57	19	0	55	11	0	14	316
合計	29	334	51	29	181	40	18	101	1187

資料來源：周儒等（1998）。《建立國家公園環境教育中心之規劃研究——以陽明山國家公園為例》（II-20頁）。臺北：內政部營建署國家公園組。

　　筆者在此要先提醒讀者以上所介紹的，是日本方面比較早的發展。其中最完善的是「青少年之家」13所及「少年自然之家」14所。自2001年4月起，配合日本中央政府改革，已將14所「少年自然之家」合併為「獨立行政法人國立少年自然之家」。同時期，「青少年之家」也合併為「獨立行政法人國立青少年之家」，並於2006年4月合併「獨立行政法人奧林匹克紀念青少年綜合中心」、「獨立行政法人國立少年自然之家」及「獨立行政法人國立青少年之家」為「獨立行政法人國立青少年教育振興機構」。目前共有28個機構，其主要目的為推動青少年之教育，提供全國青少年教育及休憩的場域（紀蘆倍，2006）。

　　而日本民間環境教育力量，也從1980年代中末期逐漸興盛。在1987年由民間發起，於山梨縣的清里森林學校召開了環境教育論壇，並由此形成了日後的「日本環境教育論壇」（Japan Environmental Education Forum, JEEF），成為日本全國性兩大環境教育團體之一[2]，以後並每年都在清里森林學校舉行論壇大會。JEEF在自然中心、環境學習中心方面的推動也不遺餘力，於1996年3月發表「自然學校宣言」，呼籲全國設立自然學校及成立自然學校的網絡。日本全國約有超過100個民間非營利組織參與推動的自然學校，積極的展開各式各樣活潑的活動（小河原孝

2　日本另外一個全國性主要環境教育團體是日本環境教育學會（Japan Society of Environmental Education, JSEE）。

生，2000；引自紀藶倍，2006）。相較於歐美的自然中心（nature center），日本的自然學校主要是以推動自然體驗為主的組織團體，分別有政府推動的自然學校、民間團體推動的自然學校，以及地方大學推動的自然學校。自然學校意指推廣自然體驗的組織或設施，擁有以自然為舞臺展開環境教育的設施；全年開講、每十個學生一個老師，指導者於大學接受專門的教育、擁有專屬的醫生。強調指導者的養成、設施的整備、與地區社會的連攜、獨立的經營方法論必須同時發展（川嶋直，2000；引自紀藶倍，2006）。以筆者過去親身觀察與理解，日本的自然學校，其實並不一定擁有固定場域，有的只是以推動環境教育、自然體驗等方案為主要任務的組織。以筆者先前於第二章對於環境學習中心所下的操作型定義來看，日本的「自然學校」其實並非完全等同我們用漢字所理解，具有固定場域位址的「學校」，而是包括了以下二種型態組織的混合體：1.傳統我們理解的自然中心、環境學習中心一類的組織；2.雖沒有固定場域，但是卻擁有優質的自然體驗或環境學習方案之組織機構。

根據資料，日本近年每隔一陣子就會針對日本的自然學校狀況做全國調查。第一次1999年由日本文部省委託野外教育方案研究會執行，第二次（2001年）、第三次（2002年）、第四次（2006年）都是由JEEF執行。日本的自然學校形式與關懷多樣，包括如下（ホールアース自然学校，2006）：

- 生活、生存方法為主題的自然學校
- 負責地區振興的自然學校
- 培育人材的自然學校
- 以都市環境為主題的自然學校
- 強化自然體驗活動方案的自然學校
- 生態旅遊型的自然學校
- 戶外運動的自然學校

- 幼兒教育的自然學校
- 自然保護活動的自然學校
- 擔任企業CSR（企業社會責任）的自然學校

　　而根據JEEF的調查與推估，日本最起碼已經有2000所自然學校。臺灣也需要有此類型的調查研究，而筆者目前正在嘗試進行中，期望不久的未來，能與同好們分享臺灣此類型機構的發展概況。

　　不論是以哪一種名稱出現，日本在此方面的設施都強調要達成促使設施的使用者更了解、關心與愛護環境，並且也期望能促使年輕人能夠在此設施的使用中，促進和諧互助的人際社會關係。而不同於西方英、美兩地的環境學習中心發展型態內涵，日本在引進自然中心概念與發展的歷程中，逐漸的回應了對於日本當代社會脈絡情況的關懷，發展與演變出了具有日本特色的自然中心。譬如對於地方永續發展、地域振興、高齡化社會、里山（satoyama）復興運動等議題的關心與參與。在此方面，由於臺灣與日本也有部分類似的社會情境，筆者也確實發現臺灣的環境學習中心發展並非全然按照西方的發展模式來進行，也因應了臺灣的環境、社會、文化等條件和關懷，將逐漸會有其獨特的發展脈絡與表現。

四、澳洲

　　澳洲延續了英國注重田野學習（field studies）的傳統，在自然中心、環境學習中心方面的發展也起步甚早。根據文獻資料，他們的第一個戶外中心（outdoor centre）是1939年在新南威爾斯（New South Wales）成立的Broken Bay National Fitness Camp，這個中心是澳洲最早提供學生到野外去直接學習生物、地質、科學、地理等主題學習方案的中心。而第一個真正的田野學習中心（field centre），則是在1973年成立（Webb, 1989）。根據Webb的調查資料顯示，澳洲在1988年時，符

合她對於環境教育中心之條件，亦即具有土地（land）、建物房舍（building）、人（people）、學習方案（program）的中心，全澳洲在當時已經有127所，她並且將各中心基本資料建立了資料庫。全澳洲如果分區域來看，分別是：Australian Capital Territory有2所、New South Wales有41所、Northern Territory有2所、Queensland有30所、South Australia有13所、Tasmania有10所、Victoria有20所、Western Australia有9所。澳洲地域非常廣闊，這總數看起來不多，但是如果以全澳洲當時的總人口數1,600多萬人來看，其實澳洲環境學習中心服務的密度是不低的。這些分布於全澳洲各區域的田野學習中心，有的是單日型態（day visit），有的是住宿型態的，都努力提供環境教育學習活動服務給各該區域的學校學生與社區居民，作為體驗自然、接觸自然、了解環境之學習場域。依她的研究發現，雖然大多數的中心承襲了來自英國長久以來注重田野學習的傳統，也以田野學習中心（field studies centre）作為他們的名稱。但是過去多年來的實際發展與服務提供，已經顯示大多數的中心都已經將純粹的田野、自然研習、生態學習，擴及到關注社區、環境與永續發展等議題和學習，因此實質上已經都是環境教育中心了。先前她也曾進行過1970年代澳洲的田野學習中心狀況調查，對照於她對1980年代狀況的調查（Webb, 1980），發現了從1970年代到1980年代這些澳洲的中心發展趨勢變遷，筆者也藉此機會提供出來與讀者分享（Webb, 1989）：

- 從提供自然與生態田野學習所需設施的中心，到逐步成為提供整合學習方案、議題導向、較不那麼結構化而彈性的學習或資源中心。
- 學校以及社區團體使用都日益增加。
- 不論是民間或是政府所設置的中心都有明顯增加，而且在設施上進步許多。
- 對於所在學區的參與和責任的增加。

- 提升了教育主管機構以外，其他政府所屬部門機構的環境教育興趣。
- 許多中心從業人員的哲思（philosophy）方面較過去改變。
- 藉由中心整合多元的方案與學校課程教學的合作與結合，更加強調概念和行為發展方面的學習。
- 學習單使用的減少，而現在強調更多實際的動手與實驗。
- 中心工作同仁仍然非常有能力與投入，同時必須更努力去展現他們能夠勝任更多、更不一樣的工作。
- 私人機構參與的增加，尤其在成人教育方面，但困難確實存在。
- 許多具有成人教育潛力的服務與設施的提供方面，在服務人力與方案上仍然能量不夠。
- 成人教育的提供上仍然不足。

以上的研究發現與呈現的趨勢及發展歷程，距離現在已經有好一段時間了，但仍可提供讀者們參考。而筆者曾於2005年，於澳洲擔任訪問學者的半年期間，走訪了許多中心，發現澳洲在環境學習中心方面的發展，不論是在量與質方面都有持續明顯的進展，尤其對於永續發展方面課題的關注更為投入。

五、其他地區

除了以上所提到幾個主要國家的發展外，也有不少其他國家的案例足供參考。譬如在瑞典，瑞典政府環境保護署早自1973年起，就已經在全國具有環境與自然特色的地區，建立了許多瑞典文名為Naturum的中心。這些Naturum類似臺灣國家公園的遊客中心或是林務局的自然教育中心，擁有適當的解說和教育人員、軟硬體設施與環境資源，提供全民接觸與學習自然和環境的機會。到2009年止，瑞典全國已經有28座這樣的中心在運作，而將會持續提供更多這樣的中心給瑞典國民（Swedish

Environmental Protection Agency, 2009）。

　　不只是已開發國家重視環境學習中心，同樣的在開發中國家如印尼也獲得重視。印尼在過去也進行過相關的努力，Nomura、Hendarti 和 Abe（2003）等人亦認為，印尼的環境學習中心可以達成四項功能：1.將在地的、區域的、國家的、國際的環境資訊融入中心內，有助於加強使用者的環境知識及促進環境的實務活動；2.提供環境教育的機會，這應該被視為中心存在最主要的目的；3.與其他機構或地方居民共同合作，引導研究或其他工作；4.作為不同地理間、部門間以及領域間的連結，亦即作為一個轉化者的角色，在四個功能中較具有挑戰性。

　　中國大陸近年來也體認到在真實戶外環境中進行教學的重要性，因此在學校以外具有環境教育潛力的據點開始積極發展，譬如動物園、植物園、野生動物保護區、農場、環保設施等。他們稱之為「環境教育基地」，涵蓋的層面比較彈性與廣泛，有點像是環境學習場地（或區域）（environmental study site or area）。推動的主導單位是國家環保部宣教中心，進行規劃與標準的訂定，而各省市的宣教中心則進行實質的推動。雖然起步比臺灣晚，但也已獲得一些不錯的成果。像是上海就選定發展了45處綠色基地，包括博物館、污水處理場、環境監測站等，作為發展環境教育之用（吳祖強，2006）。

第三節　臺灣的發展

　　根據筆者多年來的觀察與研究資料（周儒、張子超、呂建政，1996；周儒、林明瑞、蕭瑞棠；2000；周儒，2000，2008），臺灣的環境學習中心發展，也伴隨著政府與民間對於環境教育的重視而開展，陸陸續續有一些努力作為。而檢視起來，發現農委會、教育部、環保署

在其支持的中心運作狀態上也各有所不同。譬如教育部環保小組曾經在王鑫教授擔任執行秘書的階段，努力在國家公園、森林區、國家風景區等地區，由教育部與各該資源管理單位合作設置了一些自然教育中心（主要是以教育部專案委託各合作單位辦理環境教育）。除此之外，在各個師範大學、師範學院也有環境教育中心的設置。同時環保署和教育部，也各自支持成立了地區性的環境保護教育展示中心。而農委會則因應水土保持工作的重要性，在各處設有水土保持戶外教室。而教育部委託專案服務的各自然教育中心的重點工作，其實仍是放在由教育部專案委託的教師培訓上。教育部協助之各師範校院之環教中心的重點工作，是在輔導區教師的輔導與教材的開發推廣協助上。以上這些努力確實與國外環境學習中心直接執行第一線客戶如學生、社區居民等推廣服務為主的型態是不太一樣的，但是筆者也要提醒讀者，千萬不要以為這些先前的努力是浪費時間與資源的。因為沒有這些先前的努力，帶動政府組織和參與單位的熱情、學習、能力發展，以及觀念轉變，絕對不會有後來各個公民營機構與個人的投入及成功。應該要把先前的各種努力當作在耕耘土壤，蓄積整體能量的階段。以下就將這些耕耘過程經歷，摘要地呈現出來，也期望後來加入臺灣環境學習中心發展與努力的夥伴，了解一下臺灣在這方面所走過的路。

一、「環教中心」的老故事

　　這裡所提到早期在各師範校院成立之環教中心，其實在運作發展上與大家現在所想的環境學習中心是不同的。但因這是臺灣第一次建立這樣的名稱單位，還是有其歷史上的意義，故在此特地做介紹。國內第一所環境教育中心由行政院環境保護署補助經費，於1988年8月在臺灣師範大學成立。成立目的在資料蒐集、教師研習、課程發展與發行刊物，其後陸續補助臺北市立師院、新竹師院、臺中師院籌設。至教育部於1990年11月成立環境保護小組之後，全國3所師大、9所師院的環境教育

中心運作計畫經費來源，就以教育部為主。設定的任務包括：協助中小學成立環境保護小組、舉辦研討會、教學觀摩會、輔導區學校訪視、推動校內環境教育。設置與推動工作所依據的，包括「大學院校設置研究中心審查準則」、「國民中小學加強環境教育實施計畫」、「教育部及其所屬機關學校設置環境保護小組要點」（周儒、林明瑞、蕭瑞棠，2000）。

　　林崇明（1995）曾撰文表示，各師範院校環境教育中心之運作及功能發揮，皆有補助經費不足的現象，而各級學校的「環境保護小組」之功能亦未能落實，需透過12所環境教育中心來著力。梁明煌（1998）檢視其實際運作與原先規劃建議間的差距發現，中心的運作以教師為主要對象，校院內的環境教育課程發展有限，對外建立環境教育推動伙伴的工作上也很罕見。而學校的受訪者則期望每縣市至少有一社教機構，能支援處理環境教育的問題。

　　總體來說，師範院校的環境教育中心主要功能，還是在教育與研究兩方面。12所環境教育中心運作的問題，大致因素為：經費資源不足、人事組織受限、行政程序障礙、執行認知落差不一、單位自許與承諾的程度有別。報告中提到的改善建議有：1.讓中心運作走向市場機制；2.朝向公辦民營方向發展；3.中心的角色應與地方議題結合（梁明煌，1998）。筆者因為過去一直參與其中，所以對於發展的狀況與限制體會深刻。其實這些中心的成立與企圖，以當時的主管單位對於環境教育整體戰略的理解層次，以及各中心階段性目標的設定，筆者發現他們確實只是被定位在觀念推廣、教材研發、師資培訓等重點上。各個中心設置的本意並未包括對於大眾與學生的服務推廣上，因此雖然名稱是環境教育中心，但是實質上，以他們的人力、資源、設施，和當時社會的氛圍與理解層次，確實無法做到國外那種直接提供服務給第一線顧客的型態與運作方式，因為那本來就不是臺灣這些在師範體系發展的環境教育中心設置時的運作發展目標與期待。

二、教育部推展的「自然教育中心」

　　行政院環境保護小組於1990年3月19日以環97字第028號函，指示教育部環境教育工作重點，爾後教育部據之擬定「教育部加強推行環境教育計畫」（1991年6月）。在這個計畫中的實施要項，分為學校環境教育與社會環境教育兩大項。而在學校環境教育此項的第五個計畫，戶外教學研究改進計畫的要點中，就明列「成立自然生態環境教育中心」，其實施方式則是「委託有關單位以合作方式，分區設立自然生態環境教育中心，供學校進行戶外教學」（教育部，1991）。

　　基於這項教育部內部的計畫，教育部環保小組推動成立自然中心的計畫隨之展開（1991年7月）。而在由教育部環保小組委託，國家公園學會執行的「自然生態環境教育戶外研習中心研究計畫」下，經過對自然中心的定義、分類及依據原則，選出試辦區，其選擇考量的流程如下（王鑫，1991）：

1. 根據區域發展的原則。
2. 依據教學資源（自然環境可供自然生態教學的地區）摘列建議地區。
3. 依據上述資源區管理機構可提供之合作及意願，再行複選，並加以分級。
4. 交通易達性（距主要人口集中地區的遠近）。
5. 區域優先性（鄰近大都市）。

　　經過上述的篩選程序之後，選定陽明山國家公園、苗栗蠶蜂業改良場（今稱苗栗農改場）、溪頭臺大實驗林以及東北角風景特定區等四處優先設立自然教育中心。爾後經過數年的努力，在各單位的大力配合之下，至1996會計年度全省國家公園、森林、國家風景區、實驗林等，已有13處地點合作成立自然教育中心，辦理研習活，提供教師研習機會。而在1997年度共有15處自然教育中心辦理教師研習，在1998年度則有12處自然中心繼續執行教師研習工作（周儒、張子超、呂建政，1996）。

從前述資料，可以了解教育部自然中心計畫的運作，是按「自然教育中心教師戶外教學研習活動」為主要辦理項目，每年度約五個月的計畫期間進行。林崇明（1995）也曾提到各自然教育中心所屬機構，未給予法定地位，因此無其他軟硬體之經費支援。同時中心數量仍未遍及國內二十個生活圈，是其發展問題。周儒、張子超、呂建政（1996）的研究提到體制中既存的問題有：經費不充裕、行政體系支持的不確定，也就是政策面的影響最大。學校老師在利用自然教育中心推動環境教育（如改進戶外教學）的相關問題上，亦有一些層面的需求無法滿足，包括：研習所在地離校過於遙遠、學校的行政協調不能配合以及研習後教師未能有自信運用，認為本身的環境教育能力不足。總的來說，自然教育中心實施計畫，本身有很高的目標期許，合於「凡是適合於戶外進行的學習活動就在戶外進行」的理念。同時，因為合作機構本身具有保育與教育的任務，未來並可延伸至社會環境教育與自然休閒相結合。周儒等（1996）特別提到以下的改進建議：1.由地方政府自主性辦理；2.自然中心公有民營的經營方式；3.專業人員的培養訓練；4.經費來源之多樣化；5.關切都市環境的方向來發展；6.走入社區，結合學校與民間團體的力量等。

　　以筆者對於教育部自然教育中心長期運作的觀察與研究了解，發現這些中心因為當時的情境條件與資源，能夠辦理的戶外教學對象僅有教師而已，顯現了其侷限性與持續發展的困難。自然在後來的運作上於廣度與深度及持續性方面，規模與可能性就減少了許多，由此也發現對應於自然教育中心與環境教育中心發展上的瓶頸與限制。而要能提供學生與民眾直接接觸自然、進行有意義的學習與休閒經驗和教育活動方案的自然中心（不論是單日活動或是住宿型態的）需求上，就變得非常迫切。在此點關切上，臺灣國家公園體系早些年曾試圖做了較佳的回應，委託筆者與同好進行了初步的規劃（周儒、呂建政、陳盛雄、郭育任，1999），但是也很可惜的基於許多當時的條件與原因，後來並未落實執行。

三、早期其他的努力

　　在發展早期除了教育部的努力外，還有國家公園在各個管理處所轄區域範圍內，設置了一些遊客中心或是展示館，對於遊客進行解說與教育推廣的努力。但是如果以能提供完整環境教育服務功能的環境學習中心模式來檢視，當然其發展仍有些許差距。其他如農委會和環保署也都有過類似的想法與作為，可以提出簡單介紹於此節。

　　在環境保護有關的教育宣導工作上，自1992年起行政院通過之「環境教育要項」即成為政府推動環境教育的主要依據，而環保署成為此要項的主管機關。在策略上，透過社會與學校管道同時進行，涵蓋各年齡層，全面性的建立全民珍惜環境資源的價值觀。在教育宣導的組織體系中，含括四處「環境保護教育展示中心」。設置「環境保護教育展示中心」是行政院國家永續發展委員會環境與政策發展工作分組之下的工作，屬於協調推動永續發展環保教育分項下第二點、推動提升全民行動力之環境教育計畫。因此，隨後有四處教育展示中心分別由教育部環境保護小組與環保署，委託各合作機構建置。從1993年起，陸續設置了「北區環境保護教育展示中心」（於國立臺灣科學教育館）、「中區環境保護教育展示中心」（於國立臺灣自然科學博物館）、「南區環境保護教育展示中心」（於國立高雄科學工藝博物館）、「東區環境保護教育展示中心」（與東海岸國家風景區管理處合作）。

　　只是此種類型中心的功能，因為先前的目標設定，比較侷限於利用展示來傳達訊息給予到訪者，偏重在資訊的傳達，而比較欠缺教育上注重的互動之教學策略與內涵。同時到訪者對於理解或認同展示內容所傳達的訊息，影響力方面也比較有限。

　　除了以上教育部、環保署等單位的努力外，農委會水土保持局也曾進行過一些努力。1989年苗栗縣大湖鄉四份成立第一處水土保持戶外教室，作為學校戶外教學的場所。之後已發展有20處教室，它原隸屬臺灣省政府農林廳，現已經併入行政院農業委員會水土保持局。水土保持戶

外教室的設置模式，多數是由農政單位主動委請地方機關、農民提供其所經營之農地，作為辦理水土保持教育與宣導工作之據點，提供中小學水土保持戶外教室研習活動，及農民、一般社會大眾水土保持之旅的場所。有關之軟、硬體設施，則分別是利用農委會和水土保持局輔導的新型坡地果園經營示範區，另編印解說活動手冊。擬前往參訪之學校機關、民眾團體，在出發前先行聯絡各戶外教室承辦人員，可安排解說人員隨團講解。

由於這些水土保持戶外教室並無穩定之教學方案與人員來進行持續的教育推展，雖每年為配合「水土保持月」、「全國水土保持義工大會師」或是「全國水土保持戶外教室同步戶外教學活動」等活動辦理，但是多以「辦活動」之方式為之，效果有限，也無進一步的成效評估。

綜合而言，以上現有的數種不同型態之教育中心，在發展過程與執行重點上，對於提供長年性穩定專業的環境教育學習方案，透過環境教育專業教師（人員），直接在現場服務學校學生與社區民眾方面，並無法滿足社會需求。但也由於這些有心投入單位過去的跌跌撞撞，從過程中學習成長，還有整個社會需求和水準的逐步提升，奠定了後來公部門與民間穩健發展的基礎。

四、多元投入加速發展

雖然先前許多政府單位的努力，並未真正成功形塑如國外那樣理想的自然中心或環境學習中心。但是在各個不同單位與機構的努力下，已經逐步的蓄積了知識、人力、專業、組織與企圖。甚至整個臺灣社會在過去二十餘年來逐步累積出來的環境教育能量與氛圍，也提供了臺灣後來能夠發展完整功能的環境學習中心的基礎與後盾。譬如先前教育部與國家公園的自然中心理想，雖然囿於一些條件因素而未能完整實現，但是因緣際會之下在十餘年後，居然能夠由後來才投入，但是具有無比熱忱執著的林務局來接棒實現。最有趣的是林務局連選用的「自然教育中

心」名稱，也是與教育部當年推動時所用的名稱完全相同，並且在隨後的學校實質推廣上，還得到教育部環保小組充分的支持與協助。筆者因為多年來參與了臺灣這個發展歷程，對於許多背後的故事仍然記憶猶新，也感受深刻。將早期與現在的發展狀況相比較，可以發現現今這種發展情況與走向，絕對不是1990年代初期，環保署、教育部、國家公園等單位，甚至是筆者自己所能預期或是想像得到的，非常有趣與值得回味再三。

誠如筆者先前所述，臺灣在發展環境學習中心的努力上，早期主要有一些政府單位率先投入，在實現並建立具備完整服務能量的環境學習中心上，曾繳了不少「學費」。而這些努力其實也帶領出後來有許多政府機構與民間單位，對於發展具有完整功能服務的環境學習中心來協助推動環境教育，都有很高的興趣與期待。譬如已經有許多的民間生態農場其實都已開啟了這方面努力的腳步，筆者由於接觸了解有限，無法於此做出完整介紹。現僅提出一些政府機構與民間努力過的案例，提供同好參考。

雖然這些案例並沒有每一個都能成功實現，但都在臺灣發展環境學習中心的漫漫長路中，留下過一些印記痕跡，甚至也儲備了相當的經驗、人才與觀念的擴展，都對後來的實踐與實現多少有些許影響。譬如臺北市政府研考會曾委託進行過設置臺北市新店溪畔河濱公園都市環境學習中心之規劃研究、荒野保護協會的淡水自然中心與雙連埤生態教室、彰化縣政府在八卦山成功營區的環境學習中心發展上的興趣與企圖、臺北市政府建設局（現已經更名為產業發展局）將關渡自然公園與自然中心委託臺北市野鳥學會經營、臺北市文化局亦委託芝山文化生態綠園給臺北市野鳥學會、交通部委託觀樹教育基金會在臺鐵舊山線勝興車站的環境解說中心的嘗試、泉順食品企業股份有限公司以新臺幣一元的公益性委託觀樹教育基金會經營有機稻場、臺大的梅峰農場等。民間有心的個人與團體，也成立有二格山自然中心、阿里磅生態農場、臺東太平生態農場等。此外一些私立學校系統，如臺北市私立復興中小學的

戶外教育營地、私立薇閣中小學的戶外學校等。而臺北縣政府（現已升格為新北市）更於2008年積極投入發展，在八里成立了新北市永續環境教育中心（周儒，2008）。

而行政院農業委員會林務局目前透過自然教育中心系統的發展，落實環境教育的努力與企圖，對政府公部門在環境教育推動上所扮演的角色示範和責任更是益形重要。經過了多年辛苦的整備，林務局自2007年7月起至2008年8月，已陸續成立了東眼山、羅東、池南、奧萬大、八仙山等5處自然教育中心，2009年又有觸口、雙流、知本等3個中心加入，目前已經完成建構八個分布於臺灣各區域的優質自然中心系統，對外提供服務，以上這些都是非常令人興奮與期待的案例（周儒、郭育任、劉冠妙，2007，2008，2010）。

有鑑於臺灣一般學校校外環境學習的狀況品質需要提升與引導，教育部環保小組更於2008年起開始進行「環境學習中心校外教學推廣計畫」。由教育部與林務局的自然教育中心系統以及其他公民營單位的環境學習中心共同攜手合作，由教育部提供部分的校外教學車資補助，鼓勵學校去這些獲選提供優質校外環境學習服務的九個公民營單位，以促進國小國中優質戶外教學的產生（蕭文君，2009，6月）。目前這個小規模的試行推動仍在進行中，而接受補助的公民營環境學習中心也日益增多，學校師生反應相當熱烈。由各個獲得教育部補助的環境學習中心，直接提供學生校外教學與教師的專業成長研習來進行環境教育，總計在2008年12月底以前已完成補助270班之戶外環境教育學習與11梯次的教師專業成長研習。 該計畫的補助數量已由2008年9所增加至2009年的19所，包含林務局6所「自然教育中心」、喜憨兒社會福利基金會的「憨喜農場」、觀樹教育基金會的「有機稻場」等19處，分布於全臺各地。課程活潑有趣，可以當農夫體驗農事生活、學習早期伐木工人運送木材、創意的環保生活等豐富多元教學內容。而這個計畫至今仍然在持續辦理中，教育部期望藉由這個計畫能夠促進臺灣環境學習中心的發展與服務品質的提升，並帶動導引學校追求優質而非純粹娛樂取向的校外

環境學習與體驗。

· 用各種感官在森林中學習（東眼山自然教育中心）。

· 在溼地現場學習（關渡自然公園）。

· 成年人更喜歡在環境中學習（二格山自然中心）。

· 環境學習中心是親子共學的好所在。

第四節　發展重點

　　對於中心成長的目標，Forbes認為，最具體而有力的範例就是：每一個社區都有自己的自然中心，就像社區中都有教會及學校。因此，中心必須有抱持相當熱忱的成員，勇於面對任何細微繁瑣的困難。他並強調孩子們是絕妙的，要重視孩童的需要。自然中心的教育者和解說員需

要多關心孩童。我們先要有所保留的是，如果我們能先提供每個孩子一個完整的環境（wholesome environment），他們就會對我們所做的有回應。在自然中心、在活動過程中，信任孩子們。再者，Forbes指出，如果我們不能與青少年一起工作，將錯失一種難得的機會。因為青少年能夠真正地參與，那麼他們之中有的人日後將會成為自然中心的主持人、優秀教師及解說員。此外，自然中心可以像個有營收的事業機關，基於運作需要支應正常業務花費，如妥善執行業務所需的人力，及購置與維持設備如電腦，這些實際上需要收入以平衡所需的開銷，莫為了向群眾收費而擔憂（Roger Tory Peterson Institute of Natural History, 1989, p. 4）。

　　究竟一個環境學習中心應該有哪些重點工作與方向，是必須要照顧到呢？Milmine（1971）就曾建議了自然中心課程及活動方案，可依訪客或對象主動到訪的次數、性質或中心主動創造接觸對象等，並採取不同的方式進行修正與強化（周儒、呂建政、陳盛雄、郭育任，1998），分別列述說明於後：

1. 有計畫到訪者，如：學校班級參觀教學，中心可提供地方環境簡介、實地野外步道活動，並提供訪者來訪前或在交通路上、活動進行前、活動中、活動後等階段性安排。

2. 補充各科課堂學習內容，提供輔助性學習材料。

3. 設計夏（冬）令營、提供童軍、社團訓練、社團活動、地方居民或學生於週末、午後的學習、遊憩活動場地。

4. 進行義工培訓。

5. 定期安排知性的演講會、鑑賞性活動，以服務社區民眾。

6. 對於有興趣了解環境教育的學校教師，舉辦教師研習會，必須慎選課程時段，以在職訓練之名義，或設法提供週末社區聚會（有孩童照顧的服務）下，讓教師組成小型研討班，以解答及交流環境、自然、戶外教育的觀念、教學做法，著重在方法的成熟，而非只是空談內容。鼓勵教學的問題回應與對策交流。

7. 中心的講師及解說員，有機會要適時拜訪老師，如：電話邀請教師參加研討會，而不只是歡迎教師再度光臨。

8. 作為一個好鄰居，可以主動為新進社區成員提供生活環境簡介，邀請新居民到中心走動，或拜訪地方其他公、私團體、機構，如：工廠、商家、社區組織等，多熟悉當地的人與事，建立好的社區互動關係。

9. 對於外來偶然的到訪者，提供基本的服務及解說設施、刊物、折頁、導覽手冊、觀察活動單，適時進行當地環境介紹，如：人文史、風土方面，還可講解周遭地緣關係，如：生產消費條件、環境面面觀，可利用地圖資料呈現。

10. 在教育及推廣工作上，拜訪其他社團、組織，提供自然研習、環境研究之簡便工具、器物出借，設計視聽媒體，包括地方環境介紹、環境探索記錄，或是舉辦特殊展覽活動，運用傳播媒體製播節目、流通資訊，包括：社區電臺、電腦網路。日後，中心進行地方性環境研究與教育資料蒐集，則可結合社區行動，鼓勵學校老師、社區義工支援，與其他學會、基金會、民間社團合作。

　　自然中心活動方案規劃的結果，是完成一份總體課程活動計畫，它也代表著一種夢想（Evans & Chipman-Evans, 2004）。夢想下一步是付諸實行，也可能是作為一種分享的開始，邀請他人出錢出力，來實現夢想。一份環境學習中心的總體計畫，包括了宗旨、經營計畫、解說設計、設施考量、營運策略、預算及募款計畫、用地發展，甚至還可有一份行銷企劃案。

　　Wilson與Martin（1991）曾提出一個成功的自然中心，其運作推動中心計畫的七項準則，值得參考。梁明煌（1998）曾引用並應用在評鑑研究上，現列述如下：1.服務的理念（創立的理念、機關社團團體的第一線服務、運作的評量、協助學校環安衛的工作、經費的靈活來源）；2.穩固的支持（其他專業與經費人力等）；3.一位負責發展業務的主任及一位執行方案的助理主任是基本的人員條件（爭取公私機關的員額補

助、志工、短期實習生）；4.完善的溝通網路（縱橫向關係的溝通聯絡、電腦網路、刊物、社區多議題交流、公眾展示）；5.明確的目標（組織與發展目標、對象區隔性目標、工作進度、評量目標）；6.明訂運作事項的優先順序；7.一個諮詢委員會（如董監事、理監事會議）幫忙發展引導（地方政府、環境專業、組織發展專家、學校行政與教學代表、社區民眾的加入參與）。

第五節　這是臺灣的重要機會

　　從關心環境教育的人來看，環境學習中心是一個市民環境素養的培養機會平臺。從關心有意義學習的父母或教育工作者來看，環境學習中心是一個實踐符合「教育即生活」哲學理念的活潑學習場域。從一個關心有意義休閒遊憩產品的塑造、地方振興、在地文化保存的工作者角度，環境學習中心也是一個地方永續發展的平臺。筆者覺得大家在以上的關切面上，其實是殊途同歸的，即是環境學習中心的發展，是臺灣社會品質提升的眾多重要工程與機會中的一種（周儒，2009）。

　　猶如一個年輕人成長到一個階段，可能他的穿著、打扮方式、想做的事情，會與自己人生前面一個階段有所不同一樣，一個社會的文化、價值、休閒、品味、消費行為等，也都會逐步的演化與改變。回顧臺灣過去二、三十年來的發展歷程，就可以清楚的看到社會上許多改變。

　　以筆者的觀察與自身的經驗，發現其實環境學習中心不僅是一個提供社區居民與學校師生有意義的環境學習經驗與有意義的休閒遊憩體驗的專業場域，它其實也是一個促進社會進步的動力。不僅是環境學習，中心的服務產品是多樣化的（當然仍然應有所為與有所不為，仍要以環境與永續作為主要的關懷和考慮），它提供了周邊社區以及學校師生多

樣的生活與有意義休閒遊憩的產品與機會。這些機會與活動，圍繞著與中心所在區域環境與生活、生產與生態等有關的素材與議題。其型態是多樣化與活潑的，從藝術、人文、社會、科學、技藝、文化、產業等都有關係。

在美國、英國與澳洲的學校有個傳統，就是讓他們的學生到這些場域體驗與學習，因為這些中心的專業教育活動方案，滿足了學校豐富學習經驗目標的期望，減輕了學校教師為進行環境教育教學設計力有未逮的壓力。而社區居民們也把這樣的地方，當作是另外一種生活與休閒遊憩的學習及體驗的場域，可以全家一起趁著週末假日到這樣的場域去享受輕鬆的環境體驗與有趣的活動。往往這些活動提供了社區居民有意義的休閒遊憩活動與機會，使這些中心其實成為社區居民生活與學習的中心。

這樣與社區居民關係密切的場域和機會，猶如臺灣從都市到鄉村無所不在的便利商店一般，都以成為社區的好鄰居自許。不僅提升了國民的環境素養，也間接的提供了終身學習、休閒遊憩的機會與經驗，尤有甚者，更提供了在地社區的相關經濟可能與工作機會。同時也由於文化活動的推展，促成在地文化保存與地區產業振興的機會。在地區發展得以永續與人民素養在潛移默化提升的歷程中，筆者相信其實這不僅是提升全民的環境素養，更進一步的是藉由終身學習與有意義的休閒活動，提升了國民的品質，也進一步提升了社區發展的永續性。因此，環境學習中心也許因其早先發展的宗旨是在促進環境的學習，但是從其發展脈絡與實質影響而言，其實也是社會品質提升的重要推手。

記得在2007年於蘇澳無尾港岳明國小的會議室裡，幾位同好自行發起的聚會中，在腦力激盪下產出了一份至今都還難忘的「臺灣環境學習中心宣言」。當時大夥們認真豪氣地共同譜出了這份文字紀錄，筆者願意藉此機會，重現當時的想法與期望，為更多願意在此方面努力的政府與民間單位，提供一些我們對於臺灣的環境學習中心的共同想像，以及可以努力達到的目標。

我們共同的期盼

臺灣環境學習中心宣言

2007.04.27 宜蘭・蘇澳・無尾港

　　環境學習中心是在擁有環境特色的地區，提供適當的場域、展示、教育、設施與活動，在環境中學習。環境學習中心的學習，可透過專業人員的解說、引導及教育，使各年齡的對象，能在環境中體驗自然的美好，珍視環境與資源的可貴，學習環境的知識，探索人與環境互動與互賴的關係，並培養對環境負責任的行為。

我們期待能：

1. 結合政府相關單位、企業、民間團體、學校、社區及個人，建立「全國性的環境學習中心夥伴關係」，推動環境學習中心普及化。
2. 結合「知識經濟」、「體驗經濟」、「環境保育」、及「終身學習」，推動環境學習中心成為臺灣民眾從事終身學習、有意義休閒活動體驗的第一選擇。
3. 協助所在地基礎資料的建立、自然生態的維護、文化資產的保存、地方產業的振興以及優質環境學習機會的提供。
4. 協助在地的環境關懷與行動，追求並實現地方可持續性發展。

　　以臺灣社會目前的發展狀況而言，面臨社會快速發展所造成的人性疏離、政治上的畸形發展造成了人性的扭曲與鬱悶、全球化的產業競爭與淘汰、全球永續發展的重視、少子化與高齡化社會的來臨、重視休閒遊憩的需求與機會、地區文化保存與產業振興的挑戰等諸多議題。環境學習中心雖無法去解決以上這些複雜的議題，但它的存在卻是可以提供社會一個促進永續發展的機會出口與想像空間，更有其發展的重要性與必要性。筆者深深的覺得，如果類似自然中心、環境學習中心的服務產

品與機制，能夠有更多的個人與單位關心，並且願意投入在地發展，我們將有更多的機會從不一樣的角度，來創造與提升個人以及這個社會。

參 考 文 獻

小畠哲（1992）。〈青少年教育設施之性格〉，《休閒研究學報》，第22號，2頁。

ホールアース自然学校（2006）。《『日本の自然学校の今』〜平成18年度自然学校全国調査結果》。東京都：日本環境教育フォーラム。

川崎繁（1982）。《少年自然之家》。東京都：第一法規出版社。

王鑫（1991）。〈自然中心戶外環境教學意義與初步構想〉。《環境教育季刊》，第15期，36-41頁。

中村忠生（1984）。《青少年旅行村》。（財）日本觀光開發。

佚名（1978）。《青年之家概觀》。東京都：（社）全國青年之家協議會。

林崇明（1995）。〈環境教育〉。《當前教育問題與對策》，277-304頁。國立教育資料館編印。

吳祖強（2006）。關於野外環境教育基地建設的探討。2007年5月2日，擷取自北京環保公眾網：http://bjee.org.cn/news /index.php?ID=15910

周儒（2009）。〈我見、我聞、我思──對臺灣推動環境學習中心的想法與期待〉。《2009全國自然教育中心推動發展研討會論文集》，54-68頁。2009年12月18-19日。臺北：行政院農業委員會林務局、中華民國環境教育學會。

周儒（2008）。〈創造優質的環境與永續發展教育平臺──臺灣發展環境學習中心的經驗〉。首屆兩岸四地可持續發展教育論壇，2008年10月24-26日。香港：香港中文大學。

周儒（2000）。《設置臺北市新店溪畔河濱公園都市環境學習中心之規劃研究》，市府建設專題研究報告第298輯。臺北：臺北市政府研究發展考核委員會。

周儒、呂建政合譯（1999）。《戶外教學》。臺北，五南圖書出版公司。Hammerman, D. R., Hammerman, W. M. & Hammerman, E. L. 原著，Teaching in the outdoors.

周儒、呂建政、陳盛雄、郭育任（1999）。〈臺灣地區國家公園設置住宿型環境教育中心之初步評估〉。《第六屆海峽兩岸環境保護研討會論文集》，279-284頁。高雄：中山大學。

周儒、呂建政、陳盛雄、郭育任（1998）。《建立國家公園環境教育中心之規劃研究——以陽明山國家公園為例》。臺北：內政部營建署。

周儒、林明瑞、蕭瑞棠（2000）。《地方環境學習中心之規劃研究——以臺中都會區為例》。臺北：教育部環境保護小組。

周儒、張子超、呂建政（1996）。《教育部委辦自然教育中心實施狀況之研究》。臺北：教育部環境保護小組。

周儒、郭育任、劉冠妙（2010）。《行政院農業委員會林務局自然教育中心輔導提昇計畫第一年成果報告》。臺北：行政院農業委員會林務局。

周儒、郭育任、劉冠妙（2008）。《行政院農業委員會林務局國家森林遊樂區自然教育中心發展計畫結案報告（第二年）》。臺北：行政院農業委員會林務局。

周儒、郭育任、劉冠妙（2007）。《行政院農業委員會林務局國家森林遊樂區自然教育中心發展計畫結案報告（第一年）》。臺北：行政院農業委員會林務局。

柯淑婉（1992）。〈日本環境教育概述〉。《環境教育季刊》，14，8-18頁。

教育部（1991）。《教育部加強推行環境教育計畫》。臺北：教育部。

紀麈倍（2006）。《大學透過運作環境學習機制促進環境學習——以日本金澤大學「角間的里山自然學校」為例》。未出版，國立臺灣師範大學環境教育研究所碩士論文，臺北市。

梁明煌（1998）。《師範院校環境教育中心運作及輔導功能之成效評估與研究（一）報告》。教育部環保小組委託研究計畫報告。

梁明煌（1992）。〈美國自然與環境教育中心目標的設定問題〉。《環境教育季刊》，第15期，32-35頁。

環境廳（1993）。〈生態露營地規劃〉，《國立公園月刊》，第516號，10

頁。

蕭文君（2009，6月）。 教育部推動環境學習中心校外教學推廣計畫——出
走校園上課去。教育部電子報，擷取自http://epaper.edu.tw/news.
aspx?news_sn=2265

Lucas, R.（2002）。〈英國自然中心現況〉。《自然中心發展與環境教育推
廣技術工作坊會議資料》。2002年10月24-25日。臺北：行政院農業委
員會林務局、林業試驗所、中華民國環境教育學會。

Ashbaugh, B. L. (1973). *Planning a nature center*. New York: National
Audubon Society Press.

Boulbol, G., & Levine, E. (1999). *Residential environmental learning centers*.
Olympia, WA: Washington Office of Environmental Education.

Evans, B., & Chipman-Evans, C. (2004). *The nature center book: How to
create and nurture a nature center in your community*. Fort Collins,
Colorado: The National Association for Interpretation.

Knapp, C. (1990). Outdoor education in the United States: Yesterday, today
and tomottow. In K. McRae (Ed.), *Outdoor and environmental education:
Diverse purposes and practices* (pp. 28-40). South Melbourne, Australia:
The Macmillan Company of Australia Pty LTD.

Milmine, J. T. (1971). *The community nature center's role in environmental
education*. Unpublished master's thesis, University of Michigan.

Minnesota State Department of Natural Resource (1992). *E. E. C. 2000: A
study of environmental education centers*. Saint Paul, Minnesota: Author.

Monroe, M. C. (1984). *Bridging the gap between the nature and the built
environment with nature center programs*. Dahlem Environmental
Education Center.

Nomura, K., Hendarti, L., & Abe, O. (2003). NGO environmental education
centers in developing countries: Role, significance and keys to success,
from a "change agent" perspective. *International Review for*

Environmental Strategies, 4(2), 165-182.

Natural Science for Youth Foundation. (1990). *Natural science centers: Directory. Roswell, GA: Natural Science for Youth Foundation*. (ERIC Document Reproduction Service No. ED 319619)

Palmer, J. A. (1998). *Environmental education in the 21ˢᵗ century: Theory, practice, progress and promise*. New York: Routledge.

Plowright, T. (2007). *Eco-centres & courses: Over 150 places which offer practical courses and fun days out*. Devon, UK: Green Books Ltd.

Roger Tory Peterson Institute of Natural History (1989). *Our vision in Breaking the barriers: Linking children and nature* (pp. 4-5). Jamestown, NY: Author.

Shomon, J. J. (1975). *A nature center for your community*. New York, NY: National Audubon Society.

Shomon, J. J. (1969). Nature center: One approach to urban environmental education. *Journal of Environmental Education, 1*(2), 58.

Simmons, D. (1991). Are we meeting the goal of responsible environmental behavior? An examination of nature and environmental education center goals. *Journal of Environmental Education, 22*(3), 16-21.

Smith, B. F. & Vaughn, P. W. (1986). The role and organization of nature centers in the United States. *International Journal of Environmental Education and Information, 5*(2), 58-61.

Stapp, W. B., & Tocher, S. R. (1971). *The community nature center's role in environment education*. The University of Michigan.

Swedish Environmental Protection Agency (2009). *Naturum visitor centres in Sweden: National guidelines*. Stockholm, Sweden: Swedish Environmental Protection Agency.

Webb, J. B. (1980). *A survey of field studies centres in Australia*. Canberra, Australia: Australian National Parks and Wildlife Service.

Ward C. & Fyson A. (1973). *Streetwork: The exploding school*. London and Boston: Routledge, Kegan Paul.

Webb, J. B. (1989). *A review of field study centres in eastern Australia*. Canberra, Australia: Australian National Parks and Wildlife Service.

Wilson, T. & Martin, J. (1991). *Centers for environmental education: Guidelines for success center*. CMSEE, Western Kentuckey University, pp.12-17.

4

環境教育的實踐者

第一節　中心與環境教育目標的落實

　　自然中心、戶外教育中心、環境學習中心等專業設施機構存在多年，自然是因應了時代的潮流與需求，但是作為環境教育的關切者，筆者更注意這些專業環境教育機構，對於環境教育的發展與目標的達成之階段性的重要性與意義。現逐步的介紹如下。Hungerford, Peyton 與 Wilke（1980），認為環境教育中相關課程的發展，其目的在：幫助國民成為一群具有環境知識、有能力且獻身環境改善的人，國民願意展開個別與集體的努力，以促成並在生活品質與環境品質之間維持一個動態平衡。這可以說是Stapp, Bennett, Bryan, Fulton, MacGregor, Nowak, Wan, Wall, 與 Havlick（1969）以及Stapp（1970）早先有關環境教育概念的一個擴充，這個概念是：為了培養公民，具有知識及能力主動地關切自然環境相關的問題，並知道如何去解決問題，且懷有動機去這樣做。這些在早期環境教育發展時期的論述，看似年代久遠，但是其哲思、精神與主張，以目前臺灣環境教育發展的狀況而言，筆者認為仍然深具參考價值，因此仍要在本章一開始時提出來供讀者參考。

　　這一種概念的落實，需要一個良好規劃的場所。這個學習場所要能夠：1.將傳統課堂教學與戶外活動講解相結合；2.提供整套的環境教學方案，且最好包括住宿型態的戶外教學活動（Wiesenmayer, Murrin, & Tomera, 1984）。座落學校之外各地的自然中心與環境教育中心，能提供並滿足這兩種教學需求與條件。

　　Shomon（1969）認為，設置自然中心作為市民教育的場所，可以達成的目標是：「讓孩童與成人處於自然世界之美所圍繞的場合中，並鼓舞他們能為下一代保留與維護這些美好的自然事物。」自然中心是一個戶外教育的焦點、一個服務性設施，亦是一個社區的機構。市民尤其

是年輕一輩的，在此能夠親近自然世界的一小部分，並學習生命與非生命的事物之間的緊密關係，以整個生態社群而言，這關係內涵也包括人所在之處（Shomon, 1969）。此外Milmine（1971）亦認為，自然中心可以具有三個功能，分別是：1.成為在未開發土地及都市化地區之間的緩衝帶；2.提供社區居民接近自然世界的經驗；3.達成環境教育的目的：讓市民的舉止之間，是一個在環境中有生態良知、有責任的一份子，與環境中的事物和諧相處。Milmine對美國各州當時約有500座的社區自然中心（community nature center）其狀況規模，做了一個概略的描述：「在城、鎮之中或附近，至少50英畝未開發之地，於其中有已規劃好的設施、服務、人員，以執行自然科學、自然欣賞及保育方面內容的戶外活動方案。」

· 打開所有的感官來體驗和學習。

因此，自然中心要達成環境教育目標所面臨的挑戰是：1.如何透過解說活動及環境設施適宜地安排，吸引學習對象；2.如何安排教學課程、活動內容給學習者及訪客。從而達成在社區中培養具有環境素養的個人，使能對環境知識有興趣、對生活環境有敏感度、具備對環境問題的辨識力，尤其能有環境行動之參與感（Stapp & Tocher, 1971）。自然中心的設置，可以成為社區中的一員，並負起改善社會現狀的角色：1.是能促成居民對自然事物的理解與鑑賞；2.是能豐富並活化社區感的一個設施機構。Milmine（1971）指出，自然中心的講師及解說員，除了是豐富的環境及自然相關知識的提供者（enricher），更確切的角色是社區居民在生態覺知、關懷、行動的傳燈者（kindler）。因此，中心及其成員皆屬社區的一員。這一個將自然與

人爲世界關聯的場所，雖然不是一個正規的學校，但卻能作爲社會教育的機構，經常性地提供活動與環境知識、關懷、技能的交流，服務社區人士，尤其是照顧社區裡的孩子們。

Jacobson等人則認爲自然中心的定位，在於使得孩子們有更多在戶外的時間，讓孩童與自然之關係更緊密

・協助孩子在真實的情境中學習，累積重要生命經驗。

（Jacobson, Arana, & Mcduff, 1997）。其實如果檢視目前臺灣孩子的學習成長空間與活動機會，則環境學習中心不僅是有以上的好處，若更宏觀的以教育改革、九年一貫新課程的趨勢所強調的人與人、人與自己、人與自然的和諧等精神來說，都是非常契合的 （Roger Tory Peterson Institute of Natural History, 1989）。

第二節　障礙與挑戰

環境學習中心對於促成環境教育目標的達成，是有積極的意義，但仍然有一些障礙存在，使得原始目標並未徹底實現。譬如Milmine（1971）就曾經提到自然中心應避免：1.反覆面對不同但卻只來一次的遊客（最多來兩次），解說員總是只能做到簡介的、概略的內容介紹，而無法有後續或深入的教育活動；2.解說的內容不是訪客熟悉與切身的環境。因爲介紹自然事物通常是在無人的自然環境中，暗示著自然環境與人爲環境互斥而不相容。

在環境學習中心常進行之戶外教育的方式，Wiesenmayer, Murrin, 與Tomera（1984）認為，戶外教學可幫助學生在課堂上的學習表現，因為學生依個別興趣發現戶外情境中不同材料，這些材料由學生帶到課堂參與討論活動。但亦有調查指出，戶外經驗與學生知識分數並無必然相關性。另有研究顯示，戶外教育對於學生的知識、態度層次進步有顯著效果，但在影響行為發生的制控觀因素上卻無顯著進展。Braus曾指出，在美國，自然中心對於環境教育目標之達成，有三個現實層面的障礙，皆肇因於欠缺一套地方、州級至聯邦的政令體系，有效執行環境教育方案（Roger Tory Peterson Institute of Natural History, 1989, p. 7）。這三個障礙層面是：

1. 教育行政體系本身有所阻撓

環境教育進入學校擁擠的課程之中有困難，教師已經分身乏術是個問題。職前及在職的教師訓練欠缺，又是教育體系的另一個障礙。科學及環境教育的內容繁複，讓教師難以取捨，學校未經訓練推動環境教育融入既有課程中的方式，讓教師感到陌生與困惑。此外，尚無學校運作績效及學習測驗，如有關教材需求、學生學習狀況等，以及評判教育方案是否有效的環境教育評量。

2. 生活型態的改變，也是來自社會的和技術的改變

都市化加劇，影響著改變中的生活型態，學童在都市中少有機會接觸戶外環境及大自然。工作忙碌的雙親，使改變中的家庭生活，沒有較多時間從事郊遊、露營、家庭聚會。改變中的生活價值更強調物質水準，在社會中自然及知識本身不受重視。日常生活所需依賴高科技產物，孩童的資訊直接取自電視、放影機、電腦螢幕前，要怎樣運用技術促使孩子們從事戶外探索？環境教育很少考量文化的及種族的歧異，環境教育如何具體落實於所有對象？如何將少數領導人士納入環境教育？

3. 高層領導的欠缺

聯邦層級對環境教育的支持欠缺，缺少國家政令體系，經常阻礙州級與地方推展的成效。

除了以上三項挑戰外，專家們也針對無法使孩童與自然聯繫的因素，認為要積極進行努力。Westervelt要教育者深入了解在現象背後的問題因素，多花時間溝通及耐心與對象相處（Roger Tory Peterson Institute of Natural History, 1989, p. 6），並提出四點挑戰是我們從事自然中心與環境教育工作者要面對並努力克服的：

1. 選擇適當的教學策略，依據孩子們的性別、年齡與生活環境（都市、郊區、鄉村）的差異，使他們與自然世界相關聯的實際做法不同。教育方案要有效，教育者需先調適這些差異。

2. 年幼的小孩以一種將野生物人格化的態度親近不同的野生物。採取一種人性化態度，將野生物與小孩熟悉的人類社會特性相結合。當這種做法吸引小孩的注意力後，適時地將這種情感導向具生態性的了解。否則，這種人格化認知模式，反而會成為現代人多數對野生物誤解的一種障礙。

3. 面對都市化，都市小孩成長後，勢將成為公民投票的多數團體，由於其人數多，對日後野生物具決定性影響。因此，尤其要重視都市小孩與自然關聯之間障礙的克服。

4. 女孩比男孩對野生物的態度更偏向人格化認知，興趣較低、易恐懼，且在野生物知識的測驗分數低些。女孩與男孩的社會教養之差異（較要求女孩溫順）及性別特質上的不同等，這些社會的、心理的偏差（bias）也要加以克服改善。

Simmons（1991）針對美國境內自1970年代起相繼設立之性質變異很大的自然及環境教育中心，了解環境教育目標達成的狀況。發現大部分中心設定的目標及教學方案，偏重在自然研習（nature study）、鼓勵環保行為及地方性自然史的認知等目標。甚少的中心能顧及到以下目標，如影響對象的態度、流通地方性環境議題、解決環境問題的技巧、解決問題的自信心建立及培養積極性的環境行動者。中心的經營者及推動者，有的認為：技能或環境行動可以從知識中自然的發展出來，不考慮要刻意培養。經營者認為環境行動（很少的中心認為這是主要目標）

隱含涉入政治行動，中心的角色功能定位不在於鼓吹、遊說及倡導特定意見或價值判斷。也因此多數中心選擇由認知的層次，呈現議題衝突兩方的價值，此做法與倡導特定價值觀有很大的不同，甚至表示要改變對象的態度，這種積極做法有製造衝突的顧慮。中心採取中立及客觀的作為，避開衝突、爭議的地方性問題，小心地處理會引發政治聯想（political overtones）的問題，擔心若踩到某些人的痛處，會對中心運作經費的來源發生緊縮的影響。因此，中心對於提供地方性環境議題資訊的態度搖擺不定。中心未重視技能的培養，以為自然研習及環保生活方式的講解，就能使對象自行表現環保行為，少有中心覺得培養自信是有必要的。因此，環境行為模式涉及的相關因素，如：制控觀、承諾、效能感等心理因素，少見於中心規劃的教學方案之中。當然還有一些中心本身或是外部大環境與政策領導方面的問題，也都會影響到中心發展的順暢與否和成效，並會影響著大眾、學生、教師、家長，如何看待他們在自然中心所參與之活動及學習體驗的感受，以及對自然中心的支持。

有許多學者在檢討自然中心缺失後，提供許多的建議（Milmine, 1971; Kostka, 1976; Monroe, 1984; Simmons, 1991），這些見解、看法可以協助指引，使中心成為一項有全面解決問題能力的計畫。首先，活動的內容，必須能與學習參與者的生活經驗或其切身的環境，有所關聯；也就是「有轉換性的概念」（transfer concepts）（Milmine, 1971, p. 55）；其次，中心的環境資源所設計搭配的教學方案，能事先與學校課程做整體安排；最後是應用行動案例，讓自然學科與社會學科，都以對學習者的態度產生轉變來設計。還有延伸自然生態的原理原則，將認知都市環境中的生態運作原則，即人類對於環境的影響，作為計畫方案的內容，以達到保護與解說都市環境的功能。所以，有一些環境教育的目標可以作為本中心發展的內容，必須再一次強調：1.學習者態度的轉變；2.地方環境問題與資訊的散播；3.解決環境問題技能的發展，尤其是心理與心智能力的增強。

　　綜合上述有關中心之原則、目標內涵的探討，環境學習中心的發展機會，在於掌握社會與自然環境的變遷趨勢與學校教育改革的機會，提供一種合乎地方環境教育需求的環境教育產品與服務。這一種地方性的設施，服務第一線的學校師生與群眾，應整合五種功能，透過環境教育系統規劃的理念，發展專業的環境教育活動方案，並藉由專業人員的協助，來解決地方上在環境教育發展與目標達成上的瓶頸問題，成為一項全面解決方案。

第三節　要回應環境教育的目標

　　環境教育所欲培養的是一群有生態良知的個人（ecologically conscientious individuals）（Milmine, 1971, p. 6）。Stapp 等人（1969）早先環境教育概念中所稱的自然環境（biophysical environment），其實包括自然的與人為的環境（natural and man-made environment）。那麼，中

・環境學習中心關心在地，引領社區環境關懷與行動。

心在環境教育目標的達成上，就不僅止於自然環境解說、野生物的辨認等知識的傳達。中心設置的場合也是不受限制的，如：英格蘭地方政府的自然保育委員會，在一處沙丘保留區中設置移動式展示屋，也是一個自然中心。該會對外訓練與環境教育的工作理念即是：1.協助民眾做有利自然保育的選擇和決策；2.鼓勵民眾欣賞國家的自然資產（胡蘇澄，1992）。

Monroe（1984）指出，自然中心的功能有二，即是：1.保護；2.解說自然環境，從中讓人們能享受戶外的經驗，與欣賞多樣的自然世界。Monroe建議可採取自然研習的形式，把自然生態的原理原則，延伸關聯到都市的生活環境，將都市社區中環境教育中心的教育方案之內容設定為，認知都市環境中運作的生態原則，及彰顯人對自然世界的影響，透過有順序的（sequential）、合於特定學級（specific-grade）之田野探查（field trip）的活動性教案，使環境的知識性概念能關聯到學生的生活經驗。譬如：適當的轉化生態學概念像食物鏈、水循環等原則，讓學習者在認識家居環境時，亦理解到自然世界的複雜性質。

　　對於自然中心的教育方案，Kostka（1976）曾針對學生環境態度是否有影響進行評量研究，所形成的問卷，包含七類主題：1.學生有投入環境事務的意願；2.個人願意為環境負責；3.理解某些自然的事務優於人為的；4.人類在生態關係中角色的覺知；5.保留自然環境的重要性；6.落實關心動物及植物；7.接受生態平衡為社會道德規則的一部分。這七點可作為自然中心規劃活動方案、設定主題、目標之參考。

　　在1970年代初期，社區自然中心的存在被認為是為達成環境教育重要內涵的四個目標（Milmine, 1971）：1.互動與互賴；2.現代環境的知識；3.人的責任；4.環境品質的態度。後來，Simmons（1991）調查1,225座美國境內自然中心及環境教育中心，以問卷調查各中心運作狀況。接受研究調查的中心自評所扮演的角色，按教育內容進一步分出八類：1.自然研習；2.鼓勵環保行為；3.地方自然史認識，使對象建立互動與互賴的認知；4.影響態度的轉變；5.流通地方性環境議題的訊息；6.建立環境行動的自尊與自信；7.培養環境行動

・中心的活動能促進多元的參與和全面的環境學習。

主義者；8.發展解決問題的技能，直接應用的技能。前述的四個目標正對應著八個教育內容，也就是各中心可以透過教育計畫方案來促成（梁明煌，1992）：

1. 幫助民眾了解地方及全球關聯的環境問題，是互動與互賴的目的。

2. 認知自然生態的複雜內涵，教導民眾具備解決問題的技能，是當代環境知識的內容。

3. 培養民眾環保的態度，及市民應用技巧解決問題的自尊與自信，讓對象自願負起個人的責任。

4. 鼓勵有益環境的行為並有能力採取環境行動，由人所涉入的程度與表現，可以了解參與者對於環境品質的態度。

此外，Simmons的研究也提出建議，可以對中心進行長期評量，並進一步採取價值澄清及增強效能感的教學內容，作為中心計畫的目標。目標設定不是為了中心自身的利益，而是要顧及對象的興趣，並隨著改變學習者認知與行為深度有所不同，如：環境教育方案有關於環境行動參與的層次，可以包括政治活動及環境清潔運動。美國多數中心只做到自然研習及鼓勵環保行為，這與形成具備友善環境行為的、有生態良知的市民的目標，仍然有一段距離，研究者指出中心教育方案最好包括：1.對象態度的改變；2.散播地方性環境問題的資訊；3.發展解決環境問題的技能，涉及心理因素及心智能力的增強。

第四節　與時俱進

我國的自然中心與環境學習中心發展過程，從早期的國家公園成立，設置了遊客中心進行公眾保育教育。爾後環保署、教育部在各師範

院校成立了環境教育中心（以培育師資、發展教材、研究等為主）。隨後教育部環保小組結合各國家公園、林試所、觀光局等單位，推動自然教育中心。農委會也曾進行各地的水土保持戶外教室計畫。環保署也支持成立了一些環境保護教育展示中心。林務局更積極在全臺灣陸續建置了8個自然教育中心。前前後後十幾年期間，政府單位自己推動了不少這方面的努力。而民間的努力雖然規模與型態上，會因為先天條件而有所限制，但是投入的熱情則絕不遜色甚有過之。在逐步發展歷程中，一些新的議題與關切，也會逐漸影響環境學習中心的發展走向，筆者也在此提出分享這些思考與關切。

一、逐漸發展對於都市環境的關懷

都市因為提供與滿足了非常多人類生活與謀生的需求及機會，因此都市化在全球不論是開發中與已開發國家，都是一個無法避免的事實與趨勢。伴隨著都市化的現象日益明顯加劇，都市的環境議題逐漸被關切。既然無法逃離都市，人們開始思索如何在都市環境裡，尋求安身立命的機會。而都市如何永續就成為許多專業領域共同關切的課題。在這個關懷都市永續、人類與都市共生的趨勢中，教育絕對是必要的基礎工作，而環境教育自然而然的也成為尋求都市永續的眾多方法中重要的一環（胡寶林，1998）。環境學習中心發展的趨勢，也顯現了對應於這個變遷的趨勢，就是將座落在自然林間的種子——自然中心，也播種到都會區、社區，即在都市裡成立類似的教育機構與一種執行教育計畫的設施。但是這並不表示，設置於國家公園、偏遠山林中的「自然體驗」型態的設施方案，在環境教育目標的達成上，與都市型態的中心會是彼此南轅北轍的。環境教育在都市所賦予環境學習中心的新角色上，提到的是更為謹慎的面對自然與環境的態度，尤其當人處身於自然體驗的環境中，真正能將實際在都會與地方上生活的環境行為與珍惜所體驗之自然環境的價值互相關聯起來。人們進出自然原野之前、之中與之後，能否

產生足以改變行為與認知的體認，對設置於都會及自然環境的環境教育方案與設施而言，這目標應該是一致的。

Shomon（1969）也曾特別指出，自然中心是都市環境教育的一種取徑（approach）。Shomon的觀念是都市環境教育在環境改善的目

・臺灣師範大學永續校園提供許多永續都市課題方面的學習機會。

標上，提供自然中心一個新的角色，面對都市化背後所引發負面的公害污染。一個必須要問的問題是，對都市的孩童而言，每日生活中的混凝土空間、混亂不健康的環境、空氣污染、過度擁擠與被隔離保護的開放空間，如何與有關樹及自然食物鏈的知識產生具體的關聯。因此，Tanner（1980, 1998）認為，有意義的生活經驗（significant life experience）對於都市人產生關切生活周遭事物的情感是很重要的。Schmieder（1977）即提到：保育運動與愛護自然的力量與支柱來自自然主義者，如果自然主義者不了解自己本身的價值內涵，而嘗試將自身的價值投射在都市的孩童身上，可能會感到失敗，因為這些孩子並沒有相應的經驗，可作為自然價值建立的基礎。其答案可能是注意孩童日常生活的經驗——鄰里規劃、廢棄物處理、水源供應、都市中人的成長、都市的形成。在地方上，相同的理念是，環境教育者必須澄清自己傳達概念的方式及價值觀，並理解對象掌握怎樣的價值觀（Singletary, 1992; Breiting, 1993）。

對於都市環境與生活，人們的陳述常是「城市人都埋怨城市的生活」、「人為的環境違反自然」、「自然就是好的」（陳永禹，1985）。早期的都市社會學研究，特別針對都市生活敗壞的現象，指出

人為的、非自然的社會病態。自然教育與生態研究，也在比較都市與「非自然」的關聯或強調都市環境的負面價值（Cohen, 1994; Howard, 1980）。但是，由人類生態學的觀點來看，都市就是人類環境的「自然」（賴金男，1991）。Ezersky（1972）認為，都市環境變遷的過程，是人為的與自然的、個人的與社會的交互作用，是一種互動與互賴的關係。並進一步表示，都市環境教育的起點在於人際的交流。Kaplan（1974）強調，平日生活中周遭的人群、場所、過程本身及其互動，具有豐富而無價的學習資源。環境教育尋求改善的生態關係，包括人與自然及人際之間（Schmieder, 1977）。教育的方案顯然是要以人們掌握環境的意義為重，才能形成一個適合學習的環境。而都市環境教育的方案所關切的要素，即包括自然的、人為的，以及最重要的心理、社會、政治、經濟等文化環境（Howard, 1980）。都市環境教育的本質與目標，在於幫助人們知覺、理解與分析並最後能改善人為的環境。所關切的核心，是協助民眾更有效地參與他們的地方環境的改善（Environmental Board, Department of the Environment, 1979）。

二、落實到生活之中

美國內政部及漁獵管理署於1969年，以「在城市中的人與自然」為題的研討會中，與會人士提到：「一種圍繞在都市內關於自然與人類世界的歸屬感，應先建立在另一種關於外在環境中自然的歸屬感之前。歸屬感有許多定義的方式，但有一種應該是指，在人與其所造事物之間的發展中一種獨有的聯繫感。現在在都市中，既然自然已經受到人類的改造，同時自然也改變了人與社會；那麼評價自然之品質的規準，不會只是根據原始自然的程度，而是自然與文明生活的關係。」這樣的觀點，指出了自然的意涵在都市化的脈絡下，人們產生了不同的價值與理解，因為美學是人為的，加上傳統的教育課程中，並沒有包含有關處理人與環境之關係的問題及過去這關係的結果，學校在這些基本關切面上的匱

乏，教育的內涵就特別注重有關課程、教學方法、教師訓練、教室組織及學校系統的安排，以至於學童們無法意識到自然的本質與都市的生態，無從認識圍繞在我們周遭基本的生態關係，大多數是教育面上貧乏的一群。

環境教育學者乃呼籲，藉由自然中心在社區中的角色來落實環境教育的功能（Shomon, 1969; Stapp & Tocher, 1971），寄望自然中心扮演著橋樑的角色。如果讓自然學者和自然中心引介自然界中有趣的生態原理，而這些原理卻很少可以應用在學習者住家附近的環境，這仍有問題。學習中只了解自然世界的水循環或是食物鏈是不夠的，自然學者和自然中心必須去連接存在於人為環境和自然環境間的鴻溝，這是自然中心需要去做更多努力的地方（Monore, 1984）。如果沒有教導有關食物鏈與食品連鎖店、鹿和高速公路，或者腐爛的樹木和掩埋場的關係，要他們去連接這個鴻溝不是一件容易的事。讓他們了解自己所處環境的生態系後，他們對自然資源和環境品質就會做出較有智慧的抉擇。只要能夠將教育活動方案的內容稍做修改，自然中心應可以在人為環境和自然環境中做一個很好的溝通（Tzitz, 1984）。

三、因應全球變遷

近年來地球環境的變遷是快速的，環境的快速變遷與各種極端氣候現象的出現，其實導因於人類對於地球的過度利用與濫用，而各種變遷也直接影響到人類社會。環境學習中心在過去的工作重點，也許是要重新建構人與自然的連結關係，重塑那個因為工業化與快速社會變遷所產生的人與自然的疏離關係。但是當我們（不論是已開發國家或是開發中國家）已經面對日益嚴重的氣候變遷、全球暖化等更大規模的環境挑戰議題時，環境學習中心是不是也應該有新的思維、策略與做法來因應與面對這個新挑戰呢？

David Orr也清楚地表達了此方面，自然中心可以做什麼與應該做什麼的關切。他認爲自然中心已經是美國普遍分布於各個地區社區角落一個獨特的活潑的教育機構，面對這麼龐大與快速變遷的議題，反應上絕對比任何政府單位或是正式學校系統要來得有彈性，也較能夠獲得社區人士的支持與親近。因此，他認爲應該要善用這個已經存在多時分布廣泛的機構，作爲教育人民如何嚴正認眞看待這個已經在改變的地球環境和挑戰，學習改變自己個人與集體的認知與行爲，來進行面對快速變遷的自然挑戰並進行必要的調適（adaptation）。他認爲自然中心可以是在這個努力與改變的過程中，一個很重要的社會基礎結構（social infrastructure），以及一股能促成與創造社會改變的社會資本（social capital）。透過自然中心、環境學習中心的平臺與教育系統，去影響與創造整個社會面對這全球變遷的心理、知識、思維、行爲、行動的調整與調適。自然中心本身的設施、教育方案、專業人員在永續（sustainability）面向上的關懷與實際實踐，都使得自然中心在影響社會此方面產生改變有著更多的優勢，千萬不要仍然停留在過去經營自然中心的思維裡。要立足在既有的優勢上，關懷這影響深遠的議題，面對全球快速變遷的新挑戰，勇敢的站出來去創造改變（Voorhis & Haley, 2008）。筆者對於他此方面的主張也深有同感！臺灣的環境學習中心發展，應該也必須要這樣，不只是在爲全民與整個社會補上過去沒有修過（完）的課，而且要更積極前瞻的，去創造面對臺灣永續發展挑戰上，參與和改變的機會及基礎。

參 考 文 獻

胡蘇澄（1992）。〈英國主要環境教育機構簡介〉。《環境教育季刊》，第12期，30-36頁。

胡寶林（1998）。《都市生活的希望——人性都市與永續都市的未來》。臺北：臺灣書店。

梁明煌（1992）。〈美國自然與環境教育中心目標的設定問題〉。《環境教育季刊》，第15期，32-35頁。

陳永禹譯（1985）。《現代世界的結束》。臺北：聯經。Guardini, R. 原著，*Das Ende des Neuzeti.*

賴金男譯（1991）。《人類生態學》。臺北：遠流。Oliver, G. 原著，*L'ecologie humaine. Paris: Press Universitaires de France.*

Breiting, S. (1993). The new generation of environmental education focus on democracy as part of an alternative paradigm. In *Alternative Prardigms in Environmental Education Research* (pp. 199-202). Troy, Ohio: NAAEE.

Cohen, D. L. (1994). Valuing human habitats. *Environmental Education Advisory Council Newsletter*, Spring, 1 and 5. (EE-Link, 8/24/94, formatted. File Location: Nceet/Reference Collection/Multicultural/Urban EE)

Environmental Board, Department of the Environment. (1979). *Environmental education in urban areas*. London: Her Majesty's Stationery Office.

Ezersky, E. M. (1972). Priorities of environmental concern. *The Journal of Environmental Education, 3*(4), 11-12.

Howard, J. (1980). Urban environmental education: What it is, who does it, who should do it, what to read. *The Journal of Environmental Education, 11*(4), 45-48.

Hungerford, H. R., Peyton, R. B., & Wilke, R. J. (1980). Goals for curriculum development in environmental education. *Journal of Environmental*

Education, 11(3), 42-47.

Jacobson, S. K., Arana, J. J., & Mcduff, M. D. (1997). Environmental interpretation for a diverse public: Nature center planning for minority population. *Journal of Interpretation Research, 2*(1), 27-46.

Kaplan, L. (1974). A neighborhood discovery room. *The Journal of Environmental Education, 5*(4), 31-33.

Kostka, M. (1976). Nature center program impact. *Journal of Environmental Education, 8*(1), 52-64.

Milmine, J. T. (1971). *The community nature center's role in environmental education*. Unpublished master's thesis, University of Michigan.

Monroe, M. C. (1984). *Bridging the gap between the nature and the built environment with nature center programs*. Dahlem Environmental Education Center.

Roger Tory Peterson Institute of Natural History (1989). *Our vision in Breaking the barriers: Linking children and nature* (pp. 4-5). Jamestown, NY: Author.

Roger Tory Peterson Institute of Natural History. (1989). *Barriers or Challenges? in Breaking the barriers: Linking children and nature* (p. 6-7). Jamestown, NY: Author.

Schmieder, A. A. (1977). The nature and philosophy of environmental education Goals and objectives. In UNESCO (Ed.), *Trends in environmental education* (pp.23-34). Paris, France: United Nations Educational, Scientific, and Cultural Organization.

Shomon, J. J. (1969). Nature center: One approach to urban environmental education. *Journal of Environmental Education, 1*(2), 58.

Simmons, D. A. (1991). Are we meeting the goal of responsible environmental behavior? An examination of nature and environmental education center goals. *Journal of Environmental Education, 22*(3), 16-21.

Singletary, T. J. (1992). Case studies of selected high school environmental education classes. *The Journal of Environmental Education, 23*(4), 35-40.

Stapp, W. B. (1970). Environmental encounters. *Journal of Environmental Education, 2*(1), 35-41.

Stapp, W. B, Bennett, D., Bryan, W., Fulton, J., MacGregor, J., Nowak, P., Wan, J., Wall, R. and Havlick, S. (1969): The concept of environmental education. *Journal of Environmental Education, 1*(1), 30-31.

Stapp, W. B., & Tocher, S. R (1971). *The community nature center's role in environment education.* The University of Michigan.

Tanner, T. (1980). Significant life experiences: a new research area in environmental education. *Journal of Environmental Education, 11*(4), pp. 20-24.

Tanner, T. (1998). On the origins of SLE research, questions outstanding, and other research traditions. *Environmental Education Research, 4*(4), pp. 419-424.

Tzitz, C. J. (1984). The water discovery center: A cooperative effort of the youth science institute, Santa Clara Valley Water District and Santa Clara County Parka and Recreation Department. *Nature Study, 37*, 30.

Voorhis, K., & Haley, R. (2008). *Director's guide to best practices-Program.* Logan, UT: Association of Nature Center Administrators.

Wiesenmayer, R. L., Murrin, M. A. and Tomera, A. N. (1984). Environmental education research related to issue awareness, in L. A. Iozzi, (Ed.), *Summary of research in environmental education, 1971-1982: Monographs in environmental education and environmental studies, Vol. II.* (pp. 61-94). Columbus, Ohio: ERIC / CSMEE.

Cus, C. Eperum conlostor ad in di, se ia in vivivium ia occiae culvirmantis huc fac retiam.

At vendamqua inclesilicae fac res di intil verum, senat. Ostod conius la addum

5

學習與改變的基礎──方案

第一節　方案絕對重要

．．．．．．．．．．．．．．．．．．．．．．．．．

　　優質環境學習的促成當然是許多自然中心創建過程中很重要的一個目標，而事實上環境學習中心長久以來，也確實證明它是一個學校以外，可以達成環境教育目標實現的重要環境學習場域。因此，對參與環境學習中心戶外環境教育活動的團體而言，優質方案的提供絕對是成為吸引他們前來中心的重要因素。因此筆者一直強調，課程方案（program）是中心存在與發展的基礎。徒有硬體建設，而無高品質的課程方案與推廣人力，中心的存在形同空殼（周儒，2000）。這就如同去建立一所學校，只有校舍建築等硬體的發展，而無課程與教師的發展一樣，只是徒具形式外表而無實質意義的。這對許多有企圖發展自然中心與環境學習中心的單位，尤其在起始階段，是一個非常重要的提醒。

　　環境學習中心對全人的學習以及有意義學習的關切，也早已在關心學習效果持久性的相關研究中被提出與驗證。過去的研究已發現人類如果從眼睛得到訊息，大概只能記憶約一成的內容。用耳朵聽，可以記憶兩成。如果能與人進行討論，則可以達到七成。但最令我們注意的是如果學習者透過親身體驗，將可以達到八成！這樣的研究結果給了我們很明確的訊息與省思，也注意到學習不能與真實的生活經驗脫節。而現在一般學校的教育，過度強調記憶與片段的知識（就是所謂的「背多分」吧！），與生活經驗脫節，這樣的教學想教給他們很多，但事實上這種缺乏實際體驗操作和連結的學習方式，缺乏有意義的學習機會，孩子學習的知識是不會持久的。我們要注意環境學習中心與自然中心裡的學習機會，絕對不僅是給孩子額外出去玩玩的機會而已，而是有其深層的教育意涵的。其實那裡的學習活動機會與經驗，將極有助於學生將學校學習的效果延長與有意義化，乃至於對正常人格發展與培養都應有正面意

義的。因此，環境學習中心該提供哪些活動方案？包括了什麼樣的內容？採用什麼樣的活動策略來進行？就是我們在創建環境學習中心以及提供服務開始時，關鍵性的問題。

在本書之前定位與定義環境學習中心的部分章節內容裡，筆者就曾在歸納了許多國家的相關案例之後，抽離定位出一個環境學習中心可以協助促進使用者透過在中心裡的學習、體驗、互動、參與，來達成三類型的學習目標的實踐：1.環境學習；2.社會互動；3.自我實現。而這也與目前臺灣國中小學的課程核心關切是一致的，就是期望培養學生透過學習，能夠達成在「人與人、人與自我、人與自然」三個層面的溝通、和諧與成長。

而澳洲學者McRae也認為，透過「整合的戶外教育」（Integrated Outdoor Education），可以整合運用戶外教與學、戶外環境教育、戶外休閒教育，來提供達成最好的「寓環教於樂」的學習效果。因此，在他所提出的「整合的戶外教育理想模式」（Ideal Model for Integrated Outdoor

· 環境學習中心提供學習者整合的戶外教育學習機會。

Education）裡，含括了五個要素（McRae, 1990, p. 77）：1.跨領域的教學；2.戶外休閒知識、技能與態度；3.社交互動；4.環境的知識與倫理；5.個人的品質與能力。而他所主張模式裡的五項要素，與環境學習中心的三種重要核心的學習上，幾乎也都可以找得到對應的關懷。也就是環境學習中心的方案活動所促成的學習，幾乎就是澳洲學者McRae的「整合的戶外教育理想模式」所主張要素之具體實踐。

在比較與綜合後，筆者覺得可以這麼說，環境學習中心的教學，事實上與當今教育界和社會各界關心有意義的學習趨勢與關懷，是蠻一致的。可以與正規教育系統攜手合作，追求優質的全人教育。而為了要促成學習者達成環境學習、社會互動、自我實現等三個層面的學習，環境

學習中心必須要透過專業、精心的活動設計安排，來達成目標。環境學習中心固然是以環境學習爲重要的起始關懷，但是在發展運作中，已逐步的在各式教學活動與設計中，自自然然地走向追求環保永續的、生活的、人性關懷的、自我理解與實現的關心和實踐。

第二節　什麼是方案

如前節所強調的，環境學習中心的課程方案絕對是形塑學生與社區居民環境素養的重要媒介。環境學習中心追求將環境與永續發展的理想和目標，落實到現實生活中，就必須不斷地與一般大眾和學校學生持續的互動。而這些互動當然就有賴學校學生與社區居民持續的參與，並使用環境學習中心所提供的各式教學活動方案才能產生。這個過程絕對不是僅僅靠著運氣與偶然，都是需要經過各種專業精心的設計與安排。環境學習中心的課程方案，必須能夠吸引學校學生、社區居民與社會大眾的參與使用，並藉此機會將環境學習中心的理念及環境永續的概念和價值散播出去，並促使學習活動的參與者在態度、行爲上有所轉變。長遠而言，更期望他們願意持續投入且支持環境學習中心的宗旨及目標的達成。

既然方案（program）對一個環境學習中心的運作與目標的達成是如此重要，那「方案（program）」一詞到底指的是什麼？「方案」與「活動（activity）」又有什麼差別？筆者覺得有必要先在此釐清一下，才能有助於五、六兩章的閱讀和理解。筆者認爲 Morris 和 Fitz-Gibbon（1978）的說明，應該對於本書讀者很有幫助，茲引述如下：

> 方案：任何你認為會有效而去做的嘗試……一個方案是你所做任何可以被形容清楚，而且如果你還想要，可以被重複再做的事情。一個方案可能是一個*具象（**tangible**）的東西（**thing**）*，譬如一套課程教材；或是一套*程序（**procedure**）*，譬如利用志工的幫助；或是對於工作職掌的*安排（**arrangement**）*，譬如學區行政辦公室的輪調制度。一個方案很可能是一套新的時間表，譬如較長的午餐用餐時間；或是為了增進學生上學態度而設計的一系列活動（activities）。一個方案是任何你可以清楚定義，而且可以被重複做的。在評估（evaluation）領域上，方案與專案（project）或是創新（innovation）是被用做同義字。（p. 6）

而筆者亦曾在相關的研究中，做過如下的說明（周儒、林明瑞、蕭瑞棠，2000）：

> 方案：原文指program，在學校教育中則可以「教學計畫」、「一系列規劃好的教育課程」，在傳播領域中則可以「教育節目」、「一套企劃案」等表示。通常有步驟期程，安排現有與未來可用的資源、相應的人力、組織，有系統規劃之理念與目標。事前有相關調查研究基礎，發展策略以透過一系列不同的活動來因應，解決問題或未滿足的需求。並於執行過程與事後進行評量，以了解各要素間的影響與效果。

> 活動：原文指activity，在教育領域中指一般的「教學活動」，如：講授、遊戲、討論等，在遊憩規劃中則可以「遊程」表示。指的是單一的、偏重個體的、是現有可用資源的設計、演練執行和評量，以達到特定目標，活動被包含在方案之內。（pp. 1-8）

　　除了上述的課程方案與活動之外，另有專家也提及在課程教學過程中，會運用「教學模組（teaching module）」。「教學模組」指的是把教學的整個歷程做系統的處理，凡影響教學成果的因素都包括在模組之內（朱慶昇，1993）。模組（module）是一個主題式教學的概念，其發展與興起主要是受到學習者個別化差異的影響。Russell（1974）引用Goldschmid與Goldschmid對模組的定義：「一個獨立的單元，不受到一連串學習目標的支配，被設計用來協助學生完成某種定義明確的目標（objective）」。而其本身對模組定義的詮釋為：「一個以單一概念主題單元的教學計畫（instructional package），個別化的學習使學生能夠精通一個單元的內容，通常運用多媒體的教學經驗，學生能自行控制自己的學習步伐，長度多為幾分鐘至幾個小時，並可以有不同的組合與進行順序。」當教學被安排成「對某一議題進行探究」的活動時，探究活動本身即是一種學習活動，學生藉此活動獲得各項知識和技能的學習，由於探討的規模可大可小、可深可淺，這些均可交由師生去選擇與決定，這麼的一個以「探討及解決問題」的教學活動，稱作為「教學模組」（陳文典，2001）。

　　由此可知方案、教學模組及活動之間的關係，在於方案強調的是整體有系統的設計，包括所有因應方案所需準備的各項資源與活動的整合。而教學模組則是將整個活動進行的過程組合整理，強調的仍是對教學的影響。而活動則通常指單個有目標的教學，活動是包含在教學模組裡面的。就影響的考量範圍，則課程方案最大，教學模組次之，最小的單元則是活動。

第三節　環境學習中心優質方案的特徵

　　環境學習中心大多有多樣化的方案提供給不同的對象，來滿足不同的需求。譬如週末假日以親子同遊的型態所需要的，絕對與週間來進行和學校課程有關的校外教學的學生需求，是完全不同的。就算週末或假日期間，退休族群與上班族所想要的環境學習中心體驗參與，也會有所不同，對環境學習中心的經營者與課程方案規劃者、執行者都是一大考驗。好在經過許多年實戰經歷，以及在這行長期的耕耘和研究，大致上中心的經營管理單位都可以產生一個共識，就是必須提供多元適合的方案活動，來滿足不同的對象與需求。在實務案例上，也確實演變出很多優質案例與產品，本章將於隨後介紹。

　　教師在學校裡進行環境教育時，除了在既有的課程裡尋求機會去進行教學，有必要時，也會去從校外各種不同的領域來選擇利用最適合的教材與教案來滿足所需。因為對於學校教學的熟習，一般教師對於如何選用優質教材，來滿足在學校內的環境教育教學所需比較沒有問題（Chou, 2003）。但是對於利用學校以外的專業環境教育機構如環境學習中心來進行環境教育，這方面教師們的有效掌握度就差異很大了（周儒、姜永浚，2006）。

　　誠如本書先前的界定，一個環境學習中心可以促成學習者環境的學習、社會互動、自我挑戰與實現等三方面的學習與成長。尤其是在環境學習的促進上，環境學習中心長久以來，一直都是學校環境教育的最佳夥伴。因此，環境學習中心在滿足學校與社會在環境教育方面需求所提供的學習方案，應該要充分的展現出它優質的特性。那麼優質的環境教育課程方案應該具備什麼特質？美國推動環境教育不遺餘力的威斯康辛州教育廳的意見，可以提供讀者參考。該州教育廳認為，理想的環境教

育課程與方案，必須是要（周儒、張子超、黃淑芬，2003，p. 8）：

1. 以學習者爲中心，根據幼稚園到十二年級等各階段學習者的發展特質爲基礎。
2. 具綜合性的，考慮自然、非自然、科技以及社會環境，它們和經濟、政治、文化、倫理、景觀等均息息相關。
3. 以全球爲導向，並非只爲地球的生態，而是爲了整個世界的福祉著想。
4. 以未來爲導向，所有的關懷並非只是爲了目前地球上的居民，同時也爲了將來地球上的居民。
5. 以議題爲導向，透過所有對未來的展望，測試相關的議題，包括地方、州地區、全國、國際和全世界等層面。
6. 以行動爲導向，直接參與環境議題和問題的解決。
7. 持續性的，在各年級各學科領域中輔導學生。
8. 科際整合的，從各不同學科中彙整相關的內容。
9. 經驗導向，在多樣化的學習環境和指導方法中，不論何時，儘可能利用直接的經驗和學生溝通。

當環境學習中心的方案活動規劃者，知道學校對於優質的環境教育方案的想像與期待後，就可以在規劃設計之時納入參考，來滿足學校的期盼。而學校的教師在爲學生選擇環境學習中心學習經驗產品時，也會有較佳的把握找對、選對他們需要的產品與服務。

當然，環境學習中心的活動參與使用者是多元的，不僅是學校學生。那怎樣的方案與活動的提供，才能滿足各方的需求，創造改變而又受歡迎呢？相信這是很多教育行政工作者、教師、家長們一定會提出來的問題。過去一些針對環境學習中心優質方案特徵方面的研究發現（周儒、姜永浚，2006）與論述（Voorhis & Haley, 2008），其實都可提供各界在發展、評估方案時作爲重要的起點與參考。但同時筆者仍要提醒與強調，雖然環境學習中心必然會因應廣大社會的需求，而去發展多元的活動方案，但是仍然必須把握住一個核心關切，才能讓你的中心在此

領域上傑出與卓越。這個核心關切就是在推陳出新各種方案的同時，必須隨時去檢視自己中心早先設定的宗旨（mission）與願景（vision），以及這些發展的方案與宗旨實現之間的對應可能，才不至於在各種需求與想法中載沈載浮。因為當你沒有什麼中心思想與堅持，去迎合各種需求時，也就是你將面臨流失早先的定位、目標、獨特性與理想了。

筆者研究室過去曾針對優質的環境學習中心的特徵（characteristics）做過相關的探究（周儒、姜永浚，2006）。該研究是針對優質的環境學習中心在組織營運管理、設施、方案、人等方面做廣泛的探究，總共發現萃取出了二十七項優質中心的特徵（質）。而在方案這個層面的探索結果，筆者認為是可以提供同好們參考的。在該研究中，發現優質的自然中心、環境學習中心在軟體方案方面，應該具有以下七項特徵：

1. 重啟發而非教導、強調互動而非單向的灌輸、協助參訪者獲得親身的體驗等。
2. 要能反映出對環境的關懷及當地資源的特色。
3. 活動方案的目的在於協助參訪者發展環境覺知、學習環境知識、培養環境倫理、熟習行動技能，甚至獲得環境行動的經驗。
4. 應針對不同的參訪者，經常性地提供多元的環境教育方案與學習活動。
5. 能推陳出新展示、課程及活動方案，吸引參訪者回流、持續運用中心的服務。
6. 學習活動能彌補在學校內進行環境教學的不足，並協助達成各學科課程的學習目標。
7. 透過設計或安排，使活動方案及設施的使用者能在此體驗與履行對環境友善及永續發展的承諾。

以上的研究結果，顯示比較著重在優質的環境學習方面的品質期待，是因為該研究原先的定位使然。然而我們也知道環境學習中心的學習不僅是在促進環境學習，也可以促成全人的學習與成長。因此其他的研究或論述，也應有參考價值。筆者特地選出ANCA的論述來介紹，並

與讀者分享。兩相比較下，相信會有更多的體悟與參考價值。

　　ANCA過去也曾透過舉辦的工作坊，從二十多位中心主任與教育部門主任，彙整出他們所認定自然中心方案的核心特質（Voorhis & Haley, 2008）。筆者認為這些討論結果也很具有參考價值，特摘要整理介紹給讀者同好們。他們所認為自然中心優質方案的核心特質如下：

1. 探究查詢（inquiry）：來到自然野外的民眾與學生，都會帶著他們無限的好奇進入自然，這是中心最大的吸引力與進行解說及教學的機會，絕對要好好把握。隨著他們的好奇，藉由中心提供的不同方案與具有各式專業背景的專業工作者，中心提供一連串的機會讓他們去探索、調查，發展他們自己的問題與對問題的解答。這絕對是學生與成年人的方案之核心。我們才能藉此打開一扇又一扇的窗，引領自己關心他們眼前所好奇探究的事物，並且能夠連結到更大、更寬闊的大自然與環境。

2. 在自然中經常持續的正面經驗：別期望大人和小孩只到訪自然中心一次就會產生巨大的影響，一定要能夠有持續的參與才能夠產生影響，這絕對是成功方案的核心。所以中心一定要想盡辦法，吸引活動參與者一次又一次的回中心來參與活動。這才可能產生與自然接觸的習慣、建立與自然正向的連結，並進而影響他們的

・中心學習活動都強調探索、調查、體驗、動手操作。

知識、態度以及行為。

3. 地方感（sense of place）：社區型自然中心的設置，立足於地方，教學方案與服務的內容，都強烈的反應了地方植物、動物、生態、歷史、文化、人文等重要關切與內涵。這樣的方案與學習活動的提供，對於現代快速都市化，形成很多住民與在地沒有長久歷史淵源或關係者來說，是建立他們與所處生活所在地連結的難得機會。藉由自然中心作為媒介，使得地方居民能夠有深入學習在地與再發現的機會。不論是與當地有關的自然史、生態、文化等相關內容，都能夠吸引並且創造深入在地學習的機會。而這種學習，確實能夠建立與加強居民的地方感，並促成未來更進一步關心與行動的發生之可能。

4. 滿足學習者在自然史（natural history）與環境知識方面的需求：許多在地居民與學生會到自然中心來尋找，他們對於在地環境好奇與疑問的解答。他們也希望能夠在自然中心學到與環境議題有關的知識，甚至學習如何負責任的對待環境。所以自然中心最好能夠透過方案，提供平衡與正確的答案，來幫助他們回答自己對於所處環境有關的動物、植物、生態，甚至堆肥、綠色消費、永續生活關懷等方面的疑問，以及形塑他們面對這些議題時的正確態度與行為。

5. 環境關切與永續實踐之模範與教學示範：能夠影響我們學習對象的最佳方法，就是拿出真實的實踐案例來讓他們眼見為信。自然中心的設施、建築等各式有關於永續能源、資源回收再利用、水資源循環再利用、綠建築、運用當地原生植物來進行景

· 透過課程安排與參與，學生主動去進行環境學習。

觀塑造、廢棄物減量妥善處理等設計與實踐，都是最好的活教材，直接可用來教學與示範這些實踐操作是具體可行的。除了這些設施，甚至連解說牌、步道等都可以展現出永續的關懷。因為這些非常具體，甚至連所需花費都可以具體呈現的示範，會讓地方上有興趣的個人、家庭、機構等，都會更有信心而「心動並行動」。

6. 以社區為基礎：與社區關係密切的自然中心，絕對要把自己定位在與其他社區的必須設施，譬如圖書館、運動中心、學校等具有一樣的重要性。基於此認知，自然中心的方案必須能夠提供社區居民聚會、鬆懈、休閒、學習等的機會。不一定只是侷限在參加中心提供的演講、解說活動、展覽等活動，其他多樣與簡單的服務，譬如提供如何運用中心室內與戶外各式資源的諮詢、解說、配合節慶活動的訊息諮詢、簡易動手做自然藝術作品的活動（臺灣慣常稱呼DIY）、各種興趣團體的活動聚會、家庭一日套裝活動的提供等，都可以讓社區居民可以衡量自己需求與意願自由參與和利用。自然中心的出現，使得社區居民可以自自然然的來利用，也形成他們生活中必要的一個元素。自然中心以社區為基礎，滿足社區終身學習的需求，提供接觸與了解自然和環境的機會，這樣未來如果需要為自己社區的環境進行努力的行動時，他們也才會「自自然然」的就參與成為行動者。

7. 能創造自然中心特殊興趣團體（special interest clubs）：自然中心一般都會提供各式與在地自然環境和文史有關的方案活動，譬如星象、原生植物、野生動物、有機農耕、自然攝影、賞鳥、自然繪本等。這些豐富有趣的活動，都可匯聚更多有興趣的市民、學生等願意持續的參與和學習。有的甚至由非常熱心的活動參與者或志工開始發起，逐漸的匯聚人氣而形成持續在自然中心裡運作的自主學習興趣團體小組，或可稱為社團。這種興趣社團對於自然中心方案活動的深化與持久，以及對中心的具體支持，絕對

是正向加分的。更由於這種團體能持續利用中心的設施空間辦理學習活動，他們對於自然中心的擁有感（ownership），也相對會較只來訪一次的活動參與者或遊客要高出許多，是創造社區主動持續關心環境與社區永續的核心動力群。

8. 體驗與激發神奇感（sense of wonder）：自然中心的工作同仁都會盡力地在他們所帶領的活動中，啟迪活動參與者（不論是大人或小孩）藉由親身的體驗，觸發他們對於自然界中各式事物的好奇心與神奇感。而這些藉由親身體驗所感受到對於自然奧妙的讚歎，往往會觸發與引燃學習者更進一步的學習興趣，或是因而建立某種價值與體悟。有的時候，更會因此而引發一輩子對於某種現象或事物的終身嗜好。

‧在IslandWood連午餐剩飯菜秤重也可以是學習。　‧孩子親自動手體驗，學習才會深刻。

9. 動手學習（hands-on learning）：許多人的學習是從做中學，因此自然中心方案的重要賣點，絕對是配合與滿足人們從做中學習的需求。雖然安排這樣的動手學習獲取一手經驗的活動於方案活動裡，會使所需要的執行時間與配合的人力需求較高，但它絕對是值得的。自然中心更必須要盡量和學校溝通並且具體展現這種機會和特質，讓來自正規教育系統的夥伴們知道這樣的方式，絕對是非常有效與值得的。

10. 具科學性：自然中心的方案其實很關切其自身的科學性。我們可從兩方面來顯現自然中心對於科學性的關切和重視。一方面因方案的自然教育（nature study）相關的主題，會觸及到很多在地或更寬廣環境有關的自然、生物、地質、地理、水文、天文、物理、化學等內容關切成分。這些內容必須要是正確的、資訊是更新而不是過時的，甚至還必須想辦法讓自然中心執行方案的人員，都能不斷充實具備這些科學方面的知識。二方面是這些方案，也提供機會給學習者學習科學過程（process of science）的機會。年紀較小的孩子，也許比較是從好奇心開始，提出疑問與進行仔細觀察。而較大的孩子甚至成年人，則能夠藉由方案活動的參與，直接去經歷提出問題、假設、進行實地觀察蒐集資料、分析所得資料，到甚至找出答案等過程。這種活動的歷程就是藉由真實事物案例，來學習科學過程與方法難得的機會，目前在很多北美的自然中心都很受歡迎，也是「市民科學（citizen science）」精神的體現與實踐。而這個特色也導引了自然中心，持續推出相關的方案來關注和實踐「研究」這個重要的目標[1]。

11. 一個遊戲的地方：在戶外的探索與自由遊戲（free play），一直是人類自古以來，從小開始學習的重要元素。而現代社會尤其都會區的孩子，許多這方面的機會已經被限制和剝奪了，這其實對於孩童的成長、健康與學習反而是不利的[2]。自然中心透過了他們的方案活動，鼓勵更多人去關心，讓孩子有空間、時間與機

1　筆者在前面章節曾定位一個自然中心應該具有多元目標功能，包括了教育、研究、保育、文化、遊憩等五大面向。

2　欲知更多此方面研究與論述，請參閱：Louv, R. (2005). *Last child in the woods: Saving our children from nature-deficit disorder.* Chapel Hill, North Carolina: Algonquin Books. 而臺灣也已經有中文翻譯本：郝冰、王西敏譯（2009）。《失去山林的孩子：拯救「大自然缺失症」兒童》。臺北：野人文化股份有限公司。

會，不僅是在自然中心，也可以在住家附近與學校安排適當時間、場域與機會，讓孩子去進行沒有太多結構設計、自由探索的遊戲。所以，目前北美洲一些自然中心除了既有的經過精心設計的方案活動外，也開始試著安排一些維護較容易，而不會對中心要去保育的動植物生態與環境造成破壞的場域給孩子們，在自然中心裡也可利用時間進行非結構性的自由遊戲去探索與成長。

從以上所介紹，不論是根據筆者過去研究結果，所提出環境學習中心優質方案的特質，或是ANCA所提供的從專業工作者意見歸納彙整出來，對於環境學習中心方案核心關切的特質，都有異曲同工之處。同時也對於新的發展趨勢可以有所掌握，譬如自由遊戲（free play）的主張，在非常強調知識學習的臺灣學校教育體系，甚至環境學習中心的課程方案設計安排上，都是一個挑戰與刺激。這雖不像是傳統我們所認為的環境學習中心的方案活動（但其實可以被視為另外一種「自主學習活動」），但卻是目前整天時間都被大人安排（學校、課輔、安親、才藝），休閒時間大部分待在螢幕前面（電腦、電視、電玩、手機）的電子時代孩童健康成長必須有的機會（郝冰、王西敏，2009；McCurdy, Winterbottom, Mehta, & Roberts, 2010）。這種機會與功能，對於孩童的身心健康與成長絕對是很重要的。相信未來不論是對環境學習中心方案的使用者或是方案的規劃設計者，都可以有不錯的引領與參考，朝向提供優質的方案活動，安排優質的體驗與學習經驗時重要的參考。

第四節　多樣的型態與多元的滿足

如前面章節對於環境學習中心的定位所說明的，一個環境學習中心要能夠創造學習者的學習，不外乎有三層主要的目標。第一層最首要核

心的關懷就是促進環境學習，第二層是促進人際溝通社會互動的學習，強調的是建構良好的人與人的互動、信任與溝通，第三層是在促進學習者的自我挑戰、探索、肯定與成就感的追尋。在不同的中心，因為經營的團體機構任務與目標的不同，自然在其提供的方案上就有比重不同的強調、型態與內容。這種不同類型與多樣化的方案與活動，也就逐漸呈現出環境學習中心多樣的服務產品與面貌。

　　對於一個於週間（即週一到週五）到訪，想要加強學生對於環境生態體驗理解與學習深化的學校班級，或是一個在週末假日想要追求休閒而來訪的家庭，其出發點與目標很明顯的是不同的。對於這些使用者來環境學習中心尋求不同目標之滿足的現象，我們如果將其分析並且橫向展開，就有點類似一個光譜；從光譜的一端到另外一端，有不同深淺顏色的漸層分布一般。這個類似光譜的分析方式，有助於我們去理解一個環境學習中心所提供方案活動的內容、特性與目標。筆者過去使用此方式來分析各中心的方案，覺得非常有助於經營管理與專家診斷，甚至協助團隊精進發展其方案。對於任何一個環境學習中心，如果攤開來分析其不同類型之方案活動，發現其分布就像是光譜一般，可以從一端非常強調密切連結學校課程目標為導向的學習活動，延伸到光譜的另一端，以有意義休閒遊憩經驗為主要導向，促成文化、生態、生活、體驗、理解等為導向所設計的休閒遊憩活動（當然環境的保育與追求永續發展，仍然是此光譜一貫軸心關切的內涵）。而分布介於此光譜兩端之內的各個不同部分，則有著不同比例的著重與型態的學習及體驗活動，可以經由精心的設計而發生，在不同的時間、場域與方式下，來滿足不同的對象與需求。

　　此種分析方法，依筆者過去的經驗，覺得非常有助於協助環境學習中心的工作者來剖析了解自己中心（或是其他中心）的現況。以及對於規劃發展新方案活動時，能清楚掌握到不同的目標、對象需求，並將之反應到實際的方案規劃與活動的設計上，也就是在需求分析階段盤點既有服務產品時（inventory）非常有用的工具。此外，對於一個環境學習

中心服務產品的使用者（單位）來說，在規劃階段也可以利用此活動光譜分析工具，來解析與選擇適合需求的環境學習中心經驗。筆者特將此環境學習中心方案活動光譜分析圖，呈現如圖5-1所示。

親子休閒活動　公務員自強活動　步道工作假期　青少年夏令營　LNT工作坊　教師培訓　校外教學

休閒遊憩導向　◄─────────────────►　教學課程導向

圖5-1　環境學習中心方案活動目標取向的光譜

　　由圖5-1，列在上方的各式方案活動只是舉例，但是從其在整個光譜左右相對位置的落點，應該可以了解是因為其目標取向的不同，可以有不同的執行著重點。譬如發生在週間（週一到週五）的學校團體校外教學，因為學校是利用環境學習中心的教學活動經驗，來豐富加強學生對於學校課程的學習深度與效果，因此對於環境學習中心的方案活動選用與期待上，會比較傾向於要與學校課程有所連結。而同樣是學校學生參與的夏令營活動，卻因為是在暑假執行，是豐富學生的自然體驗與生活經驗，並創造更多群體社會互動學習，以及個人自我實現挑戰方面的成長機會，因此與學校的課程並無太多連結要求，所以在落點位置上，就比校外教學要往左邊方向偏移，應不難理解。而許多政府機構鼓勵員工從事休閒活動為主要目標的公辦活動，如常見的「自強活動」（亦即由機構自行辦理的員工休閒旅遊活動），主要目標明顯的在於提供適當休閒遊憩活動與機會，並創造使用者在緊張忙碌的公務之外，身心得以舒活與更新。這時當然在方案活動的需求與採用上，會比較偏向光譜的左側端，以休閒遊憩為主。而許多在週末到訪環境學習中心的家庭親子類型的對象，在選用環境學習中心的產品上，當然很明顯的依據其期望，是比較偏向光譜的左側的。

　　筆者曾經在協助林務局發展環境學習中心課程方案的過程中，利用此分析工具，透過了對於既有各森林遊樂區各式活動的分析，以及對於重要對象的需求分析與了解後，歸納出了五種主要類型的活動（戶外教學、主題活動、專業研習、環境解說、特別企劃），作為林務局自然教育中心可以提供學校與社會各界利用的主要產品類型之定位。譬如針對新竹林區管理處東眼山自然教育中心的方案分析，可以將活動類型屬性依據上述的方案活動取向光譜分析，做出一個分布圖如圖5-2。而這五種類型的服務產品也因應使用者不同之需求，可以在這個光譜的各個不同位置找到其對應之分布（周儒、郭育任、劉冠妙，2008）。

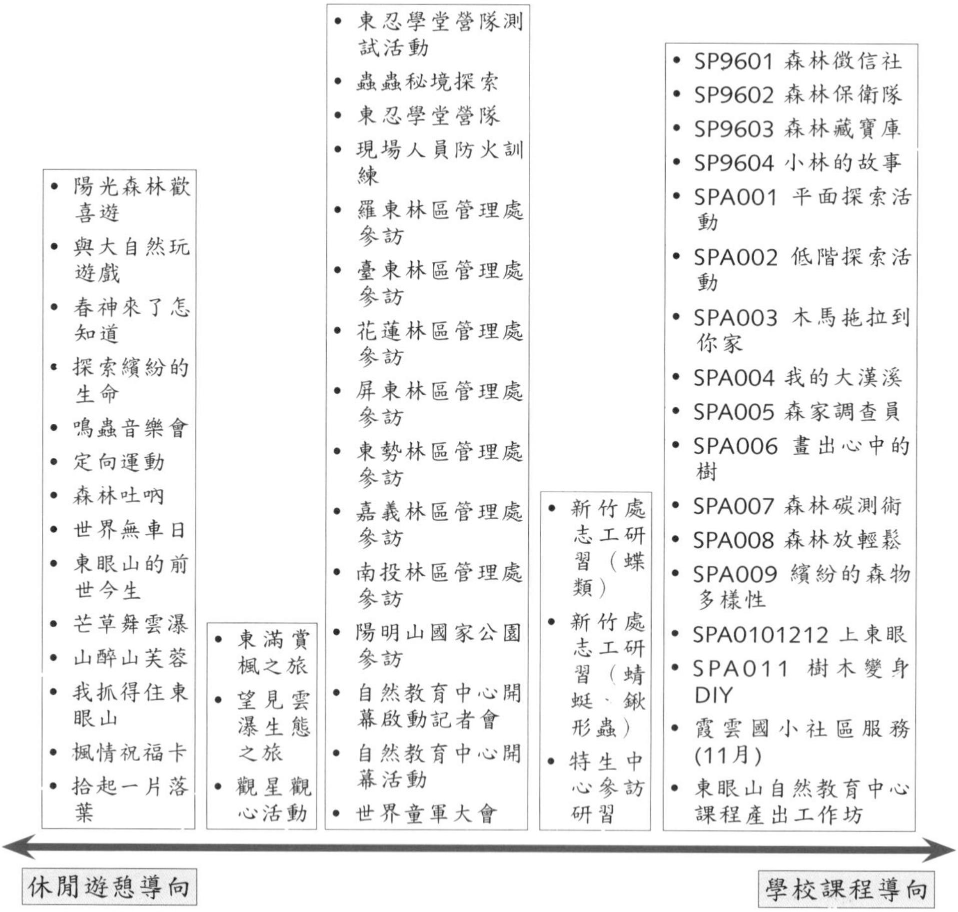

圖5-2 東眼山自然教育中心活動目標取向分析圖

藉由此圖示法的分析，有助於協助東眼山自然教育中心的經營管理單位與方案規劃設計者，了解目前中心提供各種不同的使用對象，有什麼樣的產品型式與內涵。並能夠基於組織發展的需求、對象的需求，與中心的階段性目標，有效地掌握現況並妥善地擘畫未來方案活動之發展。

第五節　案例簡介

　　環境學習中心的方案活動從前述以光譜的概念來說明其多元性後，當然也就必須再從許多已經在運轉中的中心方案活動之呈現，來協助讀者更具體的了解環境學習中心的產品與其要達成的影響。

　　探究許多環境學習中心的方案活動之內容主題成分與型態，可以從環境學習、自然探索、文化體驗、戶外冒險體驗、自我探索成長、生活環保等不同的重點內涵，來呈現多樣的風貌。這種現象不論是在美國、澳洲、英國等西方國家，甚或在東方的日本之環境學習中心裡，都可以發現到普遍存在著（社團法人日本環境教育論壇，2000a，2000b；Hayllar, 1990; Webb, 1990; Natural Science for Youth Foundation, 1990; Simmons, 1991; Evans & Chipman-Evans, 2004; Lucas, 2010）。其活動內涵的著重點也許有所不同，但是其實掌握的核心價值仍然是圍繞在對於環境的重視上，是強調了「在環境中進行第一手的親身體驗與學習、學習環境中各個份子互動與互賴的關係、以及與環境相處時應該抱持的謙卑與尊敬、以及如何為了追尋有品質的生活及促進環境、經濟與社會的永續而進行的學習。」在這樣的重要內涵考慮下，每一個環境學習中心都有展現其特色的方案與活動，提供各種的對象來採用。筆者根據多年的實際參訪與研究資料的蒐集（周儒、呂建政、陳盛雄、郭育任，

1998；周儒，2003a，2003b，2004），利用本章隨後之篇幅，整理呈現了國內外一些環境學習中心的方案活動內涵種類特色，供讀者參考。本章收錄的案例，限於篇幅，只是這一個領域無數多采多姿不同類型中心的一小小部分而已。筆者建議有興趣的同好們，應該多利用現在網際網路無遠弗屆的特性，上網好好去「遨遊」座落於天涯與海角的各種不同的環境學習中心。你將會發現，原來這種類型機構的存在，是那麼的廣泛與多樣，但是，對於環境與永續的關懷，卻是同樣的真切。筆者特將世界上不同地區國家的環境學習中心網址，整理羅列於本書之附錄一，歡迎讀者檢視利用。

案例一　凱后佳谷環境教育中心（美國）
Cuyahoga Valley Environmental Education Center

　　Cuyahoga Valley Environmental Education Center（CVEEC）是一個典型的位於國家公園系統內的一個住宿型環境教育中心。Cuyahoga Valley國家遊憩區（Cuyahoga Valley National Recreation Area, CVNRA）是沿著Cuyahoga河而設立的，區內保存了河長22英哩，33000公畝的土地，其範圍包含有Ohio州的Cleveland、Akron等區域。CVEEC位於Cuyahoga峽谷國家遊憩區中，占地大約500英畝，設在Ohio境內的Peninsula村，屬於住宿型的戶外環境教育中心，此地不僅富有歷史及藝術氣息，同時也是Cuyahoga 峽谷景觀鐵路的起點。此中心利用國家公園中豐富的資源，可針對學生、教師及一般遊客進行科學、人文、歷史、藝術等課程，加上此國家公園緊臨都市，是一個假日休閒非常受歡迎的地方。

方案與活動

　　根據Cuyahoga Valley環境教育中心所列1997-1998年的課程，大致可以分成四類：

1. 住宿型課程——大河之戀課程（all the rivers run curriculum）

是一個針對國小四年級到國中二年級的學生，所舉辦的四天三夜的活動，主要強調實際操作（hands-on）、行動導向，並特別強調科學以及藝術的整合性課程。活動利用視覺藝術、音樂及戲劇來結合生態學和自然覺知，並整合地球及多種文化的學習、環境問題及學生行動，使用電腦來學習及聯絡，而這些都以Cuyahoga河為主題來設計，焦點在歷史及生態、人與河之間的社會、經濟及環境的交互作用。

2. 童軍活動（scout programs）

分別對不同等級和性別的童子軍設計一系列的活動，其活動名稱及內容大致如下：

    (1) 在水邊（at water's edge）

    (2) 探索泥土（down and dirty）

    (3) 回到甜蜜的家（home sweet home）

    (4) 眼中的星星（stars in your eyes）

    (5) 跟著我們的足跡（follow our footsteps）

    (6) 森林中的焦點（forest in focus）

    (7) 是晴是雨（rain or shine）

    (8) 運動中的岩石（rockin' at the run）

    (9) 先民走過的路（ways of the whittlesey）

    (10)皮膚和骨頭（skin and bones）

這些活動包含科學、社會、人文、歷史，並依不同的童軍團做不同活動類型的調整，使能適合對象，並達到最大學習功能。

3. 一日活動（day programs）

是為學前兒童一直到國中三年級的學生所設計的，地點通常在峽谷中或者比較遠、較原始的地方，通常每單元都有一個主題，可能是文化的或者是自然歷史的，例如考古調查及棲地。

4. 週末及暑期活動（weekends and summers programs）

在CVEEC中，週末及暑假已經都排滿了活動，包括教育研討會（education workshops）、特別活動或節慶（special events）及租借給團體辦活動（rental group retreats）。研討會的主題是教導教育工作者或大眾，包括說故事及天文學方面的知識。

案例二　波克諾環境教育中心（美國）
Pocono Environmental Education Center

美國賓州的波克諾環境教育中心（Pocono Environmental Education Center）屬住宿型的戶外環境教育中心，可說是同類型之住宿型的戶外環境教育中心之中很卓越的一個例子（Chou, 1986）。占地38英畝，成立於1972年，位於美國東部的紐約、紐澤西、賓夕法尼亞三州交界處的得拉瓦水壩國家遊憩區（Delaware Water Gap National Recreation Area）之內，屬美國內政部國家公園總署管轄，連同地上建物最初是由賓州一個專校Keystone Junior College向美國國家公園總署基於教育的目的所承租下來的，將其設置為環境教育推廣中心，目前已成立了一個基金會，由此基金會接手負責中心之營運。

方案與活動

中心的教育課程分成兩個方向，一個是一般性的教育計畫（programme），另一個是特殊性的教育計畫。一般性的教育計畫是提供身體健全，來自一般學校的孩子，這種課程種類繁多，由課程名稱就可知其內容一二，現將部分之課程列舉如下：

野生動物	生態	森林
群體動力學習	感覺步道	解說步道與解說健行
戶外科學課程	辨識方向	自然藝術及工藝
攝影	化石之旅	信心課程

氣象課	溪流研習	湖泊研習
水之旅	印地安遺址之旅	電腦輔助教學
賞鳥	森林蕨類與蕈類	溫帶溼地保護區參觀
游泳	溜冰	球類活動
釣魚	獨木舟操舟	營火晚會
方塊舞會		

除了以上提供的活動之外，也因應不同類型有特殊需求的團體，提供一些特別的活動計畫與服務。例如為一些在觀護中的青少年提供的活動，由觀護人帶至環境教育中心來進行教育活動，透過戶外活動的進行與考驗，來激發其互助合作、共同努力的意願。此外，針對身體行動不方便的對象，中心也安排了課程，希望他們能儘量去使用與體驗，避免因其身體不便的因素而剝奪體驗環境的機會。另外，對於心理障礙（mentally retarded）的人士，也嘗試安排一些活動，使其亦有機會體驗自然，當然必須考慮到他們的體能與心理上的可能限度。此外，也有為常青學苑（Elderhostel）的年長人士設計一些活動計畫。但是在照顧上則有不同的方式，青少年虞犯由觀護人帶來，心理或身體障礙者，則由家人或護士照顧陪同而來。總而言之，中心是擁有實體的自然環境與教育資源，提供使用者盡情的享用，但最終目的不能脫離中心設置的宗旨。所以，不同的教育課程其目的是一致的，即利用各種活動的實際參與，能使戶外環境教育中心的使用者了解人與環境的關係，建立人與其他的生物及非生物同樣是環境中的一份子的基本理念。期望中心的使用者在停留的時間裡，建立這些基本感受，能對其環境觀多少造成一些正面積極的影響。

服務型態

活動進行之前由學校負責規劃安排的老師或是校長，先到中心去實地拜訪參觀，了解有何資源。這些資源包括硬體與軟體，所以，提供的

課程活動也在老師考慮之列，需評估與學校教學目標及進度配合之可能；然後他們才能決定在環境教育中心停留期間，將要使用的課程與活動。當初步參觀完與討論決定了採用的活動方式內容之後，他們才開始訂定契約，確定舉辦之日期和停留時間。一般學校大多是利用春季與秋季遠足參觀的機會來此，停留三天最普遍，但也有長到五天的。一旦預定的活動時間到了，學校就用校車將學生送到中心來，吃、住和學習都在這裡。來自的區域以紐約及費城為主，一般路程大約開車三小時左右。環境教育中心提供教學服務，並能夠帶動學生與教師參與進行環境教學活動。隨隊來的老師也必須照顧參加活動的學生，同時也必須一同參與課程活動。這種與中心的環境教育教師分工合作的方式，既能有利於活動順利執行並能促使老師也親身體驗，更能學習一些環境教學的方法與策略。

案例三　國立岩手山青年之家（日本）

國立岩手山青年之家，位於岩手縣岩手郡瀧澤村，岩手縣的最高峰岩手山之山麓，標高350公尺。1970年岩手山被教育部選為第九個國立青年之家建設地，1971年成立籌備處，於1972年5月正式成立「國立岩手山青年之家」。中心的使用團體主要包括：學校、地方公共團體、企業、青少年團體、社會教育關係團體等。

方案與活動

青年之家和少年自然之家一樣，在業務上分為委辦業務和主辦業務，茲以1996年計畫主辦之業務介紹如下：

1. 義工人員講習會

主旨：就青少年教育設施透過義工人員的培訓制度，了解生涯學習過程中義工活動的重要性。

時間：第一期 1996.6/1～6/2（二天一夜）

第二期 1997.2/22～2/23（二天一夜）

對象：大專學生20名

2. 讓人思念的汗水──岩手山登山

主旨：站在岩手縣的最高峰上眺望遠景，同時學習登山的知識和技能、認識高山植物，進而思考自然環境的保全問題。

時間：7/13～7/14（二天一夜）

對象：小學四年級以上及一般民眾200名

3. 學習家庭接待

主旨：個人或團體、家庭藉由青年之家的住宿活動，體驗與人相互交流關係，並了解本中心的設施。

時間：9/14～9/15（二天一夜）

對象：小學、中學、高中生及其家族200名

4. 自然體驗擔任教師講習會

主旨：為充實學校教育的自然體驗活動，了解研討指導內容、實施上的考量以及設施的使用方法等。

時間：10/17～10/19（三天二夜）

對象：中小學自然體驗活動擔任教師60名

5. 高中學生自治會新會長座談會

主旨：就各校學生自治會的資訊之交換，學習如何經營學生自治會以及領導者的必備條件。

時間：11/6～11/8（三天二夜）

對象：高中學生自治會新任會長及教師200名

6. 東北地區青少年教育設施職員研修（國立盤梯青年之家協辦）

主旨：討論設施在營運上所面對的問題，加強各設施之間的聯繫與合作，提升職員的必要知識。

時間：12/11～12/13（三天二夜）

對象：東北地區青少年教育設施職員20名

7. 銀白的世界——滑雪課程

　　主旨：透過活動，加深家族之間的交流，同時讓義工人員有發揮

　　　　　服務的機會。

　　時間：5/25、6/8、7/13～7/14、9/14～9/15、10/26

　　對象：小學四年級以上的家庭

案例四　國立那須甲子少年自然之家（日本）

　　國立那須甲子少年自然之家，位於日光國家公園的北端，那須連峰的山腹，基地橫跨福島縣與房木縣兩縣。是為紀念教育學制一百週年紀念事業之一個項目，由於臨近關東地區都會區的地理條件下，加上四季變化多端，適合於各項戶外活動，1973年就被教育部選定，並正式對外發表。1978年正式落成啟用。宗旨在於讓接受義務教育中的少年、兒童，在雄偉的大自然中透過團體的住宿生活，學習團體紀律、愛鄉的情操，充實社會經驗，鍛鍊健康的身體，進而培養健全的身心。可歸納為下列三點：

1. 在接觸大自然的恩惠下，培養尊重大自然和敬愛大自然的心。

2. 養成有規律、互助合作、友愛、服務的精神。

3. 從自然中鍛鍊健全的身心，從自我實踐中培育創造思考的能力。

方案與活動

■ 委辦業務

協助各團體以求達到最有效的活動。同時為了達到上述目的，使用團體的領導人員在計畫階段必須注意下列事項：

1. 設計以大自然為中心的活動。

2. 為了使班級、社團活動更能靈活化，儘量安排小單位的活動。

3. 在計畫階段，應該讓兒童、青少年多參與意見。

4. 在活動的進行時，應考量有充裕的活動時間。

5. 應該實施事前的接洽與實地踏勘工作。

6. 指導體系、職務分擔要明確。

在接受使用團體的預約，為了尊重使用者的自主性計畫，以展開有效果的訓練活動，對於事前的接洽階段，應該與使用團體保持密切的聯繫。對於入浴時間、用餐時間、朝晚的集合時間等，不可強制其一定遵照中心所定的生活時間，儘可能去配合各個團體的需要而做彈性的調整。

■ 主辦業務

課程內容著重於發展基地的特色，加深與地域的合作，對於設施的理解以及促進國際化社會的認知，當然也包含了指導員的培訓工作和提升教師素質的課程。以1995年主辦業務摘要如下：

1. 翠綠嫩葉的親子營

   主旨：在翠綠嫩葉的季節，藉由那須甲子的自然場所與活動，達到參加者相互交流，國際化的理解，進而對於本中心設施的了解。

   時間：5/2～5/5（四天三夜）

   對象：家庭、在日的外國人家庭300人

2. 那須甲子冒險露營

   主旨：在大自然中，透過團體的住宿生活，培養青少年的開闊胸懷，學習大自然的知識。

   時間：7/29～8/9（十四天十三夜）

   對象：小學五年級～中學生100人

3. 連結那須甲子與諫早──日本列島兒童首席會議

   主旨：促進不同地域兒童之間的互訪，在接觸各地不同的自然和文化之同時，達到相互交流。

   時間：8/7～8/10（四天三夜）於有明海自然之家

   　　　1996年3/23～3/26（四天三夜）於那須甲子自然之家

   對象：國小四年級以上（代表）50名

4. 21世紀交流露營——FIT露營大會

   主旨：在自然之家集合福島（F）、茨城（I）、房木（T）三縣的兒童，展開自然體驗活動，交換21世紀地球村的意見。

   時間：8/21～8/23（三天二夜）

   對象：小學、中學生各50名

5. 青少年教育設施所長研修會

   主旨：加深青少年設施之間的合作，加強今後對於設施的有效運用。

   時間：10/5～10/6（二天一夜）

   對象：鄰近縣市立青少年教育設施所長30名

6. 全國環境教育指導者研修會

   主旨：為了充實環境教育的指導內容、指導方法以及提升教員的指導能力，展開有效的學校教育。

   時間：10/23～10/27（四天三夜）

   對象：小學教員

7. 團體住宿指導員講習會

   主旨：為增進團體住宿活動的效果、指導內容、實施時的注意事項等課程研修。

   時間：11/15～11/17（三天二夜）

   對象：中小學教師、教育委員會職員100名

8. 那須甲子義工講習會

   主旨：加深義工對於擔任角色的理解，以及研修義工應具備的知識與技能。

   時間：前期12/25～12/27（三天二夜）

   後期1996年3/26～3/27（二天一夜）

   對象：高中、大專、一般成人30名

9. 兒童科學研討會——不可思議的太陽、風的魔術

   主旨：對科學有興趣的兒童，藉由自己動手做的實驗，以提高兒童對科學的興趣。

時間：第一期12/23～12/25（三天二夜）

　　　　　第二期1996年3/26～3/29（四天三夜）

　　對象：小學五年級～中學生

10.自然體驗實習長期講座

　　主旨：為達到自然體驗活動實施上的效果，所應具備的知識與技
　　　　　能，進行長期性的培訓。

　　時間：短期課程一星期

　　　　　持續課程一星期～三個月

　　　　　長期課程三個月～一年

　　對象：學校教員、青少年教育機構及社會教育機構職員50名

11.挑戰無農藥蔬菜營——享受快樂的四季蔬菜

　　主旨：利用週末，藉由家庭的活動，達到親子感情的融洽氣氛。

　　時間：每個月的第二、四個週六、日（二天一夜）

　　對象：親子、家庭等50名

案例五　財團法人清里森林學校（日本）
Kiyosato Educational Experiment Project（KEEP）

　　財團法人KEEP協會是以1938年當時所創辦的清泉寮（團體休假宿舍）作為基礎，自1948年起在八岳連峰的南麓，以清里為中心開始實踐創始人保羅・拉夏（Paul Rusch）博士的基本理想。該學校位於山梨縣北巨摩郡高根町清里3,545，標高1,400公尺。利用KEEP森林學校內的「設施」、「專業指導員」及「課程內容」三大項目的互相結合，實施住宿型環境教育課程，為日本最早具備自然性的環境教育場所。

方案與活動

■ 主辦活動

1.　生態露營：每年舉辦二次，每次50人，八天七夜。

2. 自然解說員訓練營：每年一次，30人，三天二夜。

3. 自然教育指導員：每年一次，30人，三天二夜。

4. 青空露營：每年一次，小學五～六年級50人，五天四夜。

5. 中學生露營：每年一次，50人，四天三夜。

6. 保護森林週末營：每年四次，20人，九天八夜。

7. 營火邊俱樂部：每年三次，一般民眾，六天五夜。

8. 環境教育課程設計營：每年一次，參加對象以自然解說員、專門學者爲主，20人，四天三夜。

9. 環境教育設施負責人研習營：每年一次，三天二夜。

10. KEEP市民大學：每年六次，30人，參加對象爲山梨縣民，七天六夜。

■ **委辦活動**

每年約有70～90個團體委託本協會舉辦環境教育課程的活動，其中最具代表性者如：

1. 接受企業界的委辦活動，如：荏原製作所、三菱汽車公司、豐田汽車公司、松下電氣公司、大金冷氣公司等。

2. 接受行政單位的委辦活動，如：環境廳自然保護局、山梨縣自然委員會、武藏野市政委員會、日野市社會教育委員會等。

3. 接受學校單位的委辦活動，如：私立立教中學、聖心女子學院初等科、在日美國學校、關東學校附屬小學等。

■ **受託派遣活動**

接受客戶的委託，在本中心以外的地方，由KEEP協會派遣專業人員前往指導實施環境教育課程訓練。

1. 山口縣自然公園保護課的「環境講習營」。

2. 房木縣自然環境課委託的「自然體驗活動」。

3. 大分縣環境企劃課的「珍惜地球的生態環境」。

4. 鳥取縣自然保護課的「自然環境指導員講習會」。

5. 小田急公司委託的「小田急花鳥山脈自然學校」。

■ 受託經營管理

山梨縣立八岳自然體驗中心環境與文化村的設施及解說業務。

■ 各種受託業務

包括環境調查工作、編著、演講會、發表會等。

案例六　關渡自然公園（臺灣）

關渡自然公園擁有臺北市最後一塊較為完整的濕地生態，以泥濕地、泥灘地、水域和草澤地等多樣化的棲地，孕育著許多代表性的物種，是非常好的生態教室，占地面積57公頃。在民間保育團體歷經二十多年的催生過程，臺北市政府在1996年間定案，以150億的預算徵收土地，成立了「臺北市關渡自然公園」，2001年由臺北市政府建設局委託社團法人臺北市野鳥學會經營管理，於同年12月開始對外營運。目前已成為大臺北地區重要的濕地戶外教學場地，提供社會大眾研究、教育、遊憩之用。可以視為臺灣第一個由政府擁有土地與建築，而委託民間保育團體以環境學習中心型態做經營管理的案例。

方案與活動

關渡自然公園主要環境教育目標，除了提高公眾對濕地的關注力，加強在學生及教師對自然環境的認識及關注，規劃多元化的教育活動以協助正規學校及非正規社會大眾的環境教育工作。在教育推廣目

・關渡自然公園還有到校服務的濕地教育方案。

標對象除以臺北市150所國小、61所國中及新北市207所國小、92所國中為主，並針對假日主要參觀的親子以及社區居民，設計不同且多元化的教育活動，以寓教於樂的方式，將濕地的環境教育推廣到各個層面。

根據關渡自然公園截至2010年11月的教育方案統計，若以參與對象的不同，大致可分為四個類別。

■ 針對成人

以18歲以上的一般大眾為主要對象，提供有：

1. 主題活動：各種大型主題活動，如：自然裝置藝術季、戲劇嘉年華、國際賞鳥博覽會等。

2. 解說導覽：包括各種主題（如賞鳥、埤塘、心濕地等）的園區導覽及團體預約解說。

3. 不定期舉辦的自然講座、影展及主題性演講。

4. 固定場次播放的影片欣賞。

5. 親子DIY 教室：結合四季與自然中心教育主題，規劃動手做系列活動，讓大小朋友實際參與。

6. 主辦或合辦各種主題如濕地保護、自然中心經營、環境教育教學、濕地體驗、國際交流等研討會及工作坊、工作假期等。

7. 教育展示：依季節規劃不同的展示主題，分為室內展示及室外展示，分別設計不同主題進行規劃，以增加園區的多樣性及豐富度。

8. 義工訓練課程：提供有意來公園擔任義工的對象基礎訓練課程，之後依不同的義工分組（如解說、行政等）繼續進階課程。

9. 棲地維護：提供企業或個人報名週末的環境維護操作。

10.企業服務：依照企業需求，提供企業如義工日、親子家庭日、園遊會等寓教於樂的服務。

■ 針對學校團體

包括教師及中小學、幼稚園學生等。

1. 解說：團體預約園區的環境解說。

2. 科學調查方案：以科學研究的流程來加強環境技能，如水生昆蟲調查課程、水質檢測課程等。

3. 六大主題學習活動：提供幼稚園到國小高年級學生各種主題課程，包括「濕地寶貝」、「綠色奇蹟」、「水生家族」、「拜訪濕地」、「紅樹林樂園」、「永恆的約定」等。

4. 教師資料庫：提供教師規劃關渡自然公園參觀活動所需之教案、參考行程資訊及相關出版品，並提供民眾上網查詢相關資料。

5. 特教小天使自然體驗方案：針對特教班級所規劃，少知識灌輸，偏重親身體驗的活動內容。

6. 教師訓練：包括各種教學演練或案例分享的工作坊等。

7. 匯豐濕地環境教育計畫——濕地奇遇記學校版：包括適合幼稚園中班至小二的「小翠的濕地約會」、適合小三至國一的「少年小樹之歌」，以及適合小三到小六的「調查高手小蘑」等。

■ 針對特定對象的營隊

以國小學童為主，但也有親子營隊、青年營隊等。

1. 濕地學園系列：包括寒暑假期間的忍蛋班三天二夜營隊、夏蛙賞蛙親子營隊等。

2. 地方文化系列：以半天到一天的時間，帶領親子或遊客認識關渡地區的文史、老產業等，亦有結合自然美學及固有建築工法的體驗活動。

3. 科學調查系列：帶領親子探討濕地淨化水質的功能。

4. 關渡農民誌水田系列：分為春耕、夏耘、秋收、冬藏等主題，以一整天的時間來體驗水田生產過程及農家的四時生活點滴。

5. 匯豐濕地環境教育計畫——濕地奇遇記假日親子版：以二個半小時的時間，帶領親子進行稻田體驗及濕地淨化水質功能的檢測。

■ 社區推廣性服務

針對社區居民為主要對象所舉辦的教育推廣活動，希望能擴大社區參與，包括自辦或與其他組織合辦。

1. 社區賞蛙營隊：帶領社區居民夜探關渡自然公園，認識公園常見的蛙類。

2. 認識我的綠色生活圈：以製作綠色生活地圖為媒介，陪伴社區居民認識自己的家園，並包括四個不同的主題，有飛天恐龍、綠色奇蹟、兩棲高手、淡水和人文生態巡禮等。

3. 關渡米粿雕工作坊：與社區發展協會合作，帶領民眾體驗關渡地區的多至傳統習俗——製作米粿雕。

案例七　財團法人觀樹教育基金會「有機稻場」[3]（臺灣）

位於臺灣苗栗縣苑裡鎮的「有機稻場」，是由山水米實業股份有限公司闢建，並於2006年3月以每年僅收取象徵性一元租金的「公益性委託」方式，交由觀樹教育基金會營運並自負盈虧，成為臺灣非營利組織與企業合作經營環境學習中心的首例。如何充分發揮僅僅六分地大小的基地範圍，策劃吸引訪客的營運內容，建構小而美的教育中心，成為「有機稻場」經營過程中相當重要課題。

為了充分發揮基地內的空間，四分地大小的有機體驗田，採用「稻鴨共作」耕作方式，並效法鄉間農家在周邊田埂種菜，這些田地與菜園、鴨寮以及灌溉溝渠，都成為訪客實際體驗農業的重要空間。館舍則設計為「漂浮在稻浪上的教室」，在單層建築空間內規劃出兩個教學空間與一展示空間，並在諮詢櫃檯前進行商品展售。

在教育活動方面，「有機稻場」以稻米產業、有機消費與農村生活為主題，並將飲食融入活動中，設計多樣化的體驗活動內容，可供社會大眾、親子家庭或學校校外教學之需要。活動體驗採預約制，團體預約人數之單日承載上限設定為80人，一方面兼顧教育活動品質，也降低對

3　有關於財團法人觀樹教育基金會「有機稻場」更多之詳盡資訊，可以參閱網址：http://www.kskk.org.tw/OrganicFarm/index.htm

環境的負面衝擊。自2006年起至2010年止，參與相關活動體驗的人數將近40,000人，發揮了小小環境學習中心的極大效益。

方案與活動

「有機稻場」的活動方案，主要區分為三大類型。第一類是開放大眾與親子報名參加的主題性活動方案，第二類是可供團體預約體驗的例行性活動方案。第三類就是因應在地永續發展之關懷與促進的特別規劃活動方案。現分別說明如下：

1. 主題性活動

「主題性活動」的設計，主要依據水稻田的耕作歷程與農村四季變換，並結合有機、飲食與農村周邊的環境資源，轉化為可供大眾學習、體驗的有趣活動內容。

- 1至2月　「田野的滋味」野炊活動
- 3月　「大家一起來插秧」
- 4月
  - 實習農夫的一天——「趕鴨子上稼」
  - 實習農夫的一天——「挲草、除福壽螺」
  - 地球日活動——「好好生活‧愛地球」
- 5月
  - 實習農夫的一天——「稻田生物」
  - 端午節活動——「陽光粽‧慶端午」
- 6月　實習農夫的一天——「稻草人與麻雀」
- 7月
  - 「大家一起來收割」
  - 「大家一起來插秧」
- 8月　實習農夫的一天——「趕鴨子上稼」
- 9月　實習農夫的一天——「挲草、除福壽螺」

- 10月
  - 實習農夫的一天——「稻田生物」
  - 「地方物產豐收季——芋頭篇」
- 11月　實習農夫的一天——「稻草人與麻雀」
- 12月　「大家一起來收割」

2. 例行性活動

「例行性活動」方面，則依照不同主題設計多樣化的學習內容，主要為提供學校戶外教學之需要，讓團體可以依各自的需求選擇預約參加。活動可以進一步細分為：

- 田野體驗活動方案
  - 「誰在稻田裡」
  - 「米從哪裡來」
- 手作創意活動方案
  - 「玩石塗鴉」
  - 「蔬果野趣」
  - 「稻草手工卡片」
  - 「小小稻草人」
  - 「生物萬花筒」
  - 「環保手工皂」
- 導覽解說方案
  - 「拜訪米的故鄉」

較為特別的是，除了供應預約相關活動的團體用餐之外，針對學校戶外教學部分，「有機稻場」設計了「玩米飯糰DIY」活動，提供多樣的食材，讓孩子們學習自己捏製飯糰作為午餐，實際體驗米食的魅力，是相當受到學校歡迎的活動之一。

3. 特別規劃活動

(1) 在地農民學堂

為了鼓勵在地有機生產，2007年起，「有機稻場」亦持續透過「在地農民學堂」系列課程，為在地農民安排有機講座、有機

產地拜訪等活動，鼓勵農民以不一樣的角度思考有機農業的未來。2008年底更在文建會與華碩再生電腦計畫贊助下，安排農民電腦課，從開機學起，到學會使用搜尋引擎、寄發郵件，加強農民資訊e化能力。

(2) 從土地到餐桌

自2010年起，將環境教育的觸角拓及在地小學，主動到附近國小進行推廣教育，協助國小老師進行在校環境教育。以「從土地到餐桌」的概念，帶領學生從蔬菜耕種體驗中，學習環境議題與生活技能。

(3) 文化小尖兵

在暑假期間，亦辦理「文化小尖兵」營隊，帶領在地學童探索地方產業文化，促使學童能更了解他們自己生長地方的文化與賴以為生的產業型態。

案例八　二格山自然中心[4]（臺灣）

二格山自然中心（K2 Nature Center）創立於2001年，占地約100公頃，位於新北市石碇區格頭村。創辦人方正泰先生因曾擔任陽明山、玉山國家公園義務解說員十餘年，有感於臺灣生態保育的迫切性，以及推動環境教育的重要性，因而將自己家族一塊127公頃的土地，規劃為以環境學習為屬性的自然中心。依棲地的類型，分為里山園區與古厝園區。並結合了一群熱愛自然與對環境教育有理想的社會各界人士，成立臺灣田野學習協會，並以中心作為推動基地。目的就是在透過自然中心的服務，能夠將環境保育與永續的種子散發到學校與一般社會大眾。長期致力於環境教育的推動，希望提升人們對環境的覺知、知識、技能、培養正向態度，進而付出行動，達到永續發展、人與自然和諧的未來。二格

4　二格山自然中心網址：http://www.tfsc.org.tw/

山成立十年以來，以私人的力量，凝聚了許多熱愛自然與環境保育的夥伴，成為在地環境保育的重要推手，也開創了臺灣民間自然中心發展的另外一種典型。

方案與活動

二格山自然中心提供專業的環境教育學習活動給學校的學生與教師，並提供專業的環境解說服務給預約的社會各界團體。逢寒暑假設計特殊的營隊活動，提供自然與文化體驗機會給學生與親子。也配合山中特殊的自然季節變換與環境特色，設計活動以饗大眾。大致上中心提供的是單日活動型的環境學習方案服務，由以下幾類型的方案活動所構成：

1. 學校學生的環教教育方案

中心設計了一系列可以結合學校各不同學習領域教學目標的學習活動，讓學生在自然中學習、學習有關自然的事物、激發學生對自然的愛與保育的心。目前已經設計並操作以下具有五種內涵重點的環境學習課程模組，每一種都由數個強調親身體驗、探索與合作學習的戶外環境學習活動組成，大致都需以一天的時間來進行。

2. 學校戶外教學課程模組

    (1) 低碳節能‧綠色建築

    (2) 森林中的精靈

    (3) 植物的秘密

    (4) 昆蟲的異想世界

    (5) 學習先民智慧，享受綠色生活

3. 常態性活動

針對假日遊客、親子團體與社會其他團體的造訪，中心提供了森林步道的環境解說服務，陪著訪客漫步林間透過專業解說引導，促進對於自然的探索、喜悅與關心。並提供連結當地文化與產業有關的解說與活動體驗，譬如自然建築活動體驗、植物槌染、樹枝蟲創意DIY及「與山藍

有約」的傳統藍染解說與親身操作體驗活動。另外，中心於里山園區營造了一個仿傳統工法的土造窯，搭配節能環保的解說，舉辦pizza窯烤的活動。

常態性的活動選單舉例如下：

表5-1 二格山自然中心常態性活動套裝行程舉例

時　　間	活動內容									
08：00-09：00	前往二格山自然中心									
09：00-09：20	戶外活動安全宣導/講師介紹									
09：20-09：30	森林步道導覽/園區道覽									
09：30-10：00	●森林體驗 ●生態遊戲 ●民俗植物					●風土建築 ●香草園區				
10：00-11：30										
11：30-12：00										
12：00-12：30	低碳窯烤（pizza、地瓜）					風味餐				
12：30-13：30										
13：30-13：40	植物槌染	原木創作	大菁藍染	鼠麴草粿製作	筆筒薯餅製作	植物槌染	原木創作	大菁藍染	鼠麴草粿製作	筆筒薯餅製作
13：40-14：10										
14：10-15：30										
15：30-16：30	慢遊森活Bar/拍攝團體照/準備上車									

4. 歲時季節性活動
   (1) 4月底至6月初，賞螢活動──「螢光飛揚5月天──二格螢火蟲生態之旅」（2011年活動）。
   (2) 7月、8月，六足世界──昆蟲營。
   (3) 夏令營、二格魔幻森林雙語冒險營（2011年活動）。
   (4) 冬令營。

5. 社區推廣性活動與環境教育專業服務

中心也藉由在環境教育與環境解說方面的專業，進行園區外的觀念推廣與服務。包括：

   (1) 輔導林務局委託的地區社區林業發展計畫

(2) 國小教師環境教育專業成長課程

(3) 「眾樹歌唱」環境教育教材推廣教師訓練

(4) 青蛙晚點名（趣味主題講座與中心現場觀察體驗）

除了以上各類型方案活動，二格山自然中心還為了觀念的推廣與社會的交流，設立二格山自然中心網站，對外定期提供最新的活動訊息。

案例九　東眼山自然教育中心[5]（臺灣）

東眼山自然教育中心位於桃園縣復興鄉的東眼山國家森林遊樂區，成立於2007年6月30日，是行政院農委會林務局的自然教育中心系統中，第一個成立推動的中心。東眼山園區占地916公傾，海拔高度650～1,212公尺之間，山形由遠處眺望恰似倒臥者的側臉，清晨的日出由側臉眼窩的位置升起，因而得名。園區內自然與人文資源豐富，主要由人造林及天然闊葉林所組成；此外，「生痕化石（trace fossil）」訴說著三千萬年前海底生物的故事；林業集材設施，則勾勒過去林業發展的榮景及林業人員工作的辛苦。在森林生態與林業文化的環境背景下，東眼山自然教育中心以「連結森林與人、推動環境倫理、營造永續生活」的營運為宗旨，提供環境教育方案，目的是使來到這裡的每一個人能真實體驗森林生態，了解大自然對人類的重要，進而學習相關的知識、態度與技能，為全球森林環境的永續發展而學習。

方案與活動

東眼山自然教育中心針對不同的族群，規劃結合在地自然與人文資源之各式課程方案。這些內容包括以學校學生為對象的「戶外教學」課程；針對學校教師，以及對環境教育、自然教育中心之發展有興趣的團體、相關從業人員所設計的「專業研習」課程；在暑期、假日或特殊日

5　東眼山自然教育中心網址：http://recreation.forest.gov.tw/LMSWeb/NEC-N/
　　NECPage_08.aspx?NAduType＝1

子辦理的「主題活動」；提供團體預約及一般遊客報名的「環境解說」，以及不定時推出針對特別團體的「特別企劃」。

1. 戶外教學
   (1) 單日型戶外教學課程

      森林徵信社（3-4年級）　　森林保衛隊（6-7年級）

      森林水故鄉（5-6年級）　　森活木工坊（4-6年級）

      森林碳測術（5-6年級）　　蟲林探險記（3-4年級）

      森林趴趴走（6-7年級）　　1212上東眼（5-9年級）

   (2) 過夜型戶外教學課程

      東眼奇兵抗暖化大挑戰（5-6年級）：透過二天一夜的課程設計，學生將了解森林減緩全球暖化的原理，以及地球暖化對我們的生活和生物生存的影響，並透過探索活動的參與、團隊合作，承諾為地球環境盡一份心力。

2. 主題活動
   (1) 四季主題
      ・東眼山花鳥集（春／冬）
      ・火焰蟲傳說、蛙ㄟ東眼山（夏）
      ・芒草舞雲瀑（秋）
   (2) 資源特色
      ・東眼山前世今生——地質探索活動
      ・定向越野競賽
      ・森心合一森身不息
   (3) 環境議題
      ・世界無車日之東滿步道大眾走
   (4) 兒童營隊
      ・蟲蟲秘境探索營
      ・東忍學堂之森林修煉帖
      ・赫威爺爺我來了

3. 專業研習
(1) 到校推廣：規劃、執行以生物多樣性爲主題的週三到校教師研習活動。
(2) 主題研習
 · 環境教育專業研習
 · 組織成長力探索教育活動——從A到A$^+$
(3) 團體參訪：推展自然教育中心理念，同時與政府相關處室、民間單位、學校團體，分享東眼山自然教育中心在經營管理的經驗、課程方案、場域設施、專業人力等面向，創造更多交流的機會與平臺，共同提升臺灣自然教育中心的品質。

4. 環境解說
(1) 森林初體驗：聆聽山林的故事、了解生態的奧秘。
(2) 前世今生地質探索：認識東眼山的「生痕化石」與地質特色。
(3) 森林野趣嬉遊記：在步道上進行生態遊戲與觀察。
(4) 放鬆心情來健行：健行至東眼山的三角點。
(5) 東眼山我來了：觀賞簡介影片與館內的解說。

5. 特別企劃：不定期依特別的環境或節日，推出主題或營隊活動。

案例十　嗇色園主辦可觀自然教育中心暨天文館[6]（香港）

嗇色園主辦可觀自然教育中心暨天文館位處香港大帽山山腰，俯瞰荃灣市區及藍巴勒海峽，是第一所政府資助的郊野研習中心。中心由教育局於1995年策劃設立，配合鄰近政府康文署曹公潭戶外康樂中心提供的住宿設施及膳食服務，爲香港中學學生提供住宿式郊野研習課程。建館初期，中心課程主要包括高級程度（中六、中七）生物科及地理科課題。課程內容根據「課程發展議會」編訂的《課程綱要》編寫，除協助

---

6 可觀自然教育中心暨天文臺： http://www.hokoon.edu.hk/

教師進行「香港考試及評核局」推行的校本評核活動外，更藉此培育學生成為懂得欣賞及愛護大自然的良好公民。與此同時，辦學團體嗇色園慷慨斥資為中心建造天文館部分，增設研究級大型天文望遠鏡、室內立體星象館及其他天文設備，為香港市民及學界推廣天文普及教育。其後中心因應環境教育的迫切性和全面性，課程活動更推展至初中、小學、幼稚園等程度；課題內容亦趨多元化，涉及常識科環境科學、物理科普、通識教育等，致力發展以學生為本的全方位學習課程，從而推廣「可持續發展教育」。

方案與活動

1. 郊野研習課程

可觀自然教育中心暨天文館於每年9月至翌年7月，為香港預科生及中學文憑課程學生開辦為期五天四夜、三天兩夜、兩天一夜、一日及半日生物科、地理科郊野研習課程。學校於每年5月將收到課程報名通知函件，以便於網上申請翌年度課程。獲取錄學校可自行按課程日數選擇不同課題的配搭，讓參與課程學生得到最大的學習效益。

    (1) 生物科課題

淡水溪流考察	岩岸考察	沙坪考察
紅樹林考察	生物多樣性調查	蝴蝶調查
鳥類調查	保育與發展	

    (2) 地理科課題

溪流河道研究	溪流污染研究	工業位置選點
城市天氣研究	都市功能活動	荃灣都市研習
可持續發展在錦田	香港農業活動	鄉村土地利用轉變
樹林生態系統	土壤特性分析	地圖閱讀

2. 其他環境教育課程

為配合香港中學推行新高中通識教育科課程，可觀自然教育中心暨天文館舉辦一系列由初中至高中的通識教育戶外探究課程，讓學生可於

實地環境中探究相關的議題。同時，為顧及其他級別程度的環境教育發展，中心每年亦為小學及幼稚園提供全面的課題，令環境教育的正確觀念可儘早於學生孩童時期得以建立。

(1) 通識教育科課題

① 初中程度通識教育

氣象萬千	保育與發展
能源初探	自然多面體

② 高中程度通識教育

城市氣象	可持續發展（大埔）
城市電力	可持續發展（元朗）
地質公園與保育	生活素質

(2) 小學常識科環境科學課題

自然探索特工	天氣預測
生活與能源	水「知」源
植物睇眞D	昆蟲搜記
我們的太陽系	「瀕危物種」大搜查
奇趣地貌岩石之旅	

(3) 幼稚園環境教育課題

① 天文小先鋒
- 太陽智「HOT」大接觸
- 巨型電腦望遠鏡大追蹤
- 日間漫遊星空之旅

② 生態大件「視」
- 生態探索之旅
- 看看自然生態徑
- 顯微鏡下的大件「視」

③ 種植新體驗
- 種植多面體

· 害蟲害蟲在哪裡

· 植物育嬰室

④ 自然探索特工

· 探究式自然科學活動，能為學習者提供一個主動學習的平臺，讓他們在大自然環境中去探索、調查，並討論、歸納及反思在過程中的發現。

· 每組小朋友和老師透過一件在大自然找到的物件，從而進行探索及研究，利用活動室內不同角落的工具，去找尋他們想知道的答案。

· 奇趣石頭之旅

· 岩石的秘密

· 岩石與我

· 岩石變變變

⑤ 開放式專題研習課程

中心因應學校老師的教學主題或活動計畫（project approach）內容，設計適合的教學場地及工作坊，讓幼兒透過親身體驗和配合主題的探討活動，進一步深化有關的教學內容。課題包括：

· 生物～植物、昆蟲、雀鳥

· 天文～太陽、月亮、星星

· 考古～生物考古

· 再生能源

⑥ 教師培訓課程

中心亦為幼稚園教師提供自然科學及環境教育培訓活動。

3. 天文教育課程

推廣天文教育是可觀自然教育中心暨天文館的一項重要教育目標。中心所擁有的0.5米口徑巨型天文望遠鏡以及其他完善的天文設施，是進

行學生天文課程的理想地點。爲切合不同受眾的興趣和需要，中心提供以下優質的教育服務：

學生天文班	晚間觀星活動	日間天文活動
到校天文外展	每月觀星樂	教師天文班

案例十一　羅東自然教育中心[7]（羅東）

羅東自然教育中心位於宜蘭縣羅東鎮的中心地帶，中心所在的羅東林業文化園區擁有豐富的濕地生態、林業發展歷史設施及綠意盎然的生態林園，充滿著林業文化氛圍，而蒼鬱的綠林與貯木池是調節羅東鎮微氣候重要據點。園區內擁有豐富的林業資源，除太平山森林生產時期所遺留之火車頭、車站與保養場等歷史遺蹟外，貯木池、水生植物池也是鳥類、昆蟲等生存的環境，是都會區中難得擁有人文歷史與自然風貌的水綠環境。

羅東自然教育中心於2008年7月5日開幕，主管單位爲林務局羅東林區管理處，自開幕起即委託「人禾環境倫理發展基金會」執行中心的環境教育專業委託工作。中心以「創造人與自然對話的平臺、體驗林業歷史與生態的智慧」爲宗旨，規劃符合不同對象需求的環境教育課程方案。期望能：

- 整合環境資源與課程方案，成爲區域中小學環境教育的夥伴。
- 提供專業研習與行動支持，協助教師森林環境與環教知能的專業成長。
- 發展分眾的自然學習與探索教育，推動環境知能與人文素養的統整發展。
- 創造多元的體驗參與機會，成爲個人、親子、團體、社區永續環境議題的交流平臺。

7　羅東自然教育中心網址 http://nec.forest.gov.tw/LMSWeb/NEC-N/NECPage_01.aspx

方案與活動

羅東自然教育中心課程的內涵架構，大致可分為森林生態與林業、水資源與水域生態、野外活動知能、環境的科學觀察與知能、自然美學與創造力，以及融入式永續發展議題等六項。依據上述內涵，再依不同客群及活動性質分為「戶外教學」、「專業研習」、「主題活動」、「特別企劃」等四項。戶外教學主要針對國中小學校班級學生，以符合九年一貫課程能力指標為設計原則；另外，中心也提供學校教師多元類型的「專業研習」，內容主要期望教師能適切運用中心的場域及校外教學服務，更希望共構課程發展的夥伴關係。「主題活動」則是依據羅東林業文化園區範圍內擁有豐富的自然環境及太平山林場的林業歷史等資源，辦理別具特色的親子或兒童活動。另外，依場域需求或特定節日，則推出無需事先報名的特別「企劃活動」。

1. 戶外教學

目前中心的戶外教學課程有十一項，大致可分為林業歷史、鳥類生態、水域生態、植物生態、導覽課程等類別，適用對象涵蓋一至九年級，於學期間以班級為單位提出申請。這十一項方案分別為：

快樂山上人	鐵道之謎	池畔日誌
翱游池水生家族	水生家族	龐德（Pond）工作室
小小大森林	綠色小精靈	綠色寶藏
溪遊水世界	壹路太平老故事	

2. 主題活動

運用羅東林業文化園區範圍，以及周邊的環境場域，規劃不同主題的親子、大眾及兒童營隊等活動。活動日期以假日、寒暑假為主。計有以下十七項：

原生保衛戰	清涼一夏，營造濕地樂園
檜木爺爺的旅程	大地尋寶定向賽
水生家族救難隊	池畔散札

丫嬤的鹹草（水生植物與生活）　　濕地樂園遊一夏

水生小蔡倫　　　　　　　　　　　大南澳踏查記

林鐵溯源　　　　　　　　　　　　全能畸木改造王

水中忍術破解班　　　　　　　　　秋天的童話

山林野孩子　　　　　　　　　　　松羅溯源—暑期親子太平山探勘隊

仁山自然步道工作假期—動手構築生態步道

3. 專業研習

針對成人、教師或特定團體，規劃不同主題的專業研習活動，於週一至週五間接受團體預約申請，或不定期開放報名參加。有以下十二項：

羅東之心啓動學習之心　　　　　　定向運動

青青池畔草　　　　　　　　　　　古往今來看林業

校園生物多樣性營造　　　　　　　水生家族的奧秘

大南澳踏查記　　　　　　　　　　林管處水環境保育巡迴講座

濕地大搜秘　　　　　　　　　　　飛羽大觀

換個角度看濕地——生活中的水生生物

水資源保育種子教師研習（搶救超級水公司）

4. 特別企劃

(1) 新時代森林泰山：以電影院和讀書會的方式，邀請友善環境的工作者來現身說明，分享特殊的森林維護經驗，以及在每一天的生活中，如何選擇友善環境的新時代泰山的風格與品味。

(2) 太平山社區群植樹護林宣導：前往太平山社區進行護林宣導活動。

(3) 希望城鎮心森林：結合回收再製的資源藝術創造，以及在地的小農市集，在舊林場中建構新的生活藝術與思維。

(4) 林場同學會：邀請過去林場人及林場幼稚園畢業生，一同回到林場來回味林場老故事。

(5) 林場開麥拉：以劇場方式呈現舊時林場的樣貌，用角色扮演及互動參與的方式，引領入園遊客能感受老林場的氛圍。

第六節　持續型方案案例

　　因應環境教育的漸受重視，及各級學校、一般大眾的廣大需求，環境學習中心也設計與規劃了各類型的活動與方案，包含週間的一日型方案、假日的親子活動、週間的住宿型方案、假期的住宿型活動、持續型的課程方案等。通常環境學習中心的方案多以前二項為主（週間的一日型方案、假日的親子活動），主要原因是需求量大且操作容易。學生或親子遊客等也許一年裡只來了一次，雖然對於該次的學習活動參與留下深刻印象，可是畢竟時間短暫有限，對他們影響也自然有限。但若以達到環境學習中心的主要宗旨：實踐環境教育的目標，增進環境相關知識、技能，培養正向的環境態度及負責任的環境行為，則能夠讓學習者經常來到中心，參與學習活動的持續型之課程方案是不可或缺的。然而持續型的課程方案要達到以上的目標，需較多的人力、財力與時間，還要考量當地的自然資源、社區文化，並與學校課程相結合才容易實現。

　　參考相關文獻，筆者舉出以下三個成功的持續型課程方案案例，以了解其發展的緣起、目的、實施方式及成效。

一、Aullwood Audubon自然中心的READS方案

1. 發展的緣起與目的

READS（Resources of Earth and Agriculture Discovered and Shared）方案，是以國小學童課後結合自然體驗及增進閱讀、寫作所設

計的方案，通常是閱讀能力不佳的同學參加READS方案，期望透過這個方案能提升其閱讀與寫作的能力。

2. 實施方式

由Aullwood Audubon自然中心的職員、教師、與學校成員及合作夥伴代表共同組織委員會，負責方案實施與課程發展。課程每週進行一次，每次90分鐘，為期一學期。每週在專案教師與志工帶領下，學童從事戶外活動的體驗、閱讀及寫作。Aullwood Audubon自然中心的工作人員，會定期與志工、學校老師、校長及學童討論方案，並蒐集他們的意見。

3. 成效

評量方式是以州的能力測驗為主。有一期的學童原本閱讀成績都不合格，經過一學期參加READS方案，閱讀成績33%合格，67%有進步；在科學部分有47%的同學及格，53%的同學有改善，甚至有二個同學五科全過。這個方案使學生成績產生了很大的進步。

READS方案規劃的理念是：(1)契合學校的教學方針；(2)小組合作是發展方案最有效的方式，由學校老師、志工及自然中心管理者共同來設計教育方案；(3)可信賴的志工是很重要的，志工與學童的關係能引發學童探索及學習；(4)在自然地區多元的體驗能有效地促進學習；(5)有主旨的、體驗的戶外學習，能促進學童的興趣與學習的動機（Krueger, 2003）。

二、Lagoon Quest教育方案

1. 發展的緣起與目的

美國Florida州Brevard郡為了喚起該地區的居民擁有潟湖（lagoon）的相關知識、採取必須的行動，並支持保育潟湖（lagoon）的法令及政策，請Brevard動物園（當地的環境教育機構）規劃了針對國小四年級的Lagoon Quest教育方案，並開放給全區公立國小使用。

2. 實施方式

Lagoon Quest教育方案，包含針對學校教師的教師工作坊、教室內的活動、戶外教學及家庭日活動。整個方案經費由NFWF及Brevard郡的學校負擔，方案相關課程資料由Brevard動物園和St. Johns河川局規劃，人員包含動物園工作人員、學校老師及家長共同協助。這次研究的抽樣時間為2006年秋至2007年春參加此方案的學童及教師。

3. 成效

此方案透過學生問卷、教師問卷及工作人員的觀察記錄，來評量其成效。結果發現學童透過第一手的活動，增加了生態系的知識、自然科學的知識；學生、教師及家長多喜愛與支持這個方案；Brevard當地的學校也傾向繼續支持這個方案；動物園工作人員及學校更有方向去改善這個方案（Cheng, 2008）。

研究結果幾項重要發現：接觸自然的指標（connection to nature index）對預測兒童參與自然環境活動的興趣、關愛友善環境的實踐是有效的工具；方案的影響需要長期的評量，長期的評量能使方案不斷改善朝向高品質的成果；環境教育方案的評量能幫助方案提供者及支持者了解方案的價值，未來更願意支持、改善及建立新的方案。

三、Prairie Science Class環境教育方案

1. 發展的緣起與目的

Prairie Science Class（PSC）方案是美國漁業暨野生動物局（U.S. Fish and Wildlife Service, USFWS）的草原濕地自然中心（Prairie Wetlands Learning Center, PWLC）與Fergus Falls學區（Fergus Falls Independent School District 544, ISD 544）共同合作的方案。它的願景是利用草原濕地為媒介，使五年級學童在自然世界中透過戶外體驗學習，提升在科學、數學及寫作的學習成效。FSC方案的具體目標是：(1)發展學生在科學、數學及寫作上的知識及技能；(2)增加學習動機；(3)學

習發展科技、問題解決及溝通的能力；(4)促進發展個人特殊技能及管理的倫理。

2. 實施方式

在2003-2004學年間，50個五年級學童參與PSC方案，每天有2小時在草原濕地自然中心。其他時間在原學校接受閱讀、社會、自然及健康等課程。在草原濕地自然中心時，由PSC教師及PWLC環境教育專業人員根據不同季節及結合草原濕地生態，共同規劃相關科學、數學及寫作課程。

3. 成效

在PSC方案建置的第一年，由PWLC環境教育專業人員協助Fergus Falls學校實施形成性評量，它可提供立即的、具體的改善方向。這些評量透過學生及家長的問卷、學生的訪談及相關人員的訪談。

評量的結果呈現：(1)在科學、寫作及部分數學知識及技能上有進步；(2)在科技、問題解決及溝通的能力有明顯的成長；(3)此方案正向影響學生的學習動機、環境態度及管理倫理。

這個研究也根據研究結果，提出以下的建議：(1)保持方案的長度，方案的時間愈長，成效也將愈明顯；(2)維持此方案實施於五年級學童，相關人員認為PSC方案適合五年級學童，因五年級學童應重視生活科技及環境科學的學習，五年級也適合深度的戶外體驗學習；(3)評量是了解資源的使用及努力的重要工具，未來的評量要能明瞭PSC方案在學生獲得技能上的長期影響。最後，此研究發現成功的夥伴關係及專業且合宜的教師是此方案成功的二大關鍵（Ernst, 2005）。

由以上三個持續型課程方案的回顧與分析，歸納出成功的持續型方案案例的五項特質。第一，有主旨的、直接體驗的戶外學習，能促進學習動機及提高學習成效。第二，夥伴合作是發展方案有效的方式，由環境學習中心、學校、社區志工及家長共同來設計及執行教育方案。第三，持續型課程方案的重要性，方案的時間愈長，成效也將愈明顯。第

四，評估是了解方案成效的重要工具，評估結果也提供方案改善的方向。透過長期持續的評估，才能了解方案的長期影響。第五，專業且合宜的教師是方案成功的重要元素。許多環境學習中心附近可能都有社區與學校，從以上三個成功的持續型教育方案案例，筆者認為臺灣自然中心、環境學習中心的方案發展，必定也會走向與周邊學校密切結合，創造頻繁的接觸與利用。這將能夠實現筆者一直以來提倡的概念，就是學校要將鄰近的環境學習中心，視作自己學校「第二校區」的概念之具體實踐。

第七節　特別活動（special event）

環境學習中心除了提供一般性慣常的環境學習方案給學校學生與社區居民、遊客外，還有可能根據中心的環境條件、節氣、社區發展、公共關係、行銷、募款需求等機會，而辦理一些特別的活動（event），而這些特別的活動其實也是一個中心與社會產生碰撞火花的重要機會，對於中心的公共關係、行銷推廣、募款等非常有幫助。

以國外的案例而言，一個環境學習中心常常會建立一種與大眾連結的方式，就是常會建立有「某某環境學習中心之友會（或類似名稱）」。這種會員制度接受那些認同環境學習中心理念、喜歡常到中心來利用場地資源，如在步道上走走散心的個人、家庭或團體，登記參與為會員。中心如有一個穩固的會員基礎，無論從經營的收入、活動的辦理，甚至逐漸形成的義工服務參與的機會制度都很有幫助。更重要的是，它建構了一個環境學習中心所在社區與區域，廣泛的社會支持與連結的基礎，環境學習中心的影響力因此更得以發揮。而中心為了聯繫會員，也為了產生更大的社會能見度與某些特殊目標，常會辦理一些特別

· 澳洲墨爾本Port Phillip EcoCentre的週末音樂會。

活動，如慶祝地球日、舊愛新歡（跳蚤市場）、歡送北返的小朋友（候鳥）、油桐花季、螢火蟲季、桂竹筍季、夏日禮讚、秋收的喜悅等。

　　總之，各種足以表現環境學習中心所在特色的名目，都可能成為特別活動辦理的機會。

在這些特別活動辦理的場合，不論從公共關係、社會行銷、募集會員、募款或觀念推廣上，都可以有一定程度的效用。當然，辦理這些活動所需要人力、物力、資源的動員是比較密集辛苦的，所以不太可能天天辦理，一年裡頭有幾次由各個中心的經營管理單位自行評估。

第八節　成為聰明的環境學習中心消費者

　　優質的方案活動是一個環境學習中心之所以成為環境學習中心，而不是渡假旅館或是休閒農場的最重要關鍵所在，同時也是一個中心藉以達成設置宗旨與使命的重要實踐依據。當然這些介紹是站在一個「產品」製造者的立場，也就是「生產者」追求卓越的角度來思考的。但是筆者也要提醒中心的經營管理單位與個人，仍然要去思考我們的主要消費群（學生）他們的特色與需求條件，把這些重要因素納入經營的考慮中，才能讓環境學習中心的學習與生活經驗，成為孩子們學習成長過程

中的重要生命經驗。基於這樣的思考，我們就必須要與環境學習中心產品與服務的使用者及單位好好的溝通，逐步的塑造出他們所期盼的具體課程與產品。而作為一個環境學習中心產品的重要消費者，教師、行政人員、家長們，也應該要具備選擇優質方案以滿足需求的理解與能力，才能聰明選擇優質的環境學習中心類型的產品，去創造最優質的環境學習中心學習經驗。

　　本書前文曾提過環境學習中心的服務，有的是提供單日型（day visit）的課程，有的是有住宿的設施，可以提供多日住宿型方案（residential program）。當然，住宿型的學習活動會比單日型的學習與體驗更深入，但是單日型也因為個別的條件而有其存在的價值。筆者覺得臺灣在此方面處於開始發展的階段，必須注意「消費者教育」這一階段的努力，如此才能藉由消費端龐大的影響力去導引產品提供者（自然中心、環境學習中心）的優化，也就是臺灣此刻需要促成生產者與消費者共同演化的概念。

　　在此思考下，筆者曾提出「聰明選擇環境學習中心服務的參考標準」供學校主事者與教師參考（周儒，2002，2003c）。環境學習中心或是自然中心這類型的服務，其實目前在臺灣正在逐步穩健的成長中。對於學校的老師而言，這種專業方便的環境教育服務機構與設施，無疑是協助學校進行環境教育努力中很重要的外部協助資源。透過這些資源的使用，能夠滿足學校教師與學生在環境教育，甚至其他各學科教學上專業服務的需要。但是這類型的服務，產品的品質仍然有極大差距，如何成為一個聰明的消費者，找到合意又高品質的產品實在是一項挑戰。筆者提出以下幾項「聰明消費」的準則給有意運用環境學習中心類型服務產品的學校校長與老師們參考。一個符合學校需求的環境學習中心與服務必須是具備：

1. 優質的環境教育活動方案
2. 專業的師資與活動引導人員
3. 整體環境、資源與設施適合

4. 經營管理的企圖與經驗適合

5. 活動安排符合學校的教學需求

6. 安全、環保與永續的設施與操作

　　筆者希望藉由這幾項簡單的原則，能夠協助學校的教師找到符合的需要，又能夠讓自己的學生安全、快樂與有意義的在環境中學習。尤其是第一點有關優質方案的判定方面，學校的規劃團隊應該可以採用本章先前所提優質方案的特質，作為衡量的基準。而筆者認為很重要的一點是，透過我們每個學校、班級老師、班親家長們對於優質產品的檢視與要求，將可逐步累積影響力，臺灣的環境學習中心類型的服務機構，也必然會因應做出必要的改變與發展，無形中就促成了臺灣此方面「正向演化」的出現。

　　在臺灣一般學校的慣常校外教學模式，都是那種大陣仗，全年級所有班級同時搭乘遊覽車隊浩浩蕩蕩「傾巢而出」的場面。根本上是以參觀（或許可說是定點後自由活動）為主的型態。但若以教學的期待與想法，這種操作實在距離校外「教學」的理想有蠻大一段距離。學校教師都知道在學校裡，一位教師無法同時教五、六十、一百，甚或更多數目的學生去學習，不論是語文、數理、藝能科都是一樣的挑戰。那作為學校課程延伸的校外教學，怎能期待受參訪單位（公園、美術館、科學館、農場、自然中心、教育中心等），可以同時引領那麼多孩子同時學習呢？匪夷所思但卻是長期以來都一直存在著。

　　多年下來演化成這樣的校外教學模式，當然也有其時代的背景與學校經營管理上的考慮等原因，筆者並不想在此討論其背後所產生的問題。但是基於追求對於環境負責任的相處與學習，以及追求優質的學生學習體驗，那種傳統大團體的校外教學模式，並不太適合環境學習中心這類型的服務。

　　在環境學習中心裡頭的學習活動，很多時候是需要精緻小團體（有的時候甚至是需要一位環境教育教師或解說員帶領最多十五、六位學生）的教學與互動。這樣的產品選擇與設計，就需要與負責設計及選擇

環境學習中心產品有關的學校教師、行政人員、班親家長、學生們共同關心及參與。筆者覺得臺灣在此方面由於發展仍屬初始階段，經驗仍在累積中。而國外在此方面已經累積了多年的經驗，因此提供出來供大家參考，或許能收他山之石之效。

Hammerman曾在其所著《*Teaching in the Outdoors*》一書中，介紹到他根據多年經驗所整理出的住宿型戶外教育課程計畫的步驟模式，雖然以住宿型為主，但其實也可以作為環境學習中心單日型方案學習規劃的參考。筆者將之介紹如下供有興趣的同好們參考（周儒、呂建政，1999）。他指出教師或教育指導人員可以採取以下看似各自獨立，但又多少有些重疊的規劃步驟：

步驟一：選出一個人或一個委員會擔任協調者或決策者

步驟二：確定宿營經驗所要達成的具體目標

步驟三：考慮經費問題

步驟四：確定工作人員的需求量及角色

步驟五：確認活動型態及需要由戶外教育中心提供的服務項目

   1. 餐飲服務

   2. 住宿

   3. 聚會場所

   4. 工作人員

   5. 學術課程活動、器材和設備

   6. 各個活動場地勘查

     (1) 硬體設備

     (2) 學習場所

     (3) 營舍中心人員

     (4) 每人花費預算

     (5) 保險涵蓋範圍

     (6) 其他考慮事項等

而筆者根據多年的經驗，也歸納出幾個必要步驟，呈現如圖5-3所示，提供有心帶學生去環境學習中心進行學習的學校教師與家長們參考：

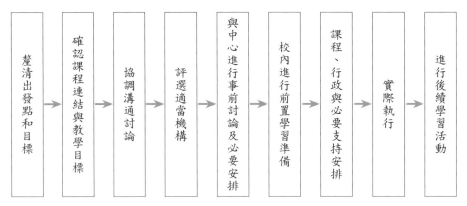

圖5-3　規劃使用環境學習中心教學服務的過程步驟

圖5-3中指出，學校需要在規劃環境學習中心學習經驗的必經步驟，可以簡單說明如下：

步驟1. 釐清去環境學習中心進行學習活動的必要性和目標。

步驟2. 確認我們的環境學習中心之旅，要能達成學校學科學習的哪些內容與學習目標。

步驟3. 與學校行政以及家長溝通討論。

步驟4. 評選最適合我們目標條件的環境學習中心。

步驟5. 與環境學習中心的教師及負責人（單位）討論，選擇與確認最適合的學習活動及各式必要的安排（學習活動、教師質與量、經費、安全、交通、餐飲、設施、配合工作等）。

步驟6. 學生與教師共同進行必要的前置學習準備。

步驟7. 進行必要的課程時間調配、行政安排，並邀集必要的支持人力（教師與愛心家長）共同參與（記得要與中心先行討論學校老師與志工可以扮演之角色）。

步驟8. 實際執行學習體驗。

步驟9. 返校後進行必要的後續活動，諸如統整連結課程、整理相片、資料、經驗分享、回饋反思、寄出感謝卡等。

筆者覺得以上所介紹與提出的規劃步驟（不論是國外的或是國內提出的），如果確實的去執行，應該是可以規劃出非常吸引學生、有趣味，又有實質教育意義的環境學習中心學習體驗之旅。

儘管以上所提規劃步驟看似理所當然與簡單，但筆者仍要提醒讀者，還有許多挑戰是我們需要去克服的，尤其是優質的戶外環境學習的認知澄清這部分。筆者認為儘管有以上這些專家所提出的規劃步驟可供參考，但是檢視臺灣目前仍然很普遍存在著由學校委託旅行社所主導的校外教學現象，因此覺得執行的技術細節都可以學習模仿，但是影響到學校的校外教學選擇與品質，以及實質效果的癥結所在，仍然是學校主辦單位與教師，甚至家長對於戶外學習（或校外教學）的意義之認同與掌握上（周儒，2003c）。也就是必須要親師生共同釐清我們為何要進行這校外教學？在課程與學習方面的關聯與意義？固然我們相信環境學習中心能夠盡力的準備好優質的環境學習、社會互動學習、自我挑戰與實現的產品設計及服務提供，但是如果學校不能改變對於校外教學、戶外教育的看法，不能將校外教學視作學生必要學習的一部分，則過往趨向遊樂為主的校外教學型式仍將持續下去。要促成這些改變著實不容易的，技術細節容易教，但是正確的教育哲學觀點，與對學生優質教育的關懷及實踐企圖卻是不容易建立的，仍然需要所有關心教育與環境教育的工作者和家長們共同持續努力。

此外，筆者也要提醒讀者與進一步說明，就是本節所提出規劃設計與打造學生優質的環境學習中心學習之旅的建議方法與步驟，確實僅是以學校為目標對象所提出，對於一般家庭與公司行號等機構並不適用。但筆者覺得仍可以把先前所建議的程序步驟和提醒稍微加以調整，仍然是可以適用於非學校團體的（如公司與機構的學習成長團體、家長團

體、社區團體、社區大學等）。尤其是臺灣從2011年6月5日開始要正式施行環境教育法，該法第十九條規定許多政府單位與公部門的成員，都必須每一年要有至少4小時不同型態的環境教育[8]。這絕對也是環境學習中心可以提供優質環境學習的一大機會。筆者建議這些單位如果要選擇環境學習中心類型的機構去進行活動與體驗學習時，可以考慮以下因素來做選擇：

1. 優質的環境教育活動方案
2. 專業的師資與活動引導人員
3. 整體環境、資源與設施適合
4. 經營管理的企圖與經驗適合
5. 活動安排符合我們單位的需求
6. 安全、環保與永續的設施與操作

　　如能在事前先採用以上的建議去進行篩選，不僅可以打造不同於以往、快樂難忘的休閒與學習之旅，更可以藉由我們「消費者」共同的要求和影響力，左右「生產者」（各種類型的環境學習中心）的改變與提升，進一步大力提升臺灣此方面服務的品質。

8　機關、公營事業機構、高級中等以下學校及政府捐助基金累計超過50%之財團法人，應於每年1月31日以前訂定環境教育計畫，推展環境教育，所有員工、教師、學生均應於每年12月31日以前參加4小時以上環境教育，並於翌年1月31日以前，以網路申報方式向中央主管機關提報當年度環境教育執行成果。
　　前項環境教育，得以環境保護相關之課程、演講、討論、網路學習、體驗、實驗（習）、戶外學習、參訪、影片觀賞、實作及其他活動為之。
　　前項戶外學習應選擇環境教育設施或場所辦理。

參 考 文 獻

朱慶昇（1993）。〈戶外教學設計原理之研究〉。《環境教育季刊》，第16
　　期，31-38頁。

社團法人日本環境教育論壇（2000a）。《日本型環境教育の提案》。東京
　　都：小學館。

社團法人日本環境教育論壇（2000b）。《自然學校宣言》。東京都：社團法
　　人日本環境教育論壇。

周儒（2004）。〈市民與自然和文化最佳的邂逅場域：自然中心〉。《「自然
　　與文化研討會」論文集》，25-33頁。臺北：林業試驗所。

周儒（2003a）。〈溼地自然中心環境教育運作發展模式的探討─以關渡自然
　　中心爲例〉。《2003年環境教育學術研討會論文集》，235-242頁。花
　　蓮：國立東華大學。

周儒（2003b）。〈另一種休閒產業──臺灣的自然中心需求與可能〉。
　　《「休閒、文化與綠色資源」理論、政策與實務論壇論文集》，2A7.1-
　　2A7.22頁。臺北：國立臺灣大學農業推廣學系。

周儒（2003c）。〈我們需要有意義的戶外學習機制〉。《大自然季刊》，
　　2003年4月，96-101頁。

周儒（2002）。〈環境教育的最佳服務資源──自然中心〉。《臺灣教育》，
　　615期，2-14頁，臺北。

周儒（2000）。《設置臺北市新店溪畔河濱公園都市環境學習中心之規劃研
　　究》，市府建設專題研究報告第298輯。臺北：臺北市政府研究發展考核
　　委員會。

周儒、呂建政合譯（1999）。《戶外教學》。臺北：五南圖書出版公司。
　　Hammerman, D. R., Hammerman, W. M. & Hammerman, E. L. 原著，
　　Teaching in the outdoors.

周儒、呂建政、陳盛雄、郭育任（1998）。《建立國家公園環境教育中心之規
　　劃研究──以陽明山國家公園爲例》。臺北：內政部營建署。

周儒、林明瑞、蕭瑞棠（2000）。《地方環境學習中心之規劃研究──以臺中都會區爲例》。臺北：教育部環境保護小組。

周儒、姜永浚（2006）。〈優質環境學習中心之初探〉。《2006年中華民國環境教育學術研討會論文集（下）》，879-888頁。臺中：國立臺中教育大學環境教育研究所、中華民國環境教育學會。

周儒、郭育任、劉冠妙（2008）。《行政院農業委員會林務局國家森林遊樂區自然教育中心發展計畫結案報告（第二年）》。臺北：行政院農業委員會林務局。

周儒、張子超、黃淑芬合譯（2003）。《環境教育課程規劃》。臺北：五南圖書出版公司。Engleson, D. C. & Yockers, D. H. 原著，*A guide to curriculum planning in environmental education*.

陳文典（2001）。〈教學模組與生活課程〉。《第1116期九年一貫課程種子教師（國小）自然與生活科技領域研習資料》，53頁。

郝冰、王西敏譯（2009）。《失去山林的孩子：拯救「大自然缺失症」兒童》。臺北：野人文化股份有限公司。Louv, R. 原著，*Last child in the woods: Saving our children from nature-deficit disorder*.

Cheng, J. C. H. (2008). *Children, teachers and nature: An analysis of an environmental education program.* Unpublished doctoral dissertation, University of Florida.

Chou, J. (2003). Criteria for selecting quality environmental education teaching materials in Taiwan. *Applied Environmental Education and Communication, 2*(3), 161-168.

Chou, J. (1986). *Introduction to environmental education center-Scope, program, activity and operation (some examples in the U.S.A.).* Unpublished master's internship report, State University of New York, College of Environmental Science and Forestry, Syracuse, New York.

Ernst, J. (2005). A formative evaluation of the prairie science class. *Journal of Interpretation Research, 10*(1), 9-29.

Evans, B., & Chipman-Evans, C. (2004). *The nature center book: How to create and nurture a nature center in your community*. Fort Collins, Colorado: The National Association for Interpretation.

Lucas, R. (2010, Autumn). Building on the past. *Field Study Council Magazine, 38*, 3-5.

Hayllar, B. (1990). Residential outdoor education, in K. McRae (Ed.) *Outdoor and environmental education: Diverse purposes and practices* (pp. 125-144). South Melbourne, Victoria, Australia: Macmillan Company of Australia PTY LTD.

Krueger, C. (2003). Reading program for children builds links with community. *Directions, 2003*(c), 1-3.

McCurdy, L. E., Winterbottom, K. E., Mehta, S. S. & Roberts, J. R. (2010). Using nature and outdoor activity to improve children's health. *Current Problems in Pediatric and Adolescent Health Care*, *40*(5), 102-117.

McRae, K. (1990). Integrated outdoor education, in K. McRae (Ed.) *Outdoor and environmental education: Diverse purposes and practices* (pp. 75-91). South Melbourne, Victoria, Australia: Macmillan Company of Australia PTY LTD.

Morris, L. L. & Fitz-Gibbon, C. T. (1978). *Evaluator's handbook*. Beverly Hills, California: Sage Publications.

Natural Science for Youth Foundation. (1990). *Natural science centers: Directory*. Roswell, GA: Natural Science for Youth Foundation. (ERIC Document Reproduction Service No. ED 319 619)

Russell, J. D. (1974). *Modular instruction: a guide to the design, selection, utilization and evaluation of module material*. US: Burgess publish company.

Simmons, D. (1991). Are we meeting the goal of responsible environmental behavior? An examination of nature and environmental education center goals. *Journal of Environmental Education, 22*(3): 16-21.

Voorhis, K., & Haley, R. (2008). *Director's guide to best practices-Program*. Logan, UT: Association of Nature Center Administrators.

Webb, J. (1990). Off-school field centres for environmental education, in K. McRae (Ed.) *Outdoor and environmental education: Diverse purposes and practices* (pp. 107-124). South Melbourne, Victoria, Australia: Macmillan Company of Australia PTY LTD.

6

環境學習中心方案之
規劃與發展

第一節　釐清關鍵

　　規劃與發展一個環境學習中心所面對的工作複雜而具挑戰，好比去籌設一所學校，必須要照顧到硬體校舍的規劃、設備的建置、課程的規劃發展，並且還要培養教師執行課程的教學與評估的能力。因此，在開始規劃一個環境學習中心之時，相關的細節舉凡如何選擇適當區位？找尋發展的意義與潛力？釐清發展中心的使命、目標與願景？中心的主要與次要目標對象是誰？如何架構發展中心的活動課程方案？如何招募、培養中心的專業環境教育、解說與經營管理人員？如何規劃發展中心的各式設施？如何規劃中心的財務？如何經營管理與發展？以上這些問題可能還沒有能夠完全涵蓋建立一個中心該有的所有細節，但是很明確的是，已經有這麼多的問題是規劃團隊在一開始就必須去面對與釐清的。

　　在本書前面篇章已針對以上所關切的面向，如何去釐清與規劃做了介紹，第七章則將介紹如何按照我們的理想與條件，去找尋一片可以適合作為環境學習中心發展的基地。因此，本章定位在回應以上所提出問題中最重要的部分，就是一個環境學習中心應該要提供什麼樣的學習與體驗，給來中心的學校學生或是一般民眾呢？這就進入到最根本核心問題。也就是，中心應該要提供什麼樣的學習方案（programs）與活動（activities），給環境學習中心的使用者？這些方案應該要具有什麼樣的特質、型態與內涵？中心應該如何去規劃這些方案？應該用什麼樣的方式來進行這些方案的規劃發展？我們怎麼知道這些方案執行的效果呢？以上所有這些疑問，都將在本章隨後各節逐步的介紹與討論。

　　在起步著手規劃與發展一個環境學習中心的時候，面對的工作可說是千頭萬緒。規劃者如何有條理、邏輯的整理出該有的步驟與應該完成的重點工作，以提供作為逐步執行、實現這個願景和理想的依據，是非

常重要的。筆者在過去很多的規劃經驗中，發現許多有志於發展環境學習中心的單位主管或是個人常面臨到第一個問題，就是這個中心的定位與存在意義等基本問題。但是主事者往往在進行規劃的時候，卻忽略了這個最基本出發點釐清的階段，直接就去構想著中心該有什麼硬體的設施，諸如中心的房舍等問題，接下來急著編訂預算去規劃建設中心的主體建築等設施。猶有甚者，甚至於在解說與環境教育的系統規劃都未有完整概念之下，就急著鋪設解說步道或教育步道等設施。這種沒有想清楚為什麼、要做什麼與怎麼做等問題，就急著蓋房子的事例其實很常見。他們最後通常面會臨到一個難題，就是建構完成了硬體房舍，才開始想要進行環境學習中心的課程活動規劃與設計。甚至到了實施階段時，卻會因為方案的功能需求未能在硬體建構的初期就一併考慮進去，造成必須遷就既有現狀或是必須更改的情況。

・方案是一個中心發揮影響力的核心要素。　・方案的規劃必須先要釐清核心重點與概念。

　　這也就是為何本書一直強調規劃一個環境學習中心，必須用整體的眼光去考慮中心存在的基本要素：方案、設施、人、經營管理等四個層面，以及各要素彼此之間的互動，然後才逐步進行規劃、設計與執行。而在建構環境學習中心的努力中，尤其是方案的規劃更是過程中不可忽略的核心，必須儘早開始。有鑑於此，筆者非常強調一個環境學習中心的存在核心絕對是教育方案。規劃與發展單位必須一開始就要釐清中心定位，並就方案做整體的設想規劃，然後根據方案構想的需求，訂出硬體與人員的需求，以及經營管理的策略與方向。這好比要籌設一所學

校，得要先將學校的定位與課程方向釐清並且儘快發展課程。接著要把課程執行的需要，反應在硬體設施的規劃設計與整備上，並將執行課程所需的教師準備好，然後學校才能對外招收學生並且開學上課。

　　所以，規劃設置一個環境學習中心首要釐清中心的定位與存在意義和價值，以及中心該提供什麼樣的課程與活動給使用對象，如此規劃發展的工作才能在一個正確的軌道方向上向前行進。很可惜的是，仍有許多單位在建構環境學習中心歷程初期，因為未能考慮到中心該有什麼活動方案，因之未能對於方案執行該有的專業環境教育、解說與經營管理人才預作培訓發展，並對於相對應的教育與生活等設施未能預做規劃配置，導致從中心房舍的設計、施工、落成後，到要能夠提供優質的環境教育服務給第一線消費者的時間與時機仍有一段落差，服務經營的品質也不能達到預期的水準，殊為可惜。

第二節　環境學習中心方案的環境教育內涵

　　當我們確立了方案是環境學習中心發展的重點工作之後，當然就必須著手開始發展能夠運用於中心的方案。這個時候很自然的出現了下一個課題，就是什麼是環境學習中心的方案之內涵呢？環境學習中心的學習活動為因應不同的目標對象與需求而型態多元種類繁多，從環境學習、體驗教育、生活學習、文化體驗、自我探索、群體動力等，實在非常多樣，但是在設計與發展時必須不能忘記環境學習中心存在的宗旨：要能透過在環境學習中心的學習與遊憩體驗，連結使用者與自然，散播環境保育的價值與種子（周儒，2003，2004）。有了這個清楚的方向，環境學習中心所發展出來的各種方案活動，都應該要包含環境教育的意義與保育的意涵與概念。所以，在有關於環境學習中心的方案與活動發展設計上，都要儘可能把握這個原則。筆者必須特別在此說明的是，本

書介紹環境學習中心活動方案的時候，雖然比較側重「環境教育」的部分介紹，但是絕對不是輕忽其他的可能教育活動與形式。而是認為優質的環境教育活動方案的提供，必定會帶領其他相關學習型態與內容的多元化及優質化的逐步產生。

　　同樣的關切考慮，美國學者Monroe（1984）就認為，環境學習中心應透過有序（sequential）、合於特定學級（specific-grade）之田野探查（field trip）的活動性方案，使環境的知識性概念能關聯到學生的生活經驗。Milmine（1971）則認為自然中心的存在，即是為了達成環境教育的四個目標去進行的學習。這些目標包括：1.互動與互賴；2.當代環境的知識；3.人的責任；4.環境品質的態度。而環境教育的目的，在幫助學生成為具備環境意識、知識和全心投注的公民（周儒、張子超、黃淑芬，2003），所以那些以環境教育為目標去規劃的課程方案，應該要以覺知、知識、環境倫理、公民行動技能、公民行動經驗等目標，作為課程發展與學習活動設計的依據。

　　環境學習中心的使用對象雖然是蠻多元的，包括了學校學生與來自社會各階層的個人與團體，但是綜合觀之，有很大一部分仍是來自學校的學生，尤其是中小學的學生。如何補足與滿足學校學生的學習需求，就成為方案規劃很重要的考慮。因此，我們必須要先了解他們的學習特徵，在此方面，學界過去已經有好長一段時間的探索，也已經有了許多的發現與主張，可以參考與利用在環境學習中心的課程規劃上。而筆者

．美國華盛頓州Vancouver市的教師在水資源教育中心進行學習。

頗認同學生的學習以概念的獲得與學習作為最基本方式的主張，認為學生的學習過程與特性，其實最根本的是藉由概念（concept）的獲得，然後能進而將之組合、類比，而逐漸的內化。譬如我們每個人皆會由自己本身對於鳥、花、昆蟲、河流等的體驗，而建立起「鳥」、「花」、「昆蟲」、「河流」的概念。大部分的人，在6-12歲孩童階段，都形成數千個概念（周儒、呂建政，1999，p. 14）。因此概念的學習，是學習很重要的基礎方式。但是值得注意的是，這些概念的獲得，在一般的傳統學校教育中，只是用抽象的符號（文字）或是課本上的圖片來進行教學。學生雖然能夠正確無誤的用語言背誦、表達這些概念，但是由於缺少具體的實體操作與經驗，這些概念被有效的學習與內化的效果，並不是像教師與學校所預期的那麼深刻而有效的。而環境學習中心可以成為學校最好的夥伴，很大的原因一部分就是補足了學校這方面教學條件上的限制，提供了學習者在環境學習中心裡親身參與和動手做、從做中學的體驗（learning by doing）機會，鼓勵學生親身利用各種感官去接觸與體驗，進而產生有意義的學習（meaningful learning）。

　　基於概念的獲得是學習的基礎，所以在環境教育的發展上，自然也應該要注意到促使學習者獲得適當的概念，以便培養對於環境友善的認知、情意、技能。因此，筆者過去曾嘗試研究探討臺灣進行環境教育時，學習者必須要獲得的基本概念（concept）之隱含構念（underlying constructs）[1]。也就是藉由研究，期望能找尋出進行環境教育課程與教學

1　本研究的目的是為了能夠找出符合我國現況的環境教育概念隱含的基本要素（essential elements），並將其以一容易理解的圖形模式呈現出來。研究主要採用調查（survey）研究法。研究對象涵蓋層面頗為廣泛，包括來自科學教育學會、國家公園學會、環境保護學會以及其他關心環境教育發展的學者專家。利用Q-Sort Technique來蒐集受訪者對於各環境概念的態度反應，也使用基本資料問卷來蒐集受訪者的基本背景資料。研究工具組由郵遞送達，經系統隨機抽樣所得之樣本共計280名，回收率達70%。回收的資料使用R型因子分析法（R-factor analysis），得到最後的六個基本要素。

規劃時，在決定內容方面的起始重點。該研究歸納萃取出了六類學習者要進行環境學習時最基本概念之構念（constructs），可以作為教師規劃學生環境學習選擇內容方向的重點（Chou, 1997）。這些重點也可以應用於正規與非正規教育環境教育系統發展課程方案時，成為最基礎考慮的內涵重點。因此，筆者認為在進行環境學習中心的教育方案之規劃初始階段，也可將這六類重點參考作為選擇重要學習內容方向的重點。筆者特將這六個重點要素之內容，分別說明如下：

1. 互動與互賴（interaction and inerdependence）

在整個環境中，生物、人類和社會各階層彼此間的行為，都是互相影響、互相依存與相互依靠，因此必須對此種互動與互賴關係的特性有所了解。

2. 自然資源的保育（resources conservation）

人類社會及文化的發展與自然資源的關係非常密切，而自然資源有限，人類應以永續發展的理念妥善運用自然資源。

3. 環境倫理（environmental ethics）

人類是生態系中的一分子，我們每一個人都必須具備尊重地球和生活在地球上所有生物的態度、行為與責任。

4. 環境管理（environmental management）

人類的生活福祉有賴於對環境的妥善經營、管理與維護，以避免環境受到破壞，並威脅影響後世子孫的生機。

5. 生態原理（ecological principles）

了解自然環境和生態原理，對維持生態系的平衡是很重要的。

6. 承載量與生活品質（carrying capacity and quality of life）

人口的多寡及人類的行為，對於資源、環境品質及生活品質都有很直接的影響，對此必須做適當的調節與規範。

除了以上所提的六個環境教育概念的基礎重點要素，可以參考作為環境學習中心方案規劃設計取材之參考外，筆者過去在協助林務局發展自然教育中心系統的過程中，也以先前的研究結果為基礎，更進一步去

探索臺灣與森林有關之環境教育重要內涵及可能的概念架構（周儒、郭育任、劉冠妙，2008；周儒、陳依霓，2008；陳依霓，2009）。針對臺灣與森林有關之環境教育重點概念，該研究初步歸納出七個重要的面向，分別是：1.互動與互賴；2.自然資源保育；3.環境倫理；4.環境管理；5.生態原理；6.參與和行動；7.森林、社會與文化的永續。雖然林務局的自然教育中心多半是處在森林區域，並且關切的核心是臺灣的森林與環境，可能與其他類型的環境學習中心（譬如強調海洋、濕地、或農村永續發展等）關切的主題不盡相同，但是筆者仍在此提出來供同好們分享參考。尤其是臺灣全島面積約三分之二是山地，樹木與森林是許多自然資源管理單位在發展環境學習中心環境教育方案時，不可或缺的重要課題內容，因此該研究所萃取出來的七個構念，不僅是對於林務局發展環境教育方案時，有重要的方向定位，甚至對於其他擁有森林環境的政府部門與民間單位，在發展環境學習中心的課程方案時，都可以有廣泛應用的可能性與參考價值。

在進行環境學習的活動與方案之規劃設計時，除了以上所介紹的不同學者與研究所提出的重點方向外，美國的Simmons（1991）也提出了八個重點。他曾針對美國境內1225座自然中心（環境學習中心），以問卷調查了各中心運作狀況。接受研究調查的自然中心自評所扮演的角色，以教育內容進一步歸納出了八類：1. 自然研習；2. 鼓勵環保行為；3. 地方自然史認識，使對象建立互動與互賴的認知；4. 影響態度的轉變；5. 流通地方性環境議題的訊息；6. 建立環境行動的自尊與自信；7. 培養環境行動主義者；8.發展解決問題的技能，直接應用的技能。這八個重點方向，標示出自然中心可以有的方案活動形式、內涵與重點工作，是發展自然中心的環境教育方案時非常有用的參考。另外，其他的研究（Simmons, 1991；梁明煌，1992，1998）亦曾針對自然中心要透過方案活動去達成的環境教育目標，做出了類似的建議：

1. 幫助民眾了解地方及全球關聯的環境問題，是互動與互賴的目的。

2. 認知自然生態的複雜內涵，教導民眾具備解決問題的技能，是當代環境知識的內容。

3. 培養民眾環保態度，及市民應用技巧解決問題的自尊與自信，讓對象自願負起個人的責任。

4. 鼓勵有益環境的行為並有能力採取環境行動，由人所涉入的程度與表現，可以了解參與者對於環境品質的態度。

　　由此可知，環境學習中心藉由方案的整體規劃，設計有系統的、符合大眾及學校學生需求，能配合對象經驗的各項戶外教育活動，提供第一手的參與、體驗和學習，以積極達成環境教育的目標，乃為環境學習中心方案規劃的重點。對環境學習中心而言，方案乃為環境學習中心的核心要素，對整體經營管理、設施的使用、人員等，都會產生連帶的影響（周儒，2000）。而在規劃方案時，對於必須包括的內容重點，以上所介紹出來的各研究與論述，雖然立論、主張或表達的形式雖有所差異，但是也可以發現其實仍然有非常多的共同關懷之處，非常值得方案規劃者重視並納入規劃與設計的內涵中。

第三節　規劃方案

一、環境學習中心活動方案的目標

　　一個受人歡迎的餐廳，一定是要有優質的服務人員與廚藝精湛的廚師，再加上令人難忘的佳餚，這個餐廳的經營才能可長可久。同樣的，提供專業環境教育服務產品給社會各階層使用者的環境學習中心，其運作存在最重要的核心，當然是要有良好的教育活動方案服務，能夠滿足

使用者在環境學習上不同的需求。主要是希望透過環境學習中心周詳的教育、解說規劃設計與專業的環境教育、解說等服務作為一個界面，拉近一般市民與學校師生對於環境的了解與增加其喜悅。因此，學習中心如何提供有意義與有趣的活動給使用者，就益發顯得重要。

而一個環境學習中心的存在，有其基本的意義與目標，就是一個中心的宗旨與目標。不論規劃設計出的方案活動有任何多元的面貌與型態，但是圍繞著中心的宗旨（mission）、願景（vision）與目標的實現，所作的努力是不會改變的。因此，一個此種型態的中心（包括了自然中心、環境教育中心、戶外學校、戶外教育中心等），所提供的活動方案必須要能夠達成中心存在設置的基本目標，亦即包括了教育、研究、保育、文化、遊憩等五大目標（周儒，2000）。當環境學習中心的產品與服務，能夠滿足這些設定的目標，才能協助達成中心設置的宗旨。所以，一個環境學習中心能夠發展出來的服務產品——活動方案（program），必須有能力滿足各種使用者各式的需求與提供有意義的經驗給他們，但是還是必須注意不能偏離方向與軌道。而此時，最重要的考慮準繩，就是要回歸到中心自己設定的宗旨、願景與目標，以及對於環境與永續發展的承諾。

二、方案規劃之模式

環境學習中心的設置，並非意謂著有了硬體的建築及設施之後，中心的設置便告完成。其實中心存在的特性，就是要提供專業的環境教育服務給一般的使用者，透過這個服務的提供，才能實踐中心存在的目標與達成中心的使命。如果有再好的設施，卻沒有相配的教學方案以及專業的人員來執行、持續的發揮中心的影響力，在社會上播下親近環境、保護環境的種子，那中心其實是非常孤立且無任何社會實踐與影響力的。因此，如何落實中心設置的理念並將此理念有效的傳播出去，是環境學習中心長久經營的重要課題。

但是要能有效的經營一個中心，當然中心的教學活動方案的品質是核心關切。因此，如何規劃出好的活動方案是一個中心發展過程中很重要的步驟，不可輕忽以對。在方案的規劃之初，就必須有整體的觀點，也就是不能只將此步驟視作許多有趣的戶外活動設計的集合體，而是必須做整體的規劃設計，了解需求與整體的發展方向，研擬出適切的整體方案架構，再由方案的架構，逐步的根據地區環境特質與潛在客戶需求，以及所欲達成的階段性目標去進行全盤的規劃設計。

　　也就是說，方案的規劃絕對不是偶發與即興式的，它其實就是一個中心的環境教育系統規劃建構的過程。由整個系統的規劃過程中可發現，方案的發展、推廣到評估，占了環境教育整個系統規劃的大部分，而確實環境教育的理想與目標要能落實到現實生活中，也需仰賴這中心有趣與

・林務局自然教育中心的方案規劃會議。

有意義的活動方案之進行與實踐。而環境學習中心的活動方案要如何規劃設計，才能夠吸引學校學生、教師、社會民眾來使用和參與，並藉這些活動的使用能夠將中心及活動方案的中心理念目標傳播出去，使活動參與者在行為、態度上有所改變，進而願意關懷環境，並且投入與支持中心成立的宗旨和目標，這些絕對都是需要經過專業精心的設計。

　　因此，一個有意義的方案規劃，必須依據一個完整的模式來進行，在此方面的關切，Peart和Woods兩位學者所提出的模式（Veverka, 1994），在環境學習中心的方案規劃以及環境解說系統的規劃方面，很廣泛的被參考利用，因此本書也利用這個慣用的規劃模式，將環境學習中心活動方案之規劃用這個模式的要素，將規劃時必須面對的幾個問題組織起來，提供有興趣進行環境學習中心環境教育與環境解說課程方案內涵規劃者的參考。現在將這個環境教育與環境解說方案規劃模式介紹

如下，並進行必要的說明。

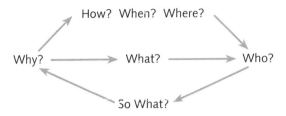

圖6-1　Peart & Woods（1976）修正的環境解說規劃模式

1　Why？

為什麼需要這個環境教育或是解說方案？相關的目標、目的、政策及組織的限制為何？

環境學習中心當然必須有好的環境教育服務產品，提供給服務使用者，才能算是個環境學習中心，但是這個「必須」卻是要在方案規劃之初就要妥善討論釐清的。不能因為活動方案是一個中心的必要條件，就埋頭去進行活動的設計，而是要妥善的思考，這個方案的規劃設計要能滿足什麼樣的需求？理由是什麼？中心本身存在所設定欲達成的目標是什麼？

2. What？

有何現成的教育與解說資源在附近？既有的方案活動狀況如何？要往哪些方向、內容去規劃與發展？

3. Who？

這個活動方案是為誰設計的？他們的行為及人口學變項特質為？

4. How？When？Where？

要採用什麼方法策略來進行方案與活動？在何時進行方案最適合？在哪裡進行我們的活動方案最能符合本身的設計構想，也能滿足使用者的需要？

5. So what？

這些活動方案進行以後，對學習者有什麼影響呢？應該運用什麼評估方式，才可以知道所設計的環境教育與解說活動方案目標達成的狀況？

以上討論到的諸多考慮面向與問題，在整個環境教育活動方案規劃過程中的相互關係如圖6-1所示。一個環境學習中心為何需要規劃與發展他們所需的環境教育或是環境解說方案，當然有很多理由與因素，但是必須要理解這個過程其實牽涉到很多狀似不同，但卻是彼此環環相扣的議題，是規劃者必須在規劃活動方案前就要先澄清的。

來到環境學習中心使用服務產品的對象多元，而其使用的時間、需求也各不相同，甚至在當時的社會情境與對環境挑戰的對應需求，也都會有所不同。因此，一個環境學習中心應該要提供什麼樣的課程方案給對象，是一種專業技術與視野、對市場需求敏銳掌握的巧妙結合。並依據所發覺需求綜合的研判，考量中心的宗旨而去逐步擬定活動方案的目的與目標。接下來便需對現有的資源及對象做了解，並依據這些調查的結果，就目的與目標決定活動進行的方式、內容、時間、地點，最後透過適當的評估與評鑑去了解目標是否達成，或問題及需求是否改變。基本上，一個環境學習中心的方案所推動的各式學習活動，就是要促進學生與社會大眾對於環境及永續的關懷、理解，以及行動的促成。所以，在執行教學與體驗活動的策略上，視對象與內容的特性需求，去採取最適當的環境教育、解說、傳播溝通等形式與必要的策略，都是可能的。

三、發展方案要有系統的策略與做法

筆者特別要在此提醒有發展方案的團體組織與個人，一定要參閱前章對於方案與活動的定義，千萬不要把工作定位搞錯了。因為格局與定位搞錯，接下來策略也會有所偏差，當然成果影響也會有所差別。許多政府機構或是民間單位在進行環境教育方面的努力時，第一個先考慮到的就是要發展能提供進行環境教育的教材資料。但嚴格來說，此刻應該要被定義和發展的，應該稱作課程或方案才比較恰當。很多單位往往也投注了許多的資源去發展，然後也發展出許多印製設計精緻的教材資料。但是他們的努力往往卻因為很多其他的內外在條件因素，而使得後來的推廣效果打了折扣，最常見的困擾就是教材編輯好、印好後，大多

無法有效的去推廣，讓更多的人去使用。究其主因，大多是因主導單位沒有以完整的方案發展爲重點，而僅是以教材的編輯爲首要的任務，但是對於後續的推廣與計畫的持續未作做規劃與安排，殊爲可惜。猶有甚者，甚至把課程或方案發展，簡單化約爲教學活動設計或教案設計撰寫。設計好的只是許多個教學活動，但沒有配合的系統去推動執行，主因皆是沒有用完整的課程方案系統角度，去看待這整個發展。

　　任何的環境教育方案要能夠推動順利成功，一定是要具有整體的、系統性的規劃思考與完整的做法，計畫的發展不只是要發展出好的環境教育教材（這其實只是所有努力中的一步），仍然還需要其他輔助的配套措施，才能順利的推廣，持續進行下去以發揮最大影響力。這觀點也與國外的專業環境教育方案發展的做法（Division of Instructional Programs and Services, 1987），以及下節所引述北美環境教育學會（North American Association for Environmental Education, NAAEE）（2004）所主張成功的環境教育方案之發展步驟等考慮不謀而合。也許僅有的差距是一般的方案並不一定考慮教學場域，它也許可以在許多地方都適用。但是在環境學習中心發展的方案，比較上需掌握場域與地域資源的特殊性，以在中心的運用爲著眼所進行開發。雖然有此些微差異，但是原理原則其實都是一樣的。也就是任何一個環境教育體系要能夠逐步順利開展，都必須要從一個完整性的思考與策略步驟來著手。這裡有一些必要的條件就是我們在推動環境教育方案的過程中，一定要考慮到的，包括經費、人力、教材、教材推廣運用的管道、參與人員的聯繫溝通管道、以及協調管理的計畫安排。這六個層面是一個環境教育方案能夠實踐必須要考慮周全的各面向，現在先就其概念內涵一一說明：

　　1. 經費

　　任何環境教育方案皆需有推動方案所需的適當經費，不一定需要有非常龐大的數目，但起碼要能支持該方案推動所需的各項經費。同時對於經費的需求，方案推動單位要有階段性的取得策略與目標，並有專人去完成獲致經費的工作目標。

2. 人力

人力可以分成兩個層面來看，第一層的人力是推動方案執行的行政人力，第二層是執行有關教學的人力。通常一個輔助教材的推廣，需要有一個行政體系來規劃、執行教師的培訓，教師才能有機會了解如何去執行教材，才能夠回到學校中進行實地的教學，同時不論是前置的這些訓練作業，或是往後教學時空間與資源的協調，都需要有方案行政人員提供相關的行政協調，甚至必要的協助，這樣的人員是方案推動的關鍵。第二層是教學人力，我們需要有意願執行這套教材的人員，他有可能是學校教師，也有可能是社區熱心教育的工作者，或者是民間團體有興趣的成員，我們必須結合這批有熱忱、意願投入的人才，才能實踐設計出的教材於孩子的學習過程中。

3. 教材

一個教育方案的成功，需要有品質優良、符合教師教學所需的輔助教材，如果無法達到需求的標準，當然會增加推動時的困難。就如同把教材當作一個產品，我們希望使用者愛用這個產品，就必須提供高品質的產品給顧客，才能維繫客戶對我們環境教育方案的熱情。教材也會因為時空背景的改變而必須修正，透過推廣活動和網路科技的運用，就能夠讓教材隨時隨地更新。

4. 教材推廣運用的管道

有了高品質的教材之後，還必須思考規劃要如何妥善有效的將方案教材推廣出去，到達基層使用者的手上。然後再藉由這些方案教材的使用，來創造學習者知識、態度、技能的學習效果與影響。

5. 維持參與者熱忱的管道與方法

當環境教育方案漸次開展，總會有一批批熱心的參與者參與教材的使用與推廣，主辦單位必須凝聚眾多的熱心人士。而在方案推動了一段時日後，方案主導機構勢必要建立能和執行教師溝通聯繫的管道方式，才能維繫參與者對方案的持續投入之熱忱和向心力。環境教育方案的規劃經營者，必須不斷思考如何維持參與者的熱忱，並能讓參與者可互相

交流與扶持，以維持方案推動持續的動力。

　　6. 協調方案推展的機制

　　方案的推動不只是將教材傳播推廣出去，更需要有推動與協調的機制，才能對系統預作必要的規劃，並對長遠的未來做階段性的設計安排。除此之外，也必須在不同階段協助資源的尋求與安排，按照整體的規劃逐步推動整個方案。這個上位統籌協調的機制其規模則視發展階段而定，應依方案的工作量與經費的充裕度做適當的調整。透過這個協調推動的系統，才能整合整個方案相關各個部分的努力，發揮方案推動整體的能量。

四、一步一步的來

　　從以上介紹方案發展必須要的整體觀念之後，就要進入到應該如何一步步的進行方案的規劃發展。在環境學習中心所進行的方案與活動很多元，端視使用者的需求、使用的時間、目的而有所不同。但是也並非全然是隨性與鬆散的休閒遊憩產品，如果學習者（不一定是學校學生，甚至也可能有成人團體）有積極配合原來學校課程目標的需要，中心也是會有經過設計的課程來運用。雖然這些方案活動是在學校以外進行的環境教育（我們稱之爲「非正規環境教育（nonformal EE）」），與正規學校環境教育「正規環境教育（formal EE）」課程型態不太一樣，但是在環境教育的完整發展努力上，具有相同的重要性，疏忽不得。

　　北美環境教育協會（NAAEE）曾經針對非正規環境教育方案發展的方法策略，提出不錯的策略方針（NAAEE, 2004, p. 3），具有清楚的分析與採行的策略步驟，是一個很好的參考指引，筆者特別引介於後。

步驟1　進行需求評估（needs assessment）

　　首要考慮：方案到底要滿足什麼需求？

　　採取行動：

　　1. 界定環境議題或情況

2. 整理既有方案（inventory）

3. 尋求社區和潛在對象的參與

步驟2　評估組織需求和能量（capacities）

首要考慮：方案如何能支持發動組織的組織目標？

採取行動：

1. 要符合組織的目標與優先順序

2. 確立組織對於發展方案的需求

3. 檢視組織既有的資源和能量

步驟3　決定方案範疇（scope）**和組織結構**（structure）

首要考慮：如何建立方案組織結構？想要成就的是什麼？

採取行動：

1. 發展方案的目的（goals）與目標（objectives）

2. 檢視並符合環境教育的目的與目標

3. 決定方案的形式（format）結構，執行的方法策略，以及
訓練的需求

4. 尋求可能的夥伴（partnership）與合作

步驟4　完備方案執行所需的資源（delivery resources）

首要考慮：執行教學的人員都培訓準備好了嗎？所需要的資
源、材料、設施都準備好了嗎？

採取行動：

1. 評估方案推展有關的各個環節順序（logistical）與資源的
需求

2. 評估方案有關人員的能力（competencies）與訓練需求，
並進行必要的能量提升

3. 安排所需的設施

4. 提供物資器材支援

5. 評估風險與完備準備

步驟5　建立方案的品質與適合性（program quality and appropriateness）

首要考慮：方案教材在教育性上夠優質了嗎？（或方案品質夠優秀了嗎）

採取行動：

1. 取得或自行發展優質的教材與教學策略
2. 實施方案教材的實地測試教學
3. 行銷與推廣方案
4. 發展讓方案持續長久的策略安排

步驟6　評估（evaluation）

首要考慮：有發展評估策略並執行評估了嗎？

採取行動：

1. 發展評估方案的策略
2. 有效的評估技術與評估標準
3. 妥善的利用評估結果

筆者在此要特別說明，以上的六個步驟並不是一個簡單線性的程序，其實是首尾相連循環的步驟，從步驟1開始逐步進入到步驟6之後，當然因相關情況可以停止。但是如有需要繼續，仍然是可以根據評估結果，從步驟1再繼續進行下去，不斷地進行方案的精進、發展與持續推廣。

尤其以筆者過去，協助各不同屬性的環境學習中心發展課程方案的經歷中，發現有一個重要動作不可忽略，就是在上述步驟1的工作一定要落實，不可跳躍。很多環境學習中心在發展過程中，常常都想著要去發展新的方案，但除非是剛剛起步的中心，否則大部分的中心都已經有進行了多年的活動方案。那些既有的產品究竟表現如何？夠不夠用？都必須要釐清，才能邁出下面一步。所以要了解自己的起點非常重要，不論是公、民營環境學習中心，都必須先就自己已經有的方案進行盤點、分析與理解，也就是inventory的步驟絕對不能忽視。先了解自己擁有的，再根據組織定位、發展目標等，去規劃未來有需要發展的方案，才能符

合需求。在前一章第四節中，筆者已經有更細緻的解釋與介紹，請讀者在閱讀此章時也可一同參閱。

五、進行規劃發展

在中心，未來執行推動者要經營課程活動方案（program）時，要考慮以下的重點工作必須要妥善逐步完成。當然以下的過程，以規模和格局上來看，比較像是由公部門所推動建構的環境學習中心而言。而私部門如保育團體或社區的環境學習中心在規劃活動方案時，也許不會含括那麼大面向格局的關切與那麼多的組織參與。不管如何，這些工作的完備，不僅僅是在架構教學活動的內容（contents）；更重要的是，透過這個多方參與共同努力的過程，去架構與實現這整套被大家所認可與接受的課程活動，所以這階段的工作其實是有夥伴關係建構與溝通的效果。這些階段性的重點工作，已經被相關的專業工作者整理出清楚的步驟與提醒，包括以下所提列之重點關切（Zubler & Hoover, 1975；周儒、呂建政、陳盛雄、郭育任，1998）：

1. 確立課程方案目標
2. 前期作業：發展與提出初步企劃書
3. 爭取地方教育行政主管機構的認可
4. 成立課程發展委員會
5. 規劃服務對象
6. 募用資源人士，例如：保育人士
7. 尋求與縣市級保育機構之合作
8. 環境教育與一般課程之整合
9. 其他

以下再就以上所提到的各個方面必須要考慮的要點工作，做一說明：

1. 確立目標
   (1) 組成課程發展委員會，共同決定課程目標。

(2) 戶外／環境／保育課程設計應遵循下列原則：

① 課程內容可按主題單獨設計，或將課程內容與當前學校課程整合設計。

② 課程內容應針對從幼稚園到高中所有年級，予以系統地設計。

③ 課程內容應包括學校課程內所有的科目。

④ 所有戶外／環境／保育的課程應採行動導向的教學設計，使學生能直接在自然環境中學習，並強化其原來教室中的學習。

2. 前期作業：發展與提出初步企劃書

在計畫正式通過前，初步企劃書應包括以下內容：

(1) （機構之）宗旨（mission）之陳述。

(2) （機構之）目的（goal）與教育目標（objectives）之條列。

(3) 經費之預估。

(4) 機構之設址初步評估的結果。

(5) 機構之營運計畫的初步構想。

(6) 機構設址地區之資源人士的支持程度之例證。

(7) 機構設址地區之地方團體與組織之支持程度的例證。

3. 爭取地方教育行政主管機構的認可

(1) 計畫早期的重要工作即爭取地方教育行政人員之支持，爭取教育行政人員的支持與認可攸關計畫的成敗。

(2) 企劃過程應使地方教育行政人員能充分參與，以使未來的課程運作更具可行性。

(3) 教育行政人員意指：駐區督學、中小學校長、各職校校長、學校各處室主任、各科輔導團成員及媒體製作負責人等。

4. 成立課程發展委員會

(1) 課程發展委員會應依學校需求與社會需求，規劃戶外環境教育課程。

(2) 由於課程內容涵蓋幼稚園到高中各年級，且廣及各教學科目，因此，中心應促成一個由各年級各科教師所組成的戶外／環境／保育課程教學委員會。

(3) 組成之教師應對戶外／環境／保育課程有高度興趣，且能奉獻額外的時間與心力。

(4) 訓練種子教師熟悉戶外／環境／保育課程教學的內容與方式，收關學校教師與民間義工的參與意願及教學成效。

(5) 學校或各機關團體應定期舉辦在職訓練。

(6) 周詳的戶外／環境／保育實地教學觀摩應規劃舉辦。

5. 規劃服務對象

一般來說，在中心的主要服務對象考慮上，根據中心所在區域的現況，其服務對象可以下列幾種團體為主：

(1) 學校團體，主要包含小學生到大學之學生團體。

(2) 學校教師。

(3) 公私立社團或15人以上之公民團體。

6. 募用資源人士

學校人員與地方資源人士合作，是確保戶外／環境／保育課程教學成功的法門之一。地方資源人士包括：各縣市所在地有關環境、保育、公園等單位的有關人員。

7. 尋求與縣市級保育機構之合作

(1) 與縣市級保育機構聯繫合作是必要且重要的。

(2) 可聯繫合作的縣級機構包括：

① 農業局

② 社會教育推廣部門

③ 童子軍學會、四健會等青少年服務機構

④ 教育局

⑤ 環保及資源管理局處單位（包括有關水、土、空氣、森林保護與管理等單位）

⑥ 交通局

⑦ 建設局

⑧ 與環境教育有關的民間團體

8. 環境教育與一般課程之整合

 (1) 中心之環境教育活動與一般學校課程整合時，可包含下列興趣範圍：

  ① 地形與土壤

  ② 水與水生動、植物

  ③ 空氣

  ④ 野生動、植物

  ⑤ 農作物

  ⑥ 植物與種子

  ⑦ 森林

  ⑧ 動物、鳥與昆蟲

  ⑨ 氣候

  ⑩ 空間

  ⑪ 人口控制

  ⑫ 資源耗損

  ⑬ 土地使用計畫

  ⑭ 衛生下水道系統

  ⑮ 除蟲劑與除草劑

  ⑯ 垃圾處理

  ⑰ 空氣污染

  ⑱ 噪音污染

  ⑲ 美學

  ⑳ 社會環境變遷

  ㉑ 全球變遷

  ㉒ 生物多樣性

㉓ 永續發展

(2) 環境教育課程內容雖如上述，並儘可能將這些內容整合，但在課程設計上應跨出現今只屬於動物學、植物學、氣象學等偏重自然科學的格局，而應該以更統整的方式重新設計出富於關懷整體環境的主題與課程。

(3) 課程內容可按各學科的內容予以密切關聯設計，例如將戶外野營炊事融入家政課，或將自然攝影融入美術課。

9. 教育設施應與日常活動結合

中心內外與教育有關的設施，其設置同時也必須要反應它實質在教育上的意義以及與所進行活動的結合。中心的設施本身，就必須要具備教育意義，並成為方案活動內涵，才不至於讓設施與課程內容及學習活動脫節。譬如中心的建築體本身、省水省電的設施、太陽能的利用設施、屋外的野鳥餵食器、氣象觀測記錄器以及其他可能的設施，都必須要能與中心所進行的學習活動有所關聯，不能讓這些設施僅是一個被展示的硬體，更要能結合軟體，使設施能結合活動與課程的進行，具有實質環境教育上的意義。

10. 方案內的學習活動

如本章前面對於方案的介紹，方案裡是包括了一連串的活動與進行時程的安排，透過這些活動模組的執行，達成了一個方案的目標。所以方案規劃的同時，勢必會開始相關活動的設計安排。活動的設計最重要的是，要能夠透過執行達成整個方案的目標。活動也許是短時間的，也可能需要幾個小時的，情況不一，但是首要考慮的當然就是能夠達成方案的目標。大活動、小活動都有它本身在方案裡的存在意義與目標，以及必須要有清楚的目標對象。在設計的時候也要如方案規劃一樣，考慮到以上所提到的一個過程模式中，各個重要的面向問題。

筆者根據過去的研究結果（Chou, 2003），針對一個優質的環境教育教材活動設計裡，應該要有的成分提出來供讀者參考。一個設計明確良好的教學活動單元，要有明確的教學目標以及清楚的教學活動指引，

教學活動指引則建議可以包括如下的項目（順序並不一定要如此，設計者是可以有彈性調整的做法）：

(1) 預設的對象／年齡層

(2) 教學場所及最多學習人數

(3) 涵蓋的原理及概念

(4) 預期的學習成果

(5) 列舉學習過程中會用到的技能（觀察、溝通、分類、應用等）

(6) 準備事項

(7) 必要的安全措施

(8) 活動所需時間

(9) 活動總覽

(10) 教學活動流程

(11) 評估活動的建議

(12) 課前準備或課後延伸的活動

此外，在實務的案例上，筆者過去輔導林務局進行自然教育中心發展過程中，也曾協助林務局各自然教育中心發展他們的森林環境教育教學模組，當時使用的統一撰寫格式，也可以提供出來供同好們參考：

(1) 簡介：概略介紹緣起與內容

(2) 目標：說明模組將達成的目標

(3) 背景知識：進行模組教學所需相關知識內容

(4) 對象：使用模組的可能人員

(5) 時間：學習模組所需時間

(6) 準備事項：事前需具備的能力與準備的工具

(7) 活動詳細內容包括：

　　① 活動名稱

　　② 活動指引

　　③ 活動目標

　　④ 活動場所

⑤ 活動時間

⑥ 活動器材

⑦ 活動步驟

⑧ 活動評量

⑨ 建議事項

(8) 總體評估

(9) 參考資料

以上兩種方式的內容安排，並沒有優劣之分，端視使用者需求與喜好而定。只要組織內成員覺得可以、方便，而且能夠持續依循即可。

第四節　特別方案活動規劃

中心除了有提供給日常來的使用者之一貫的教學活動計畫外，也應該有一些具有特色的特別方案活動（special event），以配合社會需求、民俗活動或節慶等。譬如每一年可以預見的地球日、世界環境日，或是有時發生的特殊星象現象、瀕危生物種的保育活動、公民營單位辦理的環境保護活動等都是。如果營運單位在年度計畫之初就能夠將這些可能的活動預先規劃，對於配合學校團體的教學或是社會上有興趣團體與個人的加入，必定是有幫助的。

一年四季的變化是多端

‧中心可以配合節慶提供多元有趣的方案活動。

的，民俗節慶的發生也因應節令的改變而有非常多樣化的面貌，所以要發展具季節性特色的方案活動。中心的活動規劃也可以加入配合這些時令的改變，提供一些不一樣特色的活動計畫，譬如春、夏、秋、冬都有可以令人驚嘆的自然現象，四時不同的特殊民俗節慶，都反應了人類文化與環境變化的互動，都可以用在活動的計畫之中。

善加利用晚間的方案活動　對於大多數的人來說，晚間的活動是開展他們對於夜間自然現象的好奇心與對大自然敬畏之心的重要時間與機會。這些活動提供了與一般人的生活經驗非常不同的感受機會，可以透過夜間對於自然的觀察、星空的觀察、探索，連結人類思考到其他生物、地球、其他星球甚至宇宙。這種經驗機會是與在電視機、伴唱機前的生活經驗截然不同，但卻是對建立環境的敏銳感受與體驗人類個體的渺小及地球、宇宙的浩瀚方面有正面的意義。

中心發展的活動計畫，不只是滿足一般學校團體的戶外教學、鄉土教育的需求，亦需針對不同需求、特色團體，設計適當的方案活動。譬如對於不同特性的團體如身心障礙對象、企業團體的環境教育訓練、特殊興趣（如對鳥、蝶、昆蟲、植物等）團體、親子、教師在職進修等，都可以因應其特殊的需要而開發不同的活動計畫以滿足其需求。

辦理這些特別活動要將人力、物力、地區資源、交通，還有許多其他必要條件因素結合起來，才能統合發揮預期的效果。做這些事情不是大學問，但仍必須妥善的規劃、一步一步地進行，才能夠順利達成目標。中心的這些傳播宣傳活動（communication campaign）是行銷推廣的重要工作，如何掌握重點目標對象進行規劃發展、妥適的執行並評估了解影響效果，是中心經營管理方面必要的作為。尤其是從事保育工作的個人或是單位，對於保育充滿了熱忱與理想，可是如果不能把這份光與熱感染到社會更多的人，則環境保育的目標仍舊無法達成。要有效成功的規劃與執行如此性質的傳播活動，需要知道過程中一些重點考慮，Jacobson（1999）曾在這一方面提出建議，是可以作為有心在這方面努力的同好們參考的依據。根據與參考他的建議，一個中心的環境傳播方

案活動，不論是辦理地區環境保育現況論壇、為社區辦理週末特約自然探索，或是辦理與社區同歡的愛物惜福大聚會，都可以有條理的事前進行規劃、妥適的執行以及評估，相關階段不同的考慮重點如下：

1. 規劃階段
   - 檢視組織的宗旨與目的
   - 確認目標對象
   - 確定活動的特定目標
   - 認清資源和限制
   - 評估可資利用的方法與活動

2. 執行階段
   - 先測試我們要使用的工具與所要傳達的重要訊息
   - 發展並執行我們設計的活動
   - 完成並全程記錄我們的傳播活動

3. 評估階段
   - 將所獲得的結果和活動目標進行比較
   - 決定傳播方案要更改或是繼續

以上是針對環境學習中心常因特別目標，要去進行觀念溝通或是散播理念的活動規劃的一個準則。檢視我們從小至大辦理活動的經歷，大概每個人也都累積了一些經驗，與上述原則比較，雖不完全相同，相距其實也不遠了。但是這些其實都只是一個提醒原則，因為每一個活動，可能因為特性不同而有些許差異，真正執行起來可能發現有些是需要調整加強的。要落實到實際的執行步驟，其實也已經有一些過程方法步驟可以提供作為參考的（Jacobson, 1999; Jurin, Danter, & Roush, 2000; Evans & Chipman-Evans, 2004）。很多這方面的資料，其實都可以各個中心逐步發展建立檔案與技術操作流程，作為各個中心經營上的重要資產。譬如筆者將美國德州的Cibolo Nature Center辦理特別活動的工作檢核表呈現如下供讀者參考（Evans & Chipman-Evans, 2004, p. 72），看

過了這些，你就會覺得好像都知道嘛！是的，看起來好像都知道，但是如果中心從來沒有習慣建立一套這樣的流程檢核程序，在你每一次辦活動時，可能都得從頭再忙亂一陣。

辦理特別活動步驟程序

1. 選定演講（出）者、題目、日期，並將之放到中心的年度行事曆
2. 與中心財務委員會商量預估預算
3. 與受邀表演者簽約
    (1) 財務上的議題考慮（演講費、書或是錄音帶的販售等）
    (2) 要求他們提供相片，以作為公關宣傳用
    (3) 特別場地或器材需求（PA系統、跳舞的地板等）
4. 做廣告與公關（要在幾個月以前就要開始）
    (1) 演講（出）者的相片和別人對他（她）優異的評論
    (2) 地區性的報紙
    (3) 地區性娛樂性雜誌
    (4) 地區商會
    (5) 網頁
    (6) 與地區相關行政單位或是附近鄰居，安排好照明、音響、洗手間
5. 安排志工支持幫忙（最起碼兩天前），並且先妥善訓練
6. 場地布置
    (1) 與表演者提前先檢查好音響與燈光
    (2) 將海報與公告放置適當地點
    (3) 把自然中心總部大門打開，清楚告知觀眾停車、座位以及照明等議題
    (4) 布置好會員報到桌，所有要給會員的物件、入場券、和特殊會員紀念品資料等
    (5) 義工在會員報到區賣票以及現場收費加入會員
    (6) 要安排義工在自然中心裡的販賣部照顧招呼

(7) 主持節目的負責人要統合安排好演出者的介紹、終場休息時間、結論等

7. 節目介紹

  (1) 歡迎致意

  (2) 說明我們中心的宗旨

      曾來過中心的請舉個手好嗎？

      已經是會員的請舉個手好嗎？

  (3) 感謝所有的義工與贊助單位

  (4) 宣布今天活動進程、化妝室、會員服務桌以及今天活動內容

  (5) 邀請拜託加入義工、捐獻或是加入成為會員

  (6) 介紹今天的演講（出）者

8. 中場休息

  (1) 提醒茶水點心與相關設施所在

  (2) 推銷邀請加入會員、鼓勵捐款與加入義工行列

  (3) 邀請進入參觀遊客中心

9. 做結尾

  (1) 感謝演講（出）者

  (2) 再一次推銷鼓勵加入成為會員

  (3) 道晚安

10. 清理場地

  (1) 義工計算清點當晚收入收據

  (2) 把所有桌椅放回原處

  (3) 清理垃圾

  (4) 感謝清潔工作同仁

  (5) 關燈鎖門

  (6) 把布告欄上海報清除

  (7) 去參加你們的「下一攤」慶功

第五節　環境學習中心的方案評估

　　本章前節已經闡述了一個環境學習中心，如何一步一步地建立起提供各種不同目標對象的學習與體驗的產品，也就是不同的方案活動。中心的老師與工作人員，也盡力的按照各個方案活動的設計去執行。不可避免的，一定會有人開始提出一些問題，像是我們做的努力到底成果如何？效果與影響如何？我們真的達成預設的目標嗎？我們中心營運的各個環節是在促進方案目標的達成嗎？環境學習中心的經驗到底創造出了什麼影響？這些問題的回答，有的簡單，有的卻牽涉複雜，難以一下回答。但是想要了解我們做的到底好不好，卻是以上這些複雜問題的起始點。

　　是的，對我們自己所做努力的了解，對支持我們或是看衰我們的，都同樣的重要。透過了評估，我們才能知道一個方案到底要繼續下去，或縮小規模、終止，還是要加強力道擴大推動。這些關切充分顯現出環境學習中心方案的評估，將有助於中心方案的改進、公共關係、經費、人員能量建構（capacity building），以及建立環境教育的專業（National Oceanic and Atmospheric Administration, NOAA, 2004）。

　　筆者充分理解，方案評估（program evaluation）其實牽涉到諸多複雜的研究設計與方法，本書無意於此（也不可能）用有限的篇幅來完整介紹方案評估相關的原理與相關的實際操作。但是覺得還是必須用有限的篇幅來介紹些基本的概念，希望能夠幫助讀者對於方案評估建立一些基礎的概念。再次強調方案的評估，與方案的規劃及執行，對於有意朝向優質環境學習中心發展的夥伴來說，絕對是同等重要，絕對不可等閒視之。

　　方案評估是結合了方法、技術和需求的敏感度，來決定該服務是否需要？可否呈現？所提供的服務能否即時滿足需求之不足，或者幫助人

們計畫合理且剛好的必需成本（Posavac & Carey, 1997）。美國國家科學基金會（National Science Foundation, NSF）將方案評估，歸類出方案（program）、計畫（project）、成分（component）等層級如圖6-2，其中方案評估（program evaluation）就是定義蒐集方案裡頭計畫（projects）的價值，而計畫評估（project evaluation）相對於方案評估，較專注於不同的計畫。評估提供計畫在發展與運作時改善的資訊，而所蒐集的資訊將有助於了解運作是否按照計畫，是否達到方案的目標與目的，是否按照當初設定的時間表來進行（Lawrenz, Stevens, & Sharp, n.d., 引自陳士泓，2005）。

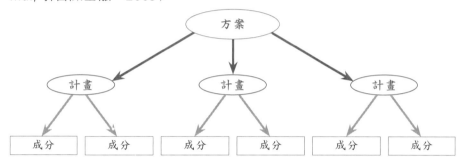

圖6-2 評估的階層

資料來源：Lawrenz, Stevens, & Sharp, n.d.，引自陳仕泓（2005）。《關渡自然中心執行國小環境教育課程方案之評鑑》。未出版碩士論文，國立臺灣師範大學環境教育研究所，臺北市。

　　既然方案的評估是重要的，那我們應該針對哪些層面去進行評估呢？許多學者都有所主張，看似不同，但筆者卻覺得殊途同歸。一般人總認為評估是在了解結果或效果，其實那僅是回答了一部分。評估跟方案的規劃之所以同等重要、亦步亦趨，主要強調的是評估應該要從方案規劃的起始階段就該開始，隨著方案規劃、執行的歷程而不時提供必要資訊給規劃者與執行推動者，不斷地去對方案的品質進行改善（improvement），這可能才是方案評估重要的地方。所以在方案發展之前，就必須進行前端評估（front-end evaluation），譬如要針對方案的影響區域和目標對象進行需求評估（needs assessement）。這樣才能

隨後發展出方案的目標、設計方案各式活動細節內容，以及去進行方案活動的先驅（pilot）測試執行。隨著方案的發展，形成性評估（formative evaluation）扮演著協助方案發展品質改進的重要角色。不斷的測試、修正、測試、再修正，才能逐步建立方案的穩定品質，然後才能正式推出，進行正式的服務。在推出正式產品與服務後，我們就必須進行總結性評估（summative evaluation），才能理解方案的使用成果、效果與影響。

對於方案哪些層面可以進行評估？根據筆者個人的經驗，認為可以針對兩個主要面向去進行考慮。一個是針對方案執行的效能（efficiency），就是與方案推動執行所有有關的關切環節之運作順暢與效率等考量。另外一個面向是方案的效果（effectiveness），就是諸如方案的執行成果（像是有多少人參與、多少具體產出等），以及方案使用者在知識、態度．技能等方面的學習改變等，或甚至長遠的影響效應等。而一般政府或民間機構對於方案的評估，往往比較著重了解方案使用量方面的效果，而對於使用者的改變或是長遠的影響，卻因為習慣上的忽視或是因需要花較長時間與較多功夫投入才能獲得的資訊，通常較不注重。這樣對方案的片面理解，是很可惜的。

根據不同學者的論述，方案的評估可以有以下的內涵與層次：

(1) Kirpatrick（1995）提出方案評估有以下四個內涵：①反應評估；②學習評估；③行為改變；④結果評估（引自蔡祈和，2003）。

(2) 方案評估包含：①需求評估；②過程評估；③成果評估；④效果評估。這四種評估方式需要一起實行，這樣才能得到方案是否真正確實且有效的理解（Posavac & Garey, 1997）。

(3) Owen（1999）則曾經指出，方案評估的內涵有：①前瞻評估（proactive evaluation）；②澄清評估（clarificative evaluation）；③互動歷程之評估（interactive evaluation）；④執行歷程之監測評估（monitoring evaluation）（引自蔡祈和，2003）。

(4) Jacobson（1999）也提出方案評估有三個層次：層次一為評估方案的活動以及結果，比方說：來了多少目標對象？出版多少小冊子？舉行了多少會議？這個層次的評估不包含學習的評估。層次二為評估測量目標對象能否吸收、專心及記住方案的內容。層次三超越層次二，為測量學習者在觀點、態度或行為的改變。

筆者從過去經驗發現在教育方面的方案評估，著重較多的是在於方案的成果、效果與影響等方面，著力較深。但是對於經營實施方案效能方面的理解，著力較淺。當然這只是筆者一般性的觀察結果分享。

Marcinkowski（NAAEE, 2004）曾針對了解教育資源能否實踐環境教育與環境素養的目標提出建議，可運用邏輯模式（logic model）來進行方案評估，也就是提供一個簡單的方法及以系統理論觀點，來看待計畫及找出計畫內特殊的元素。筆者覺得這個模式關照面向廣泛且明確，可幫助使用者從理論及實務上了解它的操作與方向，並運用到自己的方案評估案例上，特引介於此節。這個評估模式包含以下八個元素：

(1) 教育目的與目標：包含遠程目標（aims）、近程目的（goals）及目標（objectives）。
(2) 教育的工具：包含課程與教育資源。
(3) 教育工具的支援：教育手冊、訓練與技術支援。
(4) 執行系統：執行的部門與目標對象。
(5) 執行策略：執行教育方案與活動的手段及方法。
(6) 方案的輸出：方案相關的數字結果與回饋。
(7) 參與者的成果：參與者學到的成果。
(8) 方案的影響與利益：長期方案的成效。

在臺灣利用邏輯模式來評估環境學習中心環境教育方案部分，陳仕泓（2005）曾根據UW-Extension Program logic model來評估關渡自然中心環境教育方案，說明如表6-1，礙於時間、人力及能力，僅針對方案的輸出及結果部分加以評估分析。此研究了解了關渡自然中心所提供的國

小環境教育課程方案的執行現況、參與關渡自然中心環境教育課程方案的學生在課程參與過程的反應與學習成效，以及參與關渡自然中心環境教育課程方案的學生、陪同學生的教師與家長後續參與意願以及相關意見。最後建議後續之研究，可建立環境教育課程方案整體需求、規劃、執行、與評鑑及教學人員訓練的指導原則，以及自然中心環境教育課程方案學生學習後續或長期成效之研究。可以藉由該評估的計畫表，來呈現如何藉由一個邏輯模式的思考與分解方式，來了解整個方案必須要被評估理解的層面與需要，是一個具體的參考案例。請參閱表6-1。

當了解方案評估的內涵層面後，接下來可以有步驟、有方法地逐步開始設計，開展評估一個方案的工作。美國環境教育學者Ernst, Monroe, 和 Simmons（2009）等人曾建議用以下步驟，來開展與執行方案評估：

1st.　找出評估的焦點

2nd.　發展評估計畫

3rd.　發展資料數據蒐集工具

4th.　蒐集資料數據

5th.　分析數據及詮釋分析結果

6th.　溝通與運用評估結果

而利用作為資料蒐集的方法也很多元，但總還是以能滿足評估計畫需求為決定的因子，但千萬不要反其道而行。不論是在前端評估、過程評估，還是總結性評估，凡是有利於去蒐集到了解方案發展的相關重點與訊息之方法都可以運用。譬如個別訪談、焦點團體訪談、參與式或非參與式觀察、問卷調查、檔案分析等都是常用的方法。因著方法的決定，就會有對應的測量工具之發展與運用和分析。多元的方法與資料的獲得、研判與分析，都是必經歷程。

表6-1 關渡自然中心環境教育方案的評估

情　境	方案使用者對課程方案的需求？以及預期目標？		
優先重點	1. 關渡自然中心的宗旨 2. 課程方案的目的與目標		
輸　入	1. 哪些教學人員（義工）參與 2. 教學時間為多少 3. 經費需求為多少 4. 需要哪些教學材料 5. 需要怎樣的教學場地與設施 6. 需要怎樣的教學方式以及技術		
輸　出	活　動	1. 多少課程活動被執行 2. 各個活動的執行數量 3. 課程活動執行的現況	
	參與者	1. 使用者的背景狀況 2. 多少使用者的參與 3. 使用者參與了怎麼樣的活動 4. 使用者對課程活動的評價以及看法	
成果與影響	短期成果	1. 學生獲得濕地環境的知識 2. 學生產生對濕地環境的正向態度 3. 學生認同關渡自然中心 4. 參與者願意繼續參與自然公園的活動	
	中期成果	1. 參與者進行濕地環境行動 2. 參與者實際參與關渡自然中心的維護 3. 參與者提供關渡自然中心所需要的援助	
	長期影響	1. 臺灣的濕地環境受到重視且保護良好 2. 關渡自然中心的營運及棲地狀況相當良好	

資料來源：陳仕泓（2005），《關渡自然中心執行國小環境教育課程方案之評鑑》（頁72）。未出版碩士論文，國立臺灣師範大學環境教育研究所，臺北市。

參 考 文 獻

周儒（2004）。〈市民與自然和文化最佳的邂逅場域：自然中心〉。《「自然與文化研討會」論文集》，25-33頁。臺北：林業試驗所。

周儒（2003）。〈另一種休閒產業——臺灣的自然中心需求與可能〉。《「休閒、文化與綠色資源」理論、政策與實務論壇論文集》，2A7.1-2A7.22頁。臺北：國立臺灣大學農業推廣學系。

周儒（2000）。《設置臺北市新店溪畔河濱公園都市環境學習中心之規劃研究》，市府建設專題研究報告第298輯。臺北：臺北市政府研究發展考核委員會。

周儒、呂建政合譯（1999）。《戶外教學》。臺北：五南圖書出版公司。Hammerman, D. R., Hammerman, W. M. & Hammerman, E. L. 原著，*Teaching in the outdoors*.

周儒、呂建政、陳盛雄、郭育任（1998）。《建立國家公園環境教育中心之規劃研究——以陽明山國家公園爲例》。臺北：內政部營建署。

周儒、郭育任、劉冠妙（2008）。《行政院農業委員會林務局國家森林遊樂區自然教育中心發展計畫結案報告（第二年）》。臺北：行政院農業委員會林務局。

周儒、陳依霓（2008）。〈探索臺灣與森林有關之環境教育重點內涵及概念架構〉。《2008中華民國環境教育學術研討會大會手冊及論文集》，45頁。臺北：中華民國環境教育學會。

周儒、張子超、黃淑芬合譯（2003）。《環境教育課程規劃》。臺北：五南圖書出版公司。Engleson, D. C. & Yockers, D. H. 原著，*A guide to curriculum planning in environmental education*.

梁明煌（1998）。《師範院校環境教育中心運作及輔導功能之成效評估與研究（一）報告》。教育部環保小組委託研究計畫報告。

梁明煌（1992）。〈美國自然與環境教育中心目標的設定問題〉。《環境教育季刊》，第15期，32-35頁。

陳仕泓（2005）。《關渡自然中心執行國小環境教育課程方案之評鑑》。未出版碩士論文，臺北：國立臺灣師範大學環境教育研究所。

陳依霓（2009）。《以Q方法探索臺灣與森林有關之環境教育概念隱含構念》。未出版碩士論文，臺北：國立臺灣師範大學環境教育研究所。

蔡祈和（2003）。《夫妻溝通方案之設計與實施──一個以工作坊進行的行動研究》。已出版碩士論文，嘉義：國立嘉義大學家庭教育研究所。

Chou, J. (2003). Criteria for selecting quality environmental education teaching materials in Taiwan. *Applied Environmental Education and Communication, 2*(3), 161-168.

Chou, J. (1997). Identification of the essential elements and development of a related graphic representation of basic concepts in environmental education in Taiwan. *Proceedings of the National Science Council, Part D: Mathematics, Science, and Technology Education, 7*(3), 155-163.

Division of Instructional Programs and Services (1987). *Steps in carrying out an environmental education program*. Olympia, Washington: Office of the Superintendent of Public Instruction.

Ernst, J. A., Monroe, M. C., & Simmons, B. (2009). *Evaluating your environmental education programs.* Washington, D. C.: North American Association for Environmental Education.

Evans, B., & Chipman-Evans, C. (2004). *The nature center book: How to create and nurture a nature center in your community*. Fort Collins, Colorado: The National Association for Interpretation.

Jacobson, S. K. (1999). *Communication skills for conservation professionals*. Washington, D.C.: Island Press.

Jurin, R. R., Danter, K. J., & Roush, Jr. D. E. (2000). *Environmental communication: Skills and principles for natural resource managers, scientists, and engineers*. Boston, MA: Pearson Custom Publishing.

Milmine, J. T. (1971). *The community nature center's role in environmental education*. Unpublished master's thesis, University of Michigan.

Monroe, M. C. (1984). *Bridging the gap between the nature and the built environment with nature center programs*. Dahlem Environmental Education Center.

National Oceanic and Atmospheric Administration. (2004). *Designing evaluation for education projects*. Washington, D.C.: Author.

North American Association for Environmental Education (2004). *Nonformal environmental education programs: Guidelines for excellence* (p. 3). Washington, DC.: Author.

Posavac, E. J. & Carey, R. G. (1997). *Program evaluation-Methods and case study* (5th ed.). NJ: Prentice Hall, Inc.

Simmons, D. (1991). Are we meeting the goal of responsible environmental behavior? An examination of nature and environmental education center goals. *Journal of Environmental Education, 22*(3), 16-21.

Veverka, J. A. (1994). Interpretive master planning. Helena, Montana: Falcon Press Publishing Co., Inc.

Zubler, J. R. & Hoover, N. K. (1975). *Guidelines for Planning, Developing, Utilizing and Maintaining Outdoor Environmental Education Laboratories*. Harrisburg: Pennsylvania State Department of Education.

7

選對地方來發展

第一節　總要找個地方開始

　　不論是公部門或是私部門要發展自然中心，當然都少不了的就是要去找個地方來落腳，以選定的場域與在地的特色資源來發揮它的特質，建構發展一個大家樂意來學習、休閒與互動的自然中心。這就是為何早年美國的保育團體奧度邦協會[1]（National Audubon Society）在發起自然中心運動時，堅信土地（land）、建築房舍（building）、人（people）是一個自然中心存在的三項最基本條件（Shomon, 1969）。確實，有了一片具有特色的土地當作平臺來操作，組織才能「腳踏實地」的去逐步發展與實現創立環境學習中心與推廣自然與環境保育的理想。

　　當然怎麼樣選、有什麼選擇的標準與考慮用來挑一塊環境學習中心的基地，就變成大家關切的課題。其實能夠有機會去選擇固然可喜，沒有機會挑選，而必須遷就在既有的土地場域上（儘管條件再不理想）發展，也得必須接受既成的事實，發揮巧思與專業，「化腐朽為神奇」與化不可能為可能，這其實是一件很「有趣」、很有「挑戰性」的事情。如果你或你的單位是屬於本文所提前者的那個幸運兒，有條件去挑三揀四，恭喜你了！但其實接下來要去面對的各式選擇的考慮和抉擇，也是蠻挑戰的。本章隨後的內容應該能夠幫助你（妳）的。

1　National Audubon Society是美國很有歷史與影響力的保育團體，最早是以保育鳥類為主，逐步的關心到眾多棲地保育、環境保育與環境教育的議題。更於1960年代末、1970年代初就開始積極的推動自然中心的設置，來協助促成達到環境保育與教育國民的目標，可說是美國自然中心運動的濫觴與重要的推手。

第二節　選對地方很重要

　　要去尋覓一片區域來規劃設置環境學習中心，從而使得學校學生、老師喜歡來，社區居民愛來，週末假日遊客也愛來，那當然就需要多花些功夫了。土地場域的特色，是最起碼的需要，但是也先要明瞭，這個場域只是一個舞臺，是演一齣戲最起碼的需求。但是一齣戲的成功，劇院舞臺固然重要，其他重要的還要有好的劇本、演員、導演與觀眾，這是各個環節緊密連結在一起的。但是沒有舞臺，當然隨後的戲也就演不成了。所以，環境學習中心需要有具特色、能喚起使用者興趣的中心場域。這個場域包括了中心的主體建築所在與周圍所有可以利用作爲界面，來喚起民眾接觸愛護環境與自然的那片土地區域（周儒，2000）。

場域氛圍與資源特色是重要考慮。

　　在早期1960年代美國自然中心的發展，比較強調最好是一片完整、沒有被切割破碎，且具有豐富自然特色的地區。以土地大小面積而言，最起碼是有50英畝（約20公頃），如果有100到300英畝（約41到121公頃）是最適合的，甚至2,000到3,000英畝（約809到1,214公頃）只要價

位合理，也是蠻理想的（Shomon, 1969）。這個美國標準，看在臺灣的同好眼裡，可真是天大的挑戰啊！

經過幾十年，時代與挑戰皆已經改變，目前在選擇土地時，從過去比較強調自然特性到目前關懷的資源特質已經可以擴及到環境、文化、永續等的意義與特色上。在郊野地區當然地方大好揮灑，但在地窄人稠的大都會區，小點也無妨。它可以是主事者或單位直接擁有的，也有可能是承租地。可能是私有土地財產，也可能是公有土地。它可能是一片森林、沼澤濕地、廢棄的田野、河川地、郊野綠地、市區廢棄的軍營或廠房、海岸邊的一片沙丘、鄉下廢棄的小學、市區的森林公園、動物園、達到飽和重新覆土的垃圾掩埋場（有人稱它環保公園）等不一而足。要如何選擇呢？這可是個很重要卻實際的問題。

在臺灣，土地是稀有、昂貴的資源，除非是公家機構釋放出來的資源或是委託外面經營的資源，一般並不容易取得。這是個事實，但是在環境學習中心這種並不是以大規模遊客人數取勝，卻以優質環境教育與有意義休閒遊憩體驗經驗為主的機構來說，民間經營的型態也還是有的，甚至能比公部門經營有更好的產品塑造可能性。所以當你（或是你們，或是貴單位）要建構發展環境學習中心時，基於條件等因素的不同，起始點當然是不一樣的。必須要認清自己所處的環境與條件，以優質的方案活動與人員能力，去創造這個場域的最佳價值。但是最重要的問題，還是在於究竟哪裡才是最適合做環境學習中心呢？

自然中心、環境學習中心不是自然保留區，它有很重要的教育學生與大眾的目標要達成。所以，它不能是管制起來不讓別人進入的一片區域，而是歡迎別人來體驗親近環境的區域。它是一扇打開市民看見自然並且能夠產生共鳴的窗，所以它是張開雙臂擁抱歡迎學校學生與社區居民的場域。但是同時使用者多了，又會對環境學習中心所在棲地的環境與生物造成干擾，這又與環境學習中心的存在價值功能中保育的目標有所矛盾與違背（如前面章節所述，環境學習中心應該有教育、研究、保育、文化、遊憩等功能目標）。所以，Evans 和 Chipman-Evans（2004）

在其所著的《自然中心發展與營運》的書中，也清楚的討論到這個關鍵的議題。是的，是有點矛盾，但是很重要的是我們在環境學習中心的環境裡，在哪裡為民眾打開那扇窗、讓他看多久、什麼時候看、看什麼……可就都是規劃與經營者必須妥善思考設計與管理的，才不會因為使用過度而讓「窗」破了、「窗」外的景物也毀了。其意思就是，我們經營環境學習中心還是要對於所在的棲地環境有妥善的選擇、利用、保育，甚至復育。絕對不能完全無條件的全面開放，必須要畫分不同的區域，用不同的經營管理策略與方法來經營與利用它。譬如棲地保護區、教學示範區、生活活動區域等等。Evans 和 Chipman-Evans（2004）則介紹到他們經營的Cibolo Nature Center，將中心所在區域區分為高度教學活動利用區、棲地經營示範區、自然（儘量減少干擾）區等三種不同的區域來經營。有了不同的使用與經營策略，中心所在的區域棲地才不會被過度利用破壞。

以上所提出的一些選擇，適合場域去經營環境學習中心，同時要對所選擇區域的棲地環境妥善的構思利用與保育的關注，無疑將是每一個環境學習中心要面對的課題。以下專注討論於要把我們環境學習中心的大夢放到哪裡去實現的課題，也就是要討論如何選擇最適合設置環境學習中心的地點。

第三節　選址時的重要考慮

在臺灣設置（或是想要去設置）環境學習中心的單位，可能公部門與私部門都有，由於企圖與資源等條件都不同，未來的走向，筆者實在無法現在準確推估。但是最起碼在現階段，公部門尤其像是環保署、國家公園、林務局、觀光局，甚或是縣市政府教育局、建設局、環保局等

單位，由於擁有可資利用的土地與資源豐富，是占有很大的優勢去實現環境學習中心的理想的。因為，這些環境學習中心的建置與服務，本來就是為各個自然資源管理單位去進行優質的社會推廣與教育，更是成為協助各個機構去達成組織目標實現的重要基石。不論是公部門或是私部門，選對了地點去進行環境學習中心的建構發展，絕對是重要的一步。

環境學習中心最好是能位在一片具有環境特色、值得進行環境教育努力的土地區域上，因而如何選擇適合的地方就成為重要的工作。就像是買房子是在為自己與家人選擇一個最適合的窩一樣，為環境學習中心選址是一項複雜的過程，有許多原則、可考慮的項目。同時在評選最佳位址的方法上，還有許多不同的評量法可資運用。選址的過程其實也是一個環境影響評估的過程，包括所選位址對人可能具有的影響，及人為活動與使用對所選位址可能產生的環境影響。

· 羅東自然教育中心優靜的水域環境。

· 美國芝加哥非常吸引人的優質環境學習中心The Morton Arboretum。

對北美地區發展自然中心極具影響力的奧杜邦協會，在有關選址的建議中提到，自然中心是一種有成長與動態性的設施；其中自然的與人為的因素，都具有成長性，合乎生態作用的過程。自然中心的構成，包含一塊未（或較少）開發的土地與吸引人們來欣賞這片自然及資源的努力過程。所以，一處能夠滿足戶外教學與環境學習方案的基地，應該讓人口密集地方的人們便於前往，並具有多樣的景觀特徵，增加學習計畫

的價值。空間當然愈大愈好，如果能夠有50英畝（約20公頃），這對於保育、教育與休閒等目的都有好處（Ashbaugh, 1973; Shomon, 1969）。因此適宜的位置與充分的空間，是必要的條件。此外，澳洲也承襲了英國的傳統與興趣，在學校以外設置了不少能夠輔助學校環境教學或是其他學科學習的戶外學習中心，名稱也許叫做田野學習中心（Field Study Center）、環境中心、環境研習中心、環境教育中心、保育中心等。但是在選擇區位土地設置中心這個議題上，則是認為要考慮以下三個重要的因素（Webb, 1990）：

1. 理想上所在的這片地域最好環境愈歧異愈好，這樣可以容許更多樣的學習活動發生，也可以容納使用者更多元的使用需要，並且要夠大，這樣才有機會讓有些區域可以暫時休養生息，而不致於使用過度。

2. 考慮不斷上揚的交通費用，理想上中心位置最好接近火車站或是從火車站只需要短暫的轉乘巴士，這樣也方便地方上的巴士公司接送。

3. 中心所在必須能夠長年開放讓大眾使用。中心的主要基地建物（main building）以及戶外的露營地，必須要謹慎的考慮規劃相關的條件，如排水、遮風避雨、水電供應等。

澳洲的考慮因素簡單地說，就是要考慮土地區域特質與大小、交通便利性、基地基本生活設施與方便可能性。實際檢視臺灣的狀況，可是地窄人稠，遊憩所造成的環境壓力相對也很大。美國的標準以土地面積就臺灣目前的環境特性而言，其實是不太容易達成的。所以國內有關環境學習中心選址議題方面的探討，因為研究計畫性質與目的之差異，考量的原則也有所不同。王鑫（1991）在「自然生態環境教育戶外研習中心研究計畫」中，曾建議了五項基本的原則。周儒、呂建政、陳盛雄、郭育任（1998，1999）在對於國家公園設置住宿型環境教育中心所做的研究探討中，則提到選址的條件應包括了三類原則。而周儒、林明瑞、蕭瑞棠（2000）則以前面兩個研究案的結果為基礎，再透過專家意見訪

查，更進一步提出了一個詳細評選適合發展環境學習中心位址的模式，將於本章隨後內容介紹。

當然，再仔細的選擇區位場域，仍要回歸到最根本的，就是環境學習中心的選址，需建立在方案（program）提供的活動規劃內容、服務對象、服務型態（單日或多日）上，來尋求可能的位置與格局。環境學習中心所提供的服務，廣義上來看，也是一種教育型的服務產品。我們如果以一個市場與行銷的觀點來看，就是所提供的產品或教育服務，必須具有解決目前地方上學校與社區對環境教育各項服務需求的問題，並具滿足客戶學習需求的專業優勢能力，環境學習中心才能獲致地方的認同與支持，所以在選擇地區上，自然就要有某些考慮到地方上及使用者的需求與方便可及性。

在美國設置自然中心時所需的土地，在地方上往往可以透過購買、交換、信託等方式來達成。更由於土地信託制度可以是一種對土地原始持有人，保留他對一塊土地長期自然特質與情感寄託長期不變承諾的一種方式，而且又可以保有原持有人對土地的使用權，所以是一種土地持有人與發展自然中心單位雙贏的局面，因此在尋找適合自然中心的土地上困難度較臺灣是低了很多。尤有甚者，有很多環境學習中心不是在交通不便的荒野地，而是位於接近人群居住活動的附近地域。因此往往因為社區型的環境學習中心，提供了社區活動的空間場域，凝聚了社區人與環境的情感，又作為地區優質環境保育的捍衛者。這些優點等於是為社區保有了優質的生活環境條件，都對於社區房地產的價值有正面加分的效果，當然這是以接近市區或是市區內環境學習中心的狀況而言。同樣在人口密度與都市化程度相當高的臺灣與香港，相似的情況案例也出現的，譬如在香港的米埔濕地和臺北的關渡自然中心附近的房價上，就是明顯的例子。尤其在地窄人稠的臺灣都市地區，凡是在都會區優良的公園綠地旁邊的房價，也必然因為所處的條件優異而有正面的鞏固或甚至拉抬的效果是一樣的。美國房地產交易的資訊研究單位也很清楚的發現房地產的價值，因為社區所在區位有高品質的綠地空間而有鞏固增值

的趨勢（Evans & Chipman-Evans, 2004）。筆者曾在美國見過大型的休閒住宅區域開發案，在一開始除了在大型社區裡設計有超市、餐廳、加油站、販售店、腳踏車步道、球場等來滿足生活與休閒需求機能外，甚至連自然中心都一起規劃進去。這個有趣的案例就是在美國Oregon州的Bend這個地方，著名渡假村Sunriver都有Sunriver Nature Center和小型天文臺。由此觀之，社區與自然中心絕對是互蒙其利的。這道理其實也很簡單易懂，就是以永續發展（sustainable development）所關切的環境、社會、經濟三位一體之考慮都存在的同時，地方永續的可能與實踐機會就會出現了。

　　然而臺灣與國外經驗當然有所不同，在信託制度與人民對於土地財產權的看法，與英、美、日等國是迥然不同的。雖然目前也有民間保育團體在推動環境信託的制度，但是到目前為止仍在起步努力階段。所以走環境信託這條路，不是不可能，但目前最起碼在臺灣還充滿了挑戰。除此之外，還是有其他的可能選擇，譬如公有土地由經營管理單位妥善利用發展，自行或委託外部發展經營環境學習中心。此外，也有私有土地的持有者基於對環境的關愛所提供出來的利用型態。目前臺灣地區許多公有學校校地房舍，因為學生人數的大量減少，而產生了許多閒置校舍校地，或是其他公家機構的閒置空間，其實都有成為環境學習中心用

・日本山梨縣清里KEEP自然學校。

地的可能。如果是公有資產，當然活化再利用是各單位都在想的問題。
如何在有限的內部人力限制下，將土地與房舍資源委託外部妥善的運
用，創造更大的社會服務與福祉，就是很多單位的挑戰。但是過去幾
年，臺灣有許多這樣的土地資源被以營利方式的委託方式委外經營，以
社會公平性和土地資源的永續發展特性來考量，筆者對於此種公有地委
託外部甚至賣斷的方式是不太認同的。如果是委託外部來活化利用與經
營環境學習中心，筆者必須要提醒的是最好要走非營利組織（nonprofit
organization）性質的委外，才是最符合社會公平正義與國家永續發展目
標的正確路徑，經營組織也才有可能匯聚社會人力、專業與資源。

第四節　有哪些重要條件因素

　　社會上或社區進行的各種有計畫的活動，不論是商業性質或教學目
的，往往都需要一處完善布置與設計良好的空間，以作為重要活動的基
地。一個基地，當然必須要能吸引使用者前來，並有足夠的空間與完善
的設施，能容納適當數量的人，讓規劃好的活動順利進行。環境學習中

心的所在地與設施環境的規劃，就是一處能發揮環境教育專長與達成目標的環境教育基地。這個基地的出發點與一般社會單位及人士，其所辦理活動所需要者有所不同。但是其實環境學習中心可以更積極的打開門，讓這些社會團體與個人來利用環境學習中心，經由這個基地的利用，也逐步建立與影響了活動參與者的環境態度與價值。

那一個可以作為環境學習中心的基地，該有什麼特質能夠使它雀屏中選？為了進一步釐清相關議題，筆者曾嘗試透過研究，徵詢蒐集了專家學者的經驗與看法，然後彙整分析提出一個應該有的選址考慮條件模式，這些篩選的條件因素，可以提供作為企圖推動環境學習中心發展的單位與個人之參考（周儒、林明瑞、蕭瑞棠，2000），而相關的考慮篩選內容條件都將逐步的介紹於本節隨後內容中。當然這只是一個透過研究所發展出來的方式，真正在操作時，還可能因為操作者與機構的主觀看法，意願而做出調整。

筆者覺得各個想要發展環境學習中心的單位，在進行努力的過程中，花了許多精神在選址上，這當然是有重要意義的。選對地方不只是對於環境學習中心與要發揮的影響力有很重要的意義，對於能夠獲取足夠的回饋資源以持續經營與發展也是很重要的。這對於民間經營的環境學習中心當然尤其重要。有趣的是，發現同樣在商業活動的領域中，如何選擇最有消費活動力，能為活動經營者創造價值目標的地方，亦為選址之基本條件。當然環境學習中心的社會功能與價值，與商業活動不盡相同，但是如果以社會行銷的角度來看，則以下針對商業活動選址的考量所做的研究（林佳億，1994；劉大偉，1994；葉純榮，1996），以及一些結合社會行銷與環境教育和倡導的研究及理念論述（Archie, Mann, & Smith, 1993; Kotler & Roberto, 1989），仍可以提供作為環境學習中心做選擇區位的參考。綜合而言，他們的考慮要素是：

1. 確定產品、服務的特性：如果產品與服務本身滿足的需求層次愈高，則客戶在有能力的範圍下，會願意前往較遠的距離。所以，相對應消費者的素質或能力應該加以考慮。

2. 確認消費資訊是否容易取得：消費資訊主要是消費者評估欲採取最有利的消費行為時，必須先獲得訊息的數量和品質。通常商業上的考慮是指，現有的競爭者、未來的競爭者與可能的伙伴，他們會具有怎樣的互動條件或關係，可以稱為競合關係。

3. 確認發展條件：包括相關法令的支持與限制、政策因素、土地的取得及經濟或市場因素的改變。

　　筆者在2000年為教育部環保小組所執行探討環境學習中心設置規準的研究中，針對環境學習中心選址的條件進行了探討（周儒、林明瑞、蕭瑞棠，2000），經過研究徵詢專家意見後，最後彙整分析歸納提出了一個簡單的要素構成圖（見圖7-1），來協助說明在選擇一個適合環境學習中心發展的位址時，各項相關考量的因素與相對的關係。此圖與表7-1所呈現的，希望能輔助對於欲發展並提出環境學習中心發展計畫案的個人或是機構，能夠在推動環境學習中心建構的歷程中，從各種的因素條件妥善考慮照應的狀況下，比較清楚的去掌握選擇一個適合成為環境學習中心場地的土地之條件，這樣對於未來中心業務的推展會有較佳的助益。各條件相關因素的說明，則列述於隨後的說明圖表內。

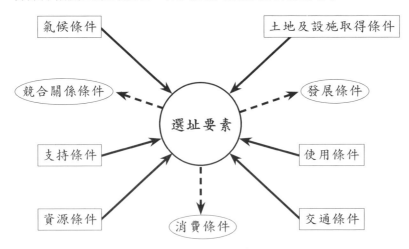

圖7-1　選址要素構成簡圖

資料來源：周儒、林明瑞、蕭瑞棠（2000）：《地方環境學習中心之規劃研究－－以臺中都會區為例》（頁VII-4）。臺北，教育部環境保護小組。

如圖7-1，選擇環境學習中心位址主要的兩個面向因素，一個是經濟層面（用橢圓形標示），一個是環境層面（用矩形標示）。掌握選址的經濟層面（粗黑虛線箭頭）與環境層面（細實線箭頭）的考慮，如果配合各條件的積分評點，可採用最簡單的概略法則（rule of thumb），以各條件線為數線，由內向外，按積分高低（如：5至1）標示，可以從不同待選基地中，找出可以符合接近選址條件核心的最佳位址。當然，以上所提出的簡單模式圖以及表7-1所示各項要素內容表格，是在筆者當時的研究中匯聚了研究對象專家學者的意見後，所綜合大膽提出的初步結果。在真實的世界中，其運用性與妥適性仍然可以留待臺灣各界有心於環境學習中心發展的同好們檢驗與批評指教。

表7-1 可能的選址條件

主層面	條件要素	內　容	說　明
經濟層面	消費條件	1. 所提供的產品或服務，滿足Maslow的五大需求層次（如提供資訊、技能、知性成長、發展專業知能、成就認定），層次愈高，消費條件愈好。 2. 消費者的素質與能力：消費者（或指服務對象）愈偏好與愈有能力選擇所提供的，消費條件愈好。	確定消費者的需求，能滿足其需要的是什麼，是許多消費市場研究、調查的方向。產品或服務有清楚的市場區隔，愈能解決所設定消費群的問題，使其更滿意，這就是消費條件的考慮。
	競合關係	1. 有無提供相同產品與服務之現有競爭者或未來的競爭者，消費者如偏好競爭者的，表示競合關係愈差。 2. 有無能提升產品與服務價值的合作者，合作所提升的品質愈好，競合關係愈好。	消費者愈容易掌握消費資訊，生產或提供者之間的公開、自由競爭就會出現優劣性。至於合作關係不僅是一種支持行為，也可能會產生新的組合、新的計畫，以創新的方式解決需求問題。

表7-1（續）

主層面	條件要素	內　容	說　明
經濟層面	發展條件	1. 所提供的愈能獲得政策、法令的支持，愈能因應市場需求的改變，其發展條件愈好。 2. 所能構成的經濟模式愈具有獲利性或愈切合市場需求，以及土地的取得愈容易，其發展條件愈好。	大環境能提供成長空間，而隨著成長所引發的問題，也能因應處理。
環境層面	使用條件	1. 活動使用：指基地面積愈大、促進活動的因素如形狀、坡度、排水與景觀視野愈好，則使用條件愈好。 2. 停車使用：提供到訪者的停車位愈能配合計畫經常性的需求量，不影響位址鄰近道路交通，則使用條件愈好。 3. 過去使用：基地過去的使用與開發，如果有礙於服務對象的接受喜好、有損於計畫活動的進行，則使用條件不良。 4. 天然與人為災害影響。 5. 整體意象。	這部分可能包括天然災害，如具危害性的洪汛週期、水土流失、地震等因素，有無可改善的做法，可以改善不良的使用條件。此外，環境災害本身可以做很好的教育主題。 環境整體適意性，屬於主觀因素，但是關係到一種情境感受，會影響到訪者的第一印象，愈具引發一致性感受的基地，共識增加，其客觀性就會提高。
	支持條件	1. 鄰近資源，提供包括專業人才、自然的、人文的主題資源越豐富多樣化，越具有支持計畫發展的品質，其支持條件越好。 2. 基礎設施，如水源、電力、通	基地除自身、現地的條件之外，所處的環境特質、自然或人為的、鄰近的、實體與非實體的、可見與不可見的，是否已經存在或是將要形成的。

表7-1（續）

主層面	條件要素	內　容	說　明
環境層面	支持條件	訊、資源及廢棄物處理、醫療等設施越齊備，支持條件越好。 3. 居民態度中，有社區支持的資料或文件，以及民間團體或地方機構的需求或合作契約，其參與度愈高，支持條件愈好。 4. 治安條件：基地周邊的色情行業、特種營業數量、刑案發生率，導致治安困擾愈嚴重，支持條件愈差。	
	資源條件	1. 自然的，含括景觀、生態、物種社會等，豐富性、特殊性、多樣性愈高，條件愈好。 2. 人文的，包括聚落、史蹟、文化活動等，關聯性、價值性愈高，條件愈好。	計畫活動與人員，發生互動的焦點之所在。因為人利用資源而聚集，有可能產生人為活動互相干擾之部分，應列入考慮。
	交通條件	可及性： 1. 交通方式，到達基地採用大型車、小行車等或是步行可達。承載量愈大，條件愈好。 2. 運動距離：按一致標準如行車時速50公里，距離主要服務人口密集區，花費時間愈短，條件愈好。 3. 安全性。	這部分也可能涉及「使用條件」，也就是，交通擁塞、道路容易崩塌等不穩定因素，會影響能否經常性使用。

表7-1（續）

主層面	條件要素	內　容	說　明
環境層面	土地及設施取得條件	1. 權屬機會，立即可得、或因為所有權屬取得需要一定時限，所具有的機會條件不同。 2. 成本要求，無條件取得，或是需相關成本投入，所負擔的要求不同。	原地目的法令紛爭、使用糾紛，是否涉及補償，或是需要特別整理、重建等成本，以及處理這些問題，所花費的時間、費用，會延緩計畫的執行與成效。
	氣候條件	1. 溫度、雨量、降雨日數、相對濕度等。 2. 環境風水，或是有關微氣候的考量，以求得好的居住品質或注意防災避難。	氣候條件會影響設施與活動規劃，可以預先考量，如在多雨地區，要有雨天的備案，相關設施應有蔽雨設計，在迎風坡周邊平坦地方，應增設避雷設施等。

資料來源：周儒、林明瑞、蕭瑞棠（2000）：《地方環境學習中心之規劃研究——以臺中都會區為例》（頁VII-4～6）。臺北，教育部環境保護小組。

第五節　操作範例

　　基於這個屬性與目標，筆者曾經協助國家公園組，針對篩選一個適合作爲發展自然中心的國家公園場域條件必須具有的考慮，做過初步研究探討（周儒、呂建政、陳盛雄、郭育任，1998）。

　　選址其實是一項複雜的過程，有許多原則、可考慮的項目。此外在評選最佳位址的方法上，還有許多不同的評量方法可資運用。選址，原本就是從各種與地理性相關的要素中，找出所關注的種種環境內涵，如中國的風水，也有科學實證的涵義，應該是環境學習一種具有啓發性的觀點。一些遵循傳統的住居模式，也會重視風水條件，來選擇安居落戶的地方。選址的過程其實也是一個環境影響評估的過程，包括所選位址對人可能形成的影響，及人爲活動與使用對所選位址環境可能產生的影響。

　　對北美地區自然中心的發展極具影響力的美國保育團體奧杜邦協會（National Audubon Society），在其技術文件有關選址的建議中提到，自然中心是一種具有成長與動態性質的設施；其中自然的與人爲的因素，都具有成長性，合乎生態作用的過程。自然中心的構成，包含一塊未開發的土地與吸引人們來欣賞這片自然的努力過程。所以，一處能夠滿足戶外教學與環境學習計畫的基地，應該讓人口密集地方的人們便於前往，並具有多樣的景觀特徵，增加學習計畫的價值。所以本章先前曾介紹在美國，他們認爲空間愈大愈好，如果能夠有50英畝（20公頃），這對於保育、教育與休閒等目的都有好處（Shomon, 1969; Ashbaugh, 1973）。因此，適宜的位置與充分夠用的空間，是必要的條件。

　　國內有關選址議題，因爲研究計畫性質與目的之差異，考量的原則也有所不同。王鑫（1991）在「自然生態環境教育戶外研習中心研究計

畫」中，建議的原則有：1.根據區域發展；2.依據教學資源摘列建議地區；3.依據機構合作之意願，再行複選與分級；4.交通易達性（具主要人口集中地區的遠近）；5.區域優先性（鄰近大都市）。而筆者也在過去的研究中，嘗試過不同的考慮而發展出兩種不一樣的方式，分別列述如下提供同好們參考。

周儒、呂建政、陳盛雄、郭育任（1998）對於國家公園設置住宿型環境教育中心的研究中，提到選址的條件應該包括：廣域的自然條件、市場條件及基地本身條件三類。其中考慮自然條件的理由，是基於活動規劃與設施整建上，如何因應天候因素的變動，如：是否多雨地區，需要考量下雨天時的替代方案，以及房舍要有蔽雨的設計。平坦開闊地需要防雷擊裝置。市場條件的部分，則由行政區劃來區隔主要對象（學校師生）、或次要對象的市場大小，最後是基地本身條件的部分。

初步由各國家公園管理處自行蒐集的資訊，總計有十項因素，分別為計畫服務對象、可及性、面積、坡度、天然災害潛在危險性、氣候、資源條件、土地取得可能性、住宿設備條件、地域人力資源。最後由計畫執行單位統合了各單位提供的資訊，進一步發展為最後的評選標準，共計有七類，分別是：一、可及性：含與都會區的距離、可通行車型的道路狀況；二、天然災害潛在危險性；三、資源條件，含現地與鄰近30分鐘內可達之人文的、自然的資源；四、土地取得可行性；五、住宿設施條件、六、地域人力資源；七、營地環境感受等。再賦予評點後，計算總分，作為初步評選結果。過程中評分的方式與結果，呈現如下供參考：

一、評分方式

（一）可及性

1. 距離

距都會4-5小時：1分

距都會3-4小時：2分

距都會2-3小時：3分

距都會1-2小時：4分

距都會1小時以內：5分

以下列出基地作為衡量都會距離的城市：

中湖營舍：大臺北都會區

兆興農場：大臺北都會區

陽明書屋：大臺北都會區

雪霸國家公園馬達拉生態研習中心：新竹市

玉山國家公園訓練中心：大臺中都會區

合歡山遊憩區：花蓮市

太魯閣遊客中心：花蓮市

布洛灣遊憩區：花蓮市

綠水地質展示館：花蓮市

金門中山紀念林：金城鎮

瓊麻歷史展示館：大高雄都會區

龍鑾潭自然中心：大高雄都會區

2. 道路狀況

遊覽車可及：5分

中型車可及：4分

小客車可及：3分

四輪傳動車可及：2分

步行可及：1分

（二）天然災害潛在危險性：視基地本身之水土保持、土石流、土地敏感性情形，分為三級，分別為5分、3分、1分。

（三）資源條件：現地資源條件是指基地內之資源；鄰近資源條件是指車行30分鐘可達之資源，共分五級。

（四）土地取得可行性

全部取得：5分

一年內可取得：4分

需長時間協調：3分

很難取得：2分

（五）住宿設施：無房舍者1分，合乎下列所有條件（整建需求程度、水電供應、房舍容載量超過100人以上）者5分，缺一項減1分。

（六）地域人力資源：分為三級，分別為5分、4分、3分。

（七）營地環境感受：開闊性以及自然度、開闊性、景觀美質為衡量標準，共分五級。

二、評估結果

把上述各因素條件考慮評分並計算後，得到以下結果（見表7-2）。

以這七類條件去進行自然中心選址評點計分的方法，筆者曾實際運用操作在協助國家公園篩選最適合區位發展自然中心的研究上，並得到如表7-2表格內容的結果，提供大家參考。當然這個方法仍然有可能因應各組織評選時的需要，而有增刪改變的可能，所以多方的驗證是有必要的。有興趣的同好可以參閱該研究報告的細部內容（周儒、呂建政、陳盛雄、郭育任，1998）。

選址條件的應用，需是在有可能進行挑選的多個替選位址具備後，或者實際的組織與運作程序決定展開後的第一個準備工作，可以將之視為一個找尋適合自然中心發展基地的一個必要篩選基礎架構。筆者希望這些元素能有助於日後規劃發展自然中心的單位，在做規劃工作之時，推動單位成員彼此溝通與討論篩選適合場域的建議標準。由表7-2所呈現的架構與條件，每個項目當然都需要被仔細的討論與思考，因此期待這個表內的各個元素，都能夠成為推動自然中心成立的籌備單位成員們，

表7-2 各可能基地初步評分結果

評分項目＼場址名稱		陽明山			雪霸馬達拉生態研習中心	玉山國家公園訓練中心	太魯閣				金門中山紀念林	墾丁	
		中湖營舍	兆興農場	陽明書屋			合歡山遊憩區	太魯閣遊客中心	布洛灣遊憩區	綠水地質展示館		瓊麻歷史展示館	龍鑾潭自然中心
可及性*	距離	5	4	5	2	4	1	5	4	4	5	3	3
	道路狀況	5	2	5	3	5	4	5	5	5	5	5	5
天然災害潛在危險性		5	5	5	3	5	3	5	3	3	5	5	5
資源條件*	現地的	3	5	2	4	1	2	2	4	4	4	4	5
	鄰近的	5	5	5	5	2	4	4	5	5	5	5	5
土地取得可行性		5	5	5	4	5	5	3	5	5	5	5	5
住宿設施條件		3	1	4	1	4	1	1	4	1	1	1	1
地域人力資源		5	5	5	4	4	4	4	4	4	3	4	4
營地環境感受		5	5	1	5	1	5	3	4	3	4	4	4
總　　分		32	29	28.5	24	25	23.5	24	29	25	27.5	27.5	28
名　　次		1	2	3	7	6	8	7	2	6	5	5	4

資料來源：周儒等（1998）。《建立國家公園環境教育中心之規劃研究——以陽明山國家公園為例》（頁VIII-21）。臺北：內政部營建署國家公園組。

*符號表示此項分數需為兩子項相加除以二的結果。

共同檢視與討論的項目。透過這些溝通對話與檢視，能夠更進一步釐清組織企圖與找到理想中的自然中心所在地。提醒讀者與使用者，筆者提出此模式希望是拋磚引玉，期望各個單位或是個人，未來在實際的選址工作過程中，透過實際操作來驗證，甚至修正本模式的內涵向度之文字與項目，讓這個參考模式能夠更貼近真實的情況，提供使用者更好的指引。

參 考 文 獻

王鑫（1991）。〈自然中心戶外環境教學意義與初步構想〉。《環境教育季刊》，第15期，36-41頁。

林佳億（1994）。《連鎖便利商店區位與加盟者選擇因素之研究》。國立臺灣大學商學研究所碩士論文。

周儒（2000）。《設置臺北市新店溪畔河濱公園都市環境學習中心之規劃研究》，市府建設專題研究報告第298輯。臺北：臺北市政府研究發展考核委員會。

周儒、林明瑞、蕭瑞棠（2000）。《地方環境學習中心之規劃研究——以臺中都會區為例》。臺北：教育部環境保護小組。

周儒、呂建政、陳盛雄、郭育任（1999）。〈臺灣地區國家公園設置住宿型環境教育中心之初步評估〉。《第六屆海峽兩岸環境保護研討會論文集》，279-284頁。高雄：中山大學。

周儒、呂建政、陳盛雄、郭育任（1998）。《建立國家公園環境教育中心之規劃研究——以陽明山國家公園為例》。臺北：內政部營建署國家公園組。

葉純榮（1996）。《服飾零售業店址區位選擇之研究——以連鎖型服飾公司GIORDANO為例》。逢甲大學土地管理研究所碩士論文。

劉大偉（1994）。《連鎖商店之商圈評估與店址選擇策略——以臺灣速食飲食產業之實證研究》。國立中山大學企業管理研究所碩士論文。

Archie, M., Mann, L., & Smith, W. (1993). *Partners in action: Environmental social marketing and environmental education*. Washington DC: Academy for Educational Development.

Ashbaugh, B. L. (1973). *Planning a nature center*. New York, New York: National Audubon Society.

Evans, B. & Chipman-Evans, C. (2004). *The nature center book: How to create and nurture a nature center in your community*. Fort Collins, Colorado: The

National Association for Interpretation.

Kotler, P., & Roberto, E. L. (1989). *Social marketing: Strategies for changing public behavior*. New York: The Free Press.

Shomon, J. J. (1969). *A nature center for your community*. New York, New York: National Audubon Society.

Webb, J. (1990). Off-school field centres for environmental education, in K. McRae (Ed.) *Outdoor and environmental education: Diverse purposes and practices* (pp. 107-124). South Melbourne, Victoria, Australia: Macmillan Company of Australia PTY LTD.

8

環境學習中心的規劃與發展

第一節　將理想實現的必要階段─規劃

　　許多對於環境學習中心充滿了熱忱與理想的組織機構或是個人，在對於環境學習中心嚮往之後，接下來面對的是「該怎麼開始做，才能夠實現理想」這個問題，這就牽涉到應該如何規劃與發展的課題。

　　筆者覺得如果一個單位或是個人，尚未進行一個環境學習中心相關工作的運作與發展，而是處在一個非常起始的階段，那當然就需要有一個完善的規劃來協助一步一步的努力與發展。透過了完整的規劃過程與結果，帶動了相關的準備與籌劃工作的運轉。但是，如果一個組織或機構，已經有在進行相關的工作，譬如在進行環境與保育教育的教育推廣工作，而且也有一些固定的場域、人力、相關的設施與資源，當然這些要素並不必然是以環境學習中心運作發展的方式緊密結合著。這時發展環境學習中心的重點策略，應該是以一個組織機構透過內部資源與系統整合，來發展環境學習中心，進而帶動達成組織服務品質的提升。這時候，當然也需要有份規劃書來指引應該要進行的組織發展與改變。但是最迫切需要的，也許並不是那一本厚厚的總體規劃報告。而是要動員組織機構內的相關單位與個人，開始以環境學習中心的運作發展為組織方向，去進行組織內人員能量與功能的提升與發展，逐步的調整組織運作，進行系統的整合。所以此時一份規劃漂亮的規劃報告，並不是這個機構的首選。而應該是要讓組織動員，採取行動去改變、發展，才是組織機構發展環境學習中心的迫切途徑。

　　因此在本章的內容裡，先安排了對於新規劃一個環境學習中心的步驟方法之介紹。但也在本章隨後的內容中，將利用篇幅來介紹一個已經具備發展環境學習中心各項要素條件的組織機構，如何經由適當的策略方法，妥善有效的去蛻變與發展成為一個環境學習中心。希望這兩個面

向的照應，能滿足不同狀況條件與需求的讀者的需要。

第二節　規劃的環境學習中心要做什麼？

　　環境學習中心的規劃，在過程中一定會考慮到這個中心未來要做什麼？對誰展開努力？怎麼做？有什麼機會？用什麼方法做？拿什麼去做？有什麼工具可以利用？做這些為了什麼？還有許多的問題會被規劃者與推動者在不同的時候或場合被提出，而這些重點方向的考慮，一定會影響到未來中心的運作與發展。Milmine（1971）針對以社區為主要運作標的所發展的環境學習中心，在規劃上建議軟體的教育方案，可依照到訪對象的特性與中心主動接觸不同對象等方面來考量，在周儒、呂建政、陳盛雄、郭育任（1998）的報告曾摘錄十點，現列述如下：

1. 計畫性的到訪者，如學校班級參訪，可提供地方資源的環境解說、實地戶外活動，並在交通、活動進行前、中、後，做整體性的安排。
2. 針對各學科課堂內容，提供補助性學習材料。
3. 設計夏（冬）令營方案，提供童軍、社團訓練與活動、地方居民或學生於週末、午後的學習、遊憩場所。
4. 進行義工培訓。
5. 定期安排知性的演講會、鑑賞性活動，服務社區民眾。
6. 對於有志於環境教育之教師對象，舉辦研習會，必須慎選時段以在職訓練之名義，或安排週末聚會（安親服務），讓種子教師們組成研討小組，交流實務經驗，分享教學問題與回應之對策。
7. 中心的講師及解說員，要安排拜訪教師的機會，如果電話主動邀請參加研討會更好。

8. 作為一個熱心的鄰居，主動將地方環境引介新進社區成員，或拜訪其他公、私團體，如工廠、商家、社區組織等，多熟悉當地的人、事，建立互動關係。

9. 對偶然來到的對象，提供解說服務、刊物等出版品或活動單，可用地圖導覽加以引介，內容有地方特色風土、人文、社經活動等。

10. 在推廣服務上，提供其他社團、組織進行自然研習、環境研究之簡便工具、器物出借，或設計視聽媒體，舉辦特展活動，或結合傳媒製播節目，利用電臺與網路，而在環境研究與教育資料蒐集等工作上，可以透過社區參與，鼓勵老師、志工加入或與其他學會、基金會、民間社團成為合作伙伴。

第三節　環境學習中心就是一個環境教育系統

一、不是只有設計課程而已

　　根據本書前面對於環境學習中心基本要素的介紹，知道一個環境學習中心的基本構成要素，包括方案、人、設施、營運管理等四個要素。因此，要設置運作一個環境學習中心，不僅是需要有一個專業的環境教育服務單位，設計產出一些環境教育方案（課程）活動，更代表了一個能夠執行推動這些環境教育方案活動的專業人力，已經透過各種必要的培育完成且具有一定水準，進行這些環境教育教學的場域與必要配合的設施已經整備完成，而且經營整個環境教育方案的運作機制已經發展妥善。當然，在其中優質教育方案的發展是非常重要的基石，帶動了其他相關要素的妥適化與發展。

而許多政府機構或是民間單位在進行環境教育方面的努力時，第一個先考慮到的就是要發展能提供進行環境教育的教材資料，而往往也投注了許多的資源去發展教材，然後也發展出來了。但是他們的努力往往卻因為很多其他的內外在條件因素而使得效果打了折扣，最常見的困擾就是教材編輯好、印好後，大多無法有效的去推廣，讓更多的人去使用。造成的原因甚多，究其主因，大多是以教材的編輯為主要任務，但是對於後續的推廣與計畫的持續未預先做規劃與安排，殊為可惜。因為唯有透過推廣讓更多的教師接觸、了解、使用後，才能夠收到集思廣益的功能，達到持續修改原教案的目的。

　　我們也很清楚了解建構一個環境學習中心，其實就是在嘗試發展運作一個完整的環境教育系統。這個完整的環境教育系統要能夠長遠的運作發展，有許多必要條件，必須在建構規劃環境學習中心的各個歷程中，慎重的考慮與多方的去設法嘗試及配合，環境學習中心所推出的環境教育系統才能夠得以順暢持續的運轉下去。投入建構與實現環境學習中心的夢想，或許剛開始時的熱情是得以起步的必要條件，但是如果要能夠持續的一步一步逐漸實現環境學習中心的夢想，則完整的系統建構的概念與認知絕對是不可缺少的。以下就根據這些基本的思考，去進行相關因素與層面關切之闡述，並揭示在此系統化思考的架構下，規劃一個環境學習中心必須經歷的過程，以及嘗試努力建構的系統可能與必須考慮的重要因子。

　　發展一個環境學習中心，當然脫離不了要考慮的是它要提供什麼樣的服務。自然中心、環境學習中心的設置，從理想到落實，都必須有一套系統性的思考。貫穿此一系統性思考的軸心即為中心成立的目標。不論是活動方案的發展、設施的建立、人力資源的調配、營運管理等，在在都不能夠脫離最初中心成立的目標而獨自運作。因為在目標確立的過程中，其實包含了廣泛的資料蒐集及使用者的期望，此皆為未來規劃及中心營運之基礎。尤其對一個具有地方特色，並強調社區參與的社區型環境學習中心來說，由了解地方使用者的聲音，協助確立中心成立之目

標，不僅可幫助規劃者即早面對問題，並嘗試從各個角度了解與解讀爭
議，更有助於中心後續工作的推展與期望目標的完成。

二、環境教育方案系統

其實環境學習中心的發展，就是在建立一套環境教育系統。在發展
之先當然是以教學方案（program）活動的發展為重要工作，但是仍然還
需要其他輔助的配套措施，才能使一個環境學習中心的教學方案能順利
的推廣，持續的發揮影響力。這種觀點也與國外的專業環境教育計畫發
展的做法不謀而合。譬如美國在推動各州加強環境教育立法與推展機制
的大型計畫「提升環境教育（Promoting Environmental Education）」
（Ruskey & Wilke, 1994）在其推展策略中，也明確的標舉揭示出任何這
種要推動環境教育系統化的做法，首先必須清楚考慮三個必要的基本元
素，分別是：方案（program）、推動組織結構（structure）、資金
（funding）。而美國華盛頓州在推動環境教育方案時（Division of
Instructional Programs and Services, 1987），也明確的說明必須要從一
個完整而全盤的思考與策略步驟來著手，也就是我們在推動實踐一個環
境教育計畫方案（program）的過程中，一定要考慮到的要素。這些基礎
要素包括發展、推動、執行與經營一個方案所必須要具備的幾項條件：

1. 經費
2. 人力
3. 教材
4. 流通教材的管道
5. 維繫參與者熱忱的管道與方法
6. 協調計畫推展的機制

以上這六個層面代表著我們如果要建構實踐一個環境教育系統，必
須要預作思考與安排的六個面向，而其中教材可說是協助環境學習中心
方案推廣的最重要工具，但是若沒有其他的配合，徒有好的教學方案，

仍然不能保證環境學習中心的美夢能夠成真。所以應該很清楚的明白，要去規劃建立一個環境學習中心，絕對不是簡單的去設計一些環境教育課程活動或是去找一些專家來上上課、辦辦訓練而已。它是一個完全的挑戰，但也是一個完全成就之機會。絕對是必須要有整體系統規劃與發展的眼光及視野，才能將中心的課程、人力、物力、設施、場域與經營，妥當的配置、發展、執行與發揮預期的功能。

第四節　實施規劃之過程步驟

　　在自然中心或環境學習中心這樣一個環境教育系統的塑造與構成的努力過程中，有一些必要的關鍵環節是不可忽視的，綜合以上所介紹的必要系統性思考原則之後，筆者試著歸納釐清過去進行各式環境學習中心規劃過程步驟與相關論述（周儒，2000，2001，2005；周儒、郭育任、劉冠妙，2008），並提出進行規劃環境學習中心過程上一個簡單之規劃過程模式供有興趣者參考。透過對此方法過程的理解，有興趣從事此方面之規劃者可以較清楚的掌握資源去達成目標。而在整理此過程步驟模式的努力過程中，筆者發現相類似的思考與努力，也存在於其他介紹解說中心與環境學習中心規劃的書籍中（Gross & Zimmerman, 2002）。雖然表達方式與步驟特色之歸納各有不同，但是筆者發現其邏輯思維都很類似。限於篇幅就不在此再詳述，筆者建議未來讀者如有需要，也可以多加參考利用。

　　此一與目標關聯的系統性思考之起點，在於廣泛的資料蒐集與判讀，並且與具有環境學習中心方面專業與經驗的專家、學者及實務工作者諮商討論，汲取必要的經驗與建議。透過這些必經過程，可幫助規劃者了解需求並確定規劃時牽涉的問題與相關因素，之後規劃者即可依所

確立之問題及需要，擬定更明確的目的與目標，進而規劃發展出策略方法與工作，一一執行以解決問題。在此過程中，伴隨著的評估能不斷地提供回饋，使規劃者得以立即地檢視策略成效，並修正與目標不符的規劃工作、策略或方法。整個過程模式可以圖8-1來表示其重要的過程步驟。

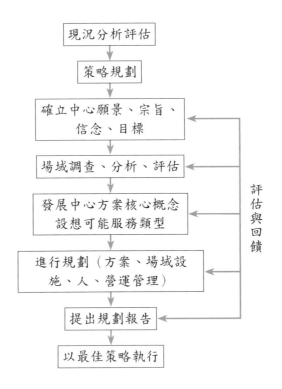

圖8-1　規劃環境學習中心過程模式

　　根據這個模式，有一些順序步驟必須要進一步說明如下：

一、現況分析與評估

　　要花下許多功夫去建構一個環境學習中心，當然是有理想要達成。要達成什麼理想？要怎麼去達成？有什麼樣的可能市場與潛力？有什麼

是可能的助力？有什麼事可能對於中心發展是負面的影響力？外部的社會條件狀況？自己組織有什麼弱點會影響目標的達成？又有什麼優點可以是很大的助力？許多的問題在這個初始的階段，必須由想要設置環境學習中心的組織機構與規劃團隊一起去釐清與回答，對於以後的推展與落實才有實質上的幫助。

　　筆者根據多年的經驗，建議規劃者在此階段要進行一些必要的工作，以釐清狀況，此將有助於後續的策略規劃與相關後續規劃工作的推展。所以建議規劃單位要進行需求評估（needs assessment）、趨勢分析（SWOT）、釐清主次要服務的目標對象、定位市場等重要工作。當然規劃團隊可以因應需要做到更多的努力是最好的，筆者在此的建議是一般而言常見的必要工作。

　　推動建置團隊未來要建立的環境學習中心，當然要有高品質的期待與企圖心，將來建立的中心要能提供優質、專業的環境教育服務給學生與社區居民。所以規劃團隊在起始階段，就要進行需求評估，針對於環境學習中心所在地區既有的狀況、可能目標對象，就可能提供的服務去進行狀況調查、意見調查、分析與評估，具體了解中心的目標「市場」的需求、方向、程度及狀況等，以作為規劃團隊構思、拿捏中心未來該如何提供優質服務，以及後續規劃設計之參考。在此--階段也要透過有效的方式去了解推動單位內部自己，與外部市場的可能性。建議可以採用在行銷管理中常用到的一種分析方法，即趨勢分析——SWOT分析。所謂SWOT，是市場行銷經營管理中常使用的功能強大的分析工具，主要分為內部環境分析（internal environmental analysis）與外部環境分析（external environmental analysis）二種，其中S與W分別代表事業單位本身內部環境的優勢（strengths）與弱勢（weeknesses）；O與T則分別代表事業單位外部環境的機會（opportunity）及威脅（threat）。藉此可以了解事業單位的現狀與發展的可能及方向（Kotler, 1997；周文賢，1999）。欲進行環境學習中心規劃的單位，可以在規劃起始之時嘗試用這個方法來分析一下，有助於後續規劃工作目標的把握與達成。

二、進行策略規劃（strategic planning）

　　任何的團體與組織在進行環境學習中心的規劃時，絕對不會不顧現實條件，只會關起門來做個未來只有放在書架或桌上好看的規劃報告。規劃團隊一定希望透過這個規劃，能使大家的環境學習中心理想逐步而有條理次序的逐一獲得實現。因此在規劃過程中，釐清一些想法、了解內外在條件、目標等就成爲不可避免，必須去面對的事情。一個組織團隊在規劃進行過程中，一定會觸及到一些最根本的問題，譬如：

　　　我們是誰？

　　　我們要做什麼？

　　　我們做的中心要成為什麼樣的地方？

　　　為了這個中心，我們共同相信的價值與信念是什麼？

　　　我們有什麼遠大的想法想要實現？

　　　我們的階段性目標是什麼？

　　　我們對於利用這個中心去達成理想有什麼共識？

　　　我們的目標是什麼？

　　　我們要達成這些目標有什麼困難要克服？

　　　我們去實現這個理想目標的資源是什麼？

　　　我們有什麼方法來突破困難達成目標？

　　　……

　　除了筆者以上所提出的這些問題外，相信讀者在規劃心目中理想的環境學習中心過程中，也不斷的會有更多的問題被提出。當然也會不斷的因爲組織規劃團隊的努力，爲這些問題找到合理的解答。當這些問題能夠被完滿的界定與回答時，相信一份清楚紮實的規劃報告就已經呼之欲出了。

　　也許有人會好奇當規劃團隊在回答這些問題而忙得團團轉時，有沒有什麼有系統、有條理的方法，可以幫助大家讓這個規劃過程的進行較

爲清楚平順呢？當然在規劃領域有許多的方式可以參考，筆者提出過去常常用到，也覺得挺有幫助的方式給大家參考，就是可以參考採用策略規劃（strategic planning）的方法。在筆者過去協助各公民營單位發展環境學習中心的過程中，策略規劃都曾被採用過，個人覺得是一個很有用的方法。由於篇幅有限，因此並不打算就此章有限篇幅裡去仔細介紹與討論。而坊間介紹與探討策略規劃的書籍與參考資料頗豐，讀者未來在採用策略規劃方法時，皆可以多方參考。

筆者過去曾參考過Byrd（1998）在探討環境學習中心與策略規劃有關的資料，並實際執行過。深刻感受到該方法對於環境學習中心規劃，甚至對組織團隊未來能夠持續努力的堅強動力有很大幫助。策略規劃是種管理工具，使用它的目的在於：協助組織集中能量做對的事情；確保組織裡的成員都能夠朝著相同的目標前進；評估與判斷組織對於環境變化的反應。整體而言，策略規劃就是有條理、有系統的產生基本決策（fundamental decisions）以及實地執行的結果，讓組織看得到具體的未來狀況，並能夠引導組織解答「該做什麼？」和「爲何該做？」的課題。對任何組織而言，策略規劃是相當必要的工具，組織可以用它來發展共同的願景（vision），並運用策略去實現願景，擬定行動計畫來領導組織邁向成功。這個過程需要團隊合作、有效溝通、信任、尊重與組織各級成員間的共識，種種因素相互配合才能夠達成。

筆者特別要在此強調，策略規劃在規劃初始階段，常被許多組織單位忽略了，覺得它是在浪費時間，應該趕快藉由內外部專家協助確立與撰寫出某些目標，然後立刻跳入實質規劃中心的設施、場域、方案等較爲具體的工作項目去。但是以筆者多年的經驗，建議此階段千萬不要跳躍與小看了策略規劃的效果與影響。筆者甚至覺得策略規劃，對於推動團隊有培力（empowerment）的影響。所以在此階段，絕對不能只是看重策略規劃產出的成果，而是要將過程同樣的重視與完整的執行。Byrd（1998）也認爲有策略的思考及行動，若能成爲組織的文化，那麼讓策略規劃成爲組織運作的一部分絕非難事，而且會成爲環境學習中心應付

挑戰與把握機會的最佳利器。策略規劃可說是個多方共同參與規劃的過程，凡是投注在組織發展的個人團體，都應考量進去，其優點在於能夠：

1. 建立內外部參與者對組織及策略的熱情與承諾，使個人能將組織的目標看做是自己的目標來達成。
2. 確保組織所擁有的資訊能反應實際需求，並了解內外部的認知。
3. 整合內外部人員對事件或議題的看法，獲得客觀的規劃過程。
4. 培養未來合作共事的基礎情誼。
5. 讓所有利害關係人（stakeholder）具有一致的目標。
6. 促進各成員間的意見交流。

在筆者過去協助林務局發展自然教育中心的工作經驗中，也參考了策略規劃與行動研究的方法，協助林務局各林區管理處，分別成立了八個自然教育中心發展行動研究團隊。參考了策略規劃步驟流程（Byrd, 1998），於計畫執行期間進行必要的檢視與組織內部的準備工作，包括確認組織是否已做好準備，獲得各相關人員的支持，進而確定參與人員，形成策略規劃的執行計畫，找出關鍵的問題並確定工作坊所需要的資訊。接著則進行了行動研究的歷程，進行策略規劃各式討論與研擬工作，實際帶領行動研究團隊及其他相關人員擬定各分區自然教育中心發展策略。

除了參考策略規劃步驟擬定各分區自然教育中心發展策略外，策略規劃的發展歷程本身對於參與者而言與行動研究一樣，是一個促進組織內溝通、能力建構（capacity building）與培力（empowerment）的重要嘗試，它是一個改變的起點而非終點。歷經策略規劃工作所蒐集到的各項資料及結果，是行動研究團隊會議參與者共同匯聚出來的結果與概念，但如要真正實現，仍需要更多的討論與規劃，因此，在策略規劃工作結束後，後續的落實執行和持續的推動工作，才是真正產生影響的重要因子。

三、確立中心願景、宗旨、信念、目標

　　規劃團隊藉由第一個階段對於現況的評估分析，以及第二個階段的策略規劃後，對於中心的服務對象與服務需求狀況，以及推動單位的企圖想法有具體了解後，接下來就是要確立規劃的目標。在這個階段如果仔細去想，其實有兩個層次的目標要去確立。第一個層次的目標，是要對正在從事環境學習中心的規劃這件事情的本身，要對於這個規劃工作整體的目標與各細部規劃工作要達成的目標有一清楚的釐清與設定。第二個層次則是應該要對於規劃中的環境學習中心，未來存在的願景、宗旨、信念、所欲達成的基本目的與目標等有一清楚的方向並確立。在這兩個層面的目標確立之後，後續的規劃工作才能逐步有順序條理的開展。第一個層次屬於規劃團隊操作這件規劃有關的工作目標與職責，不在此討論。筆者將此階段的重心放在第二個層次，也就是對於環境學習中心未來的定位設想與想像方面。誠如第二個階段策略規劃步驟所強調，組織推動建置一個環境學習中心，一定要先釐清一些基本的問題，建立共同清楚的想像、定位與價值信念等。藉由這些初始階段的定位與確立，後續發展出來的中心有關的工作才不會飄移與偏離方向。因此這些共識的取得與達成，重要性不可謂不大。在此階段，乃統整前一步驟經過規劃團隊共同的努力，可以建立欲設置的環境學習中心清楚的願景（vision）、宗旨（mission）、信念（belief）、目的與目標敘述。對於後續的規劃工作，甚至未來成立之後的運作發展，都有非常重要的意義與影響。

四、場域調查、分析與評估

　　對於中心所在場域以及鄰近各種可能作為中心運作的資源，從自然資源到人文資源，都必須要進行調查、蒐集、整理與分析，以評估作為中心活動方案內涵的潛力與可能性。但是筆者需要在此先提醒的是，如

此對現場既有設施、物理環境、自然環境、社會文化環境等資源進行的調查與分析，絕對不是要做鉅細靡遺的調查，因為那絕對是無邊無際在有限的時間裡很難達成的。這裡所說的調查，是要以先前規劃團隊所預先仔細討論出來，能反應中心所處區位場域的資源特質所發展出來的方案的核心精神，以及腦力激盪之下，對於未來的使用者（不論是學校學生、社區居民、一般訪客等），我們究竟想要創造他們什麼樣的使用型態與經驗有關。要把以上這些關切與設想，當作調查與篩選資源條件的參考指引。如此對於資源的調查、分析與評估，才會有重點與依歸。

在這個過程中，對於調查方向領域有關的專業人士當然必須適時的邀請參與。此外還要提醒，千萬不要忽視了，當地的居民或耆老其實對於在地資源的了解與變遷的掌握，可能更勝於我們以及從外部來的專家。所以在調查探訪的過程中，千萬不要忽視邀請與請教在地的資源人士。透過這些在地專家的參與，規劃團隊得以掌握更多元面向與更深入的資訊，才能夠做出更適合的規劃與設計。

五、發展中心方案核心概念、設想可能的使用與服務

就像是規劃與建立一所學校，不能只有校舍、校園的規劃，還必須一開始就確立這個學校的設置基本精神、校園資源特色、教與學的方式、學習活動等，並將之納入該校課程發展的指導軸心（儘管當時只是一個學校的籌備處，還沒有學生、教師呢），並與環境規劃及建築規劃的專業單位充分溝通，反應並納入整體的規劃考量。因此，規劃一個環境學習中心，也與上述籌備規劃一個新設學校是類似的，要在規劃階段，就需構思中心所在場域的資源特色、場域精神，並將之反應到環境學習中心的方案構思與整體規劃及需求內。

一個環境學習中心的方案，縱使可能有環境教育（education）、解說（interpretation）、傳播溝通（communication）等不同型態，但是在尋找這種核心精神與最重要概念，並且將之反應在各式方案上的關懷應

該都是一致的。譬如在針對學校學生團體的方案活動，可以藉由這些最重要核心學習概念（concepts）的確立，來導引未來較詳細的課程發展與學習經驗的安排。在解說方案（interpretive program）上，可以藉由反應在地資源特色與關懷，所萃取出之最重要的解說主旨（theme）的確立，導引接下來次主旨（sub-themes）的發展與確認，能更進一步發展出有意義的解說（meaningful interpretation）方案與解說服務，來連結（connect）服務使用者與環境學習中心的資源與體驗。在傳播溝通方案的形塑上，也需要確認關鍵重要訊息（key message），才能發展有效的溝通方案內容與選擇有效的溝通策略。

　　一旦這些最上位的重要概念與核心精神被發展與確立，相伴隨的使用型態與可能的使用經驗，就可以被規劃團隊預先設想出來。就算是此階段尚未進入真正的方案規劃，但是這些先期的設想構思，就足以幫助規劃團隊，定位未來滿足方案與使用所必需的軟硬體各方面需求，然後將之反應在後續的各階段規劃上。所以筆者將此階段比擬是一個逐步從抽象概念，進入具象規劃形塑的必要階段，千萬不可省略跳過。

六、進行規劃

　　對於中心實質需要的活動方案，以及相對應必須的設施、人力資源、營運管理等構成要素之層面要開始進行規劃，其中尤其是方案的規劃，要充分反映出所屬資源的特色條件、方案活動的特質、滿足服務對象的需求。其中應注意到方案的規劃要立即優先（或最起碼同時）於其他的項目先開始實施，後續對應的設施、人、營運管理等方面的規劃才有所根據依循。

　　當然，在開始規劃中心之初，很多的資源與現地的狀況還不是非常理解的狀態下，當然不可能對於中心的方案做出很好、很細緻的規劃與設計。筆者在前面一段所指要儘早開展方案的努力，並不是要求要這樣沒有根據的進行方案活動的細部規劃設計。筆者在此強調的是，規劃團

隊應該要經過了解未來使用者需求的狀況下，對於可能的方案與活動，先進行構思想像與設想。對於未來可能發生的使用需求、體驗型態、經驗類型方式等，就算還沒有詳細的活動設計，也應該可以有初步的設想。大致來說，環境學習中心的方案不外乎可以具有環境教育、解說、傳播溝通等三種類型特色。根據這樣的設想，相關聯的設施、場域規劃、人員人力需求與安排、可能的經營管理等關切，才能逐漸的被規劃反應出來。接著再根據更精細或是更進一步的理解、資訊掌握與意見溝通，規劃團隊才能做出更佳的規劃和設計。

很可惜的是，目前很多國內有關的規劃，從公部門到私部門，常常都一開始就花了很大的功夫與資源在做硬體設施的規劃，與軟體的規劃沒有太大關聯考量，或甚至完全忽視了。結果規劃與建構完成的環境學習中心設施，有許多時候與現實的使用狀況或是方案活動執行需求差距太大。殊不知所有的硬體規劃，是對未來使用者需求的反應和預作設想。以環境學習中心而言，也就是為了學校學生與一般遊客在方案與活動的參與和使用。如果要讓這些使用有意義化，則一定要反應出是為了什麼在用以及誰在使用。答案很簡單，當然是為了各種方案的執行而使用！所以筆者很衷心的建議在此步驟階段進行規劃的時刻，不論從方案、設施、人力與營運管理等方面的規劃，千萬不要成為四個獨立沒有關聯各自發展的規劃，規劃團隊彼此一定要有豐富的對話與整合。尤其重要的是，要對於方案規劃重要性的認識！方案是環境學習中心存在的核心價值與需求產生的依據，絕對不可忽視了。

從以上的關切點出發，我們就可以充分的了解規劃一個環境學習中心，其實就是在進行一個環境教育系統的整體規劃，設法在事前就用整體的眼光與上位的視野為未來的發展勾繪出藍圖，並提出逐步實現的步驟、策略與方法。以上所述之六個層面，代表著一個環境教育系統若要能夠實踐所必需預作思考與安排的面向。

本書先前於第二章曾經介紹並闡述過，構成環境學習中心的基本要素之模式。要設置與發展一個環境學習中心，必然要謹慎考慮到四項基

本要素——方案、人、設施、營運管理。這四項要素的掌握與妥善安排，對於環境學習中心的經營者非常重要。當他（她）能夠把這四項要素的運轉調校到最好的狀態時，也就是一個中心運作最有效率與影響力的時候。同樣的，對於規劃一個環境學習中心，規劃團隊也必須要清楚掌握這四項要素，才能有重點與方法的去進行必要的規劃工作，去讓一個環境學習中心能夠從概念構思到具體成形與實現。因此，了解一個環境學習中心的要素，以及將這些重點考慮納入到規劃的內涵與設計中，就是在規劃一個環境學習中心之初必須有的理解。現就其要素的概念與環境學習中心規劃發展的關切討論，闡述如下：

（一）方案活動

　　一個教育方案的成功需要有品質優良、符合教師教學需求的輔助教材。就環境學習中心而言，中心可使用的教材，與傳統學校所稱的教材（非常仰賴紙本）有所不同，由於強調在環境中親身第一手體驗與學習，所以它的構成可能包括了中心本身的展示、網路資源、經過細心專業規劃的教學步道與自然步道、戶外學習的場域、自導式步道摺頁、各種主題的學習手冊等。這些不同型態的教材，都是教師來到環境學習中心時可以搭配使用的教材或教具，環境學習中心在規劃階段時即將可使用的資源妥善作分類，並做出最好配合的學習活動設計，使未來要使用的中心教育人員方便配合課程需求規劃與取用，同時也可以藉著這些優質的教材資料與有興趣使用的單位如學校、社區、家長們做更有效的溝通與討論，可增加推廣的速度，所以一個中心吸引人的優質教材，其實本身就是一個行銷推廣環境學習中心優質環境學習與有意義遊憩體驗的工具。

（二）人

　　中心的人力可以分成二個層面，一方面是推動執行的行政人員；另一是執行各式教學與解說工作的人力。對一個環境學習中心來說，通常

需要1-2位專責的人員，來統籌處理中心的行政及營運管理的問題。一個中心要能維持並將其理念拓展出去，需要一個行政體系來做整體的規劃、執行教師培訓等，如此才能使中心的運作漸上軌道，甚至獲得更多外部的支援，使中心的經費及人力資源不虞匱乏。就環境學習中心而言，執行教學的人力，指的是可勝任負責執行中心的教育方案活動、進行環境教育教學的人員，主要包括中心的專業環境教育教師，次要的也可以加上夥伴學校的老師、可能有興趣的志工（包括相關的社區與民間保育團體成員）。這些人力資源在經過中心的培訓之後，逐步可在學校、社區與環境學習中心等場域上，慢慢的播種並發揮影響力，促進環境保育概念的推廣與行動的落實。

當中心的環境教育方案漸次開展，總會有一批熱心的活動參與者參與方案活動的使用或是教學推廣。環境學習中心也必定由於其受到的認同，逐步能吸引來一批志同道合的伙伴、會員與志工，一起努力在學校、社區或是廣大的社會大眾間推廣環境保育的理念。在中心的活動方案持續推動了一段時日後，中心應要有能力掌握長期以來參與的夥伴，並建立持續聯繫溝通的管道。如此才能持續維持參與伙伴的熱忱與對中心與方案的向心力，並藉由互相交流與扶持，分享累積大家的經驗與智慧。這也是維繫和持續改進與發展更好的中心方案活動的原動力之一。

筆者再次強調，在發展一個中心時，人絕對是非常重要的資產與成功的先決條件。人對了，隨後的發展就可逐漸到位。筆者在過去輔導林務局發展環境學習中心的過程中，也特別透過研究界定出林務局的人員在經營推動自然教育中心方面該有的專業知能，亦覺得可以提供給其他單位發展環境學習中心時，在人員發展方面作為起點的參考（周儒、郭育任、劉冠妙，2008；周儒、陳湘寧，2008）。筆者界定一個林務局的自然教育中心運作，必須具有三種類型的人員，包括經營管理人員、教育與解說人員、場域與設施人員等三類。經營與管理人員方面，應具備環境學習中心方面的專業知能，總括「自然教育中心的整體性理念」、「自然教育中心的經營與管理」、「環境教育與解說方案之發展與推

動」、「自然教育中心的場域資源與設施」四大項目。而在教育與解說人員方面，應具備的專業知能屬於「自然教育中心之認識」、「自然教育中心的環境與永續發展教育」、「教育理論與實務」、「環境教育方案規劃、設計、執行與評估」及「環境解說方案規劃、設計、執行與評估」五大層面。在場域與設施人員方面，應具備的專業知能屬於「自然教育中心之認識」、「自然教育中心的環境與永續發展教育」、「環境管理與資源保育」及「永續規劃與設計」四大層面。筆者認為以上所界定出的專業知能，應該也可以應用到其他不同單位的自然中心、環境學習中心裡人員的專業能力培養與發展上。當中心的人力堅實之後，所有相關的課程、服務與中心發展就可以踏實的往前邁進。

· 中心的步道不只引領訪客移動，更引領與創造他們心靈與環境的互動與饗宴。

（三）設施與場域

　　一個環境學習中心必然會因應著中心的目標與資源的特質，去進行學習方案的規劃設計與執行，這時就牽涉到方案的執行時，配當的環境場域與必要的設施應該有哪些？設置在哪裡？需要如何設置、維護？設置的基本考慮與指導原則有哪些？要設置到怎樣的規模？以上諸多問題的妥善回答與安排，就是一個中心必須在規劃的時候就要注意考慮，並內建與展現在規劃的內涵與未來的實施方案上。一個中心的場域設施，包括了具有特色的現場資源、環境與配合方案進行所必需的各式軟硬體。一般而言有生活設施、教育設施、解說設施、環境與永續設施、經營運作設施等。尤其對於中心所在場域的重要環境與棲地及資源的妥善管理，也必須在規劃之初就納入規劃項目。當然，如有因應中心特色所必須的特殊設施，也會因應這特色需求而發展與運作。

・強調互動與啟發性的KEEP自然學
校展示。

・非常親切與具手做特色的田貫湖
自然塾的展示。

（四）營運管理

此面向包括的層面其實比較複雜，大致包括以下幾個關切點：

1. 財務規劃

任何環境教育方案的推動，皆需有推動方案所需的適當經費，當然
環境學習中心的推展也不會例外。經費雖是必須，但卻也要注意並不能
保證中心營運的有效與成功。經費不一定需要非常龐大的數目，但起碼
需足夠支持推動計畫所需的各項軟硬體必要支出的經費。同時對於經費
的需求，規劃單位也需要設定階段性的目標，並有專人去完成獲致經費
的工作目標。

2. 推廣與行銷

環境學習中心有了高品質的環境學習活動方案系統之後，還必須思
考如何透過適當的管道，將環境學習中心方案活動的優質特性讓目標使
用者知道，並願意付出代價（不論是時間、經費或是其他成本）來取
得，也就是要能吸引他們到中心來進行體驗與學習，當然需要的時候也
能把環境學習服務送到基層的使用者手中。環境學習中心所提供的教學
活動服務有兩種類型，一種是最直接的，就是想辦法吸引使用者直接到
中心來進行體驗與學習，另一種則是由中心的專業人員到學校與社區，
去對目標對象進行推廣教育。要能夠吸引有興趣的使用者來中心，使用
中心的優質環境學習服務與設施或是直接去學校面對師生，把教材的效

能真正發揮出來，要透過很積極（但是要實在）的行銷策略來達成。這可以透過多樣積極行銷的做法如舉辦教師研習、直接去拜訪學校做簡報與示範教學、安排參訪等，也可透過其他方法，譬如網際網路、簡訊、電子報（或是定期的通訊）、部落格，或是其他定期、不定期的活動舉辦、發布新聞稿，及利用大眾傳播媒體等來促成。一旦設定了中心方案活動的主要與次要使用對象後，就要針對他們進行必要與適當的行銷及推廣努力，才能透過各式方案的使用，來達成中心的宗旨與目標。而中心作為一個所在社區的保育與文化中心，很必然必須更積極的去參與社區和保持與社區良好的關係，因此必要的公共關係與社會行銷工作，更是慣常必須注意與進行的。

　　3. 協調管理的機制

　　環境學習中心環境教育方案的推動，不只是將中心精心發展的方案活動推廣出去，更需要有一個推動與協調管理的機制，來統合中心所有的努力。對於中心推動教育方案、教學有效與否以及中心目標是否實現等，也要做隨時的檢視評估。需要的時候，才能對整個系統預作必要的調控，並對未來進行階段性的規劃。除此之外，也必須在不同階段協助方案推動所必須資源的尋求與人力和各項資源的妥適安排，按照整體的規劃目標逐步推動整個方案。這個上位的統籌協調機制，其規模應視中心的發展階段而定，應該要依方案的工作量、中心預期的目標，與經費的充裕度做適當的調整。透過這個統合協調的機制與必要安排，中心才能整合方案推動所必須的各個相關人力、財務、場域、設施等各重要部分的努力，發揮一個環境學習中心整體推動的能量與中心設置宗旨與願景的達成。因此，這上位統合經營管理的各項元素的設想，一定要在規劃階段就列入不同階段的安排與考慮中。

七、彙整結果提出規劃報告

　　對於一個完整的中心存在與運作，必要的各個部分規劃陸續完成，代表著參與規劃者和主事者逐步的將心中的夢想與共識，透過了無數的

資料蒐集、分析、研判與討論，具體化爲圖像文字，表達出來能夠讓其他的人也能分享了解，並且作爲建構與運作一個環境學習中心很重要的藍圖，也是未來邀請更多尋夢者一起加入的尋寶圖，是一個很重要的文件。因此，規劃團隊應針對中心存在的各項要素所進行的細部規劃結果彙整並提出，供推展單位作爲未來逐步實施的依據。當然一個環境學習中心規模有大、有小，有政府單位投注大量資源的展現，卻也有民間有心人事只憑藉著一股理想小成本的製作，因此在規劃報告上有很不一樣的呈現可能。對於一個規劃報告可以有的成分，筆者在隨後的內容還有更詳細的介紹，供有心者參考。

八、以最佳策略執行

環境學習中心的推動執行單位所做出的規劃，是一份可行的「尋寶路徑圖」，接下來當然就是要根據規劃的結果與建議，逐步的將規劃落實成爲眞正的中心之建構、發展與運轉。許多事情都是有關聯的，但是作爲主導推動的單位、團隊與個人，在眾多工作都要面對、處理繁雜的階段，仍必須針對工作的特性與先後順序，尋找最佳的策略，將中心各項有關發展與執行的計畫逐步付諸實施。如何決定優先順序呢，這是一門藝術，也不是一成不變的，如何在中心的存在與中心願景目標的達成上取得協調，是中心推動經營者永遠的挑戰，但也是成功的中心必經的挑戰。

九、評估與回饋

環境學習中心的規劃，絕對不應只是「紙上畫畫，牆上掛掛」而已，很誠懇的面對規劃與實施過程中每一個環節，是中心成功的條件。規劃絕對不是只要求看到規劃產品而已，它應該是一個首尾相連的過程。對於各個階段的實施，適時的反應檢討，絕對有利於下一步更穩健

的踏出。對於中心的各項規劃與實施工作，在各個階段都必須注意蒐集相關資訊與反應，以了解成效以作為中心各項工作持續努力改進與發展的依據。

以上的規劃模式，其實可以在過程中因應狀況的需要與回饋，而回到必要的階段，再進行應對新狀況與檢討的需要，去進行必要的規劃修正。這些步驟看似簡單，但是如果要執行得好，也得花很多的對話、討論、省思的過程。以筆者過去進行環境學習中心規劃的經驗，前面的分析與構築組織目標、願景等階段，其實是很重要的階段，省略不得，就好比練武功的基本功階段，紮實與否絕對會影響後來的表現。

第五節　老店新開──整合既有資源發展一個中心

本節強調的是已經具有一些環境學習中心條件的組織機構，如何強化組織功能與產品品質，更上層樓的去提供環境學習中心的服務。因此，不像是本章前面的重點是規劃一個新的中心，本節主要關注的課題是一個擁有環境學習中心條件的組織機構，如何整合既有的資源，統整功能、發揮最大功效，成為一個環境學習中心。許多目前臺灣發展環境學習中心的單位都屬於此種類型，讀者在此一定會提問，有哪些重點應該要發展呢？本節隨後的內容，將試著歸納提出以供參考。

當你（妳）對於環境學習中心充滿了嚮往，或是已經在有限的資源裡進行這個築夢、圓夢的歷程與努力時，一定期望你的中心能夠有很完善與優質的服務，以及更大的社會影響。但是這個期望中的「理想的環境學習中心」，在你我的想像中的影像呈現，可能並不相同。甚至在同一個組織或個人，對於這個心目中的「理想的」環境學習中心，在不同的時期與發展階段，都可能會有不同的期望與界定。本書所謂的「理

想」兩字，其實只是一種相對的比較與形容。它並不是一個一元的標準，而是可以因個人與單位自己的想法去勾繪的。

當然，追求卓越是每個人與組織都會做的事情，所以不要擔心自己的中心是否完美，因為那是要經過時間的考驗與組織的努力，才能夠逐步提升到達的品質狀態。沒有經過努力的過程，沒有經過不斷的面對挑戰與解決問題，你的中心絕對不會一下就提升了能量，從輕量級跳到重量級的階段。甚至你如果要做個優質的輕量級的中心，而不選擇成為重量級的中心去發展，我覺得那也是一種了解了自己以後，所做出的追求理想實踐的抉擇，都是值得尊敬與認同的。

所以理想的環境學習中心，絕對是發展者（單位）自己要去界定的，那是要投注心力去努力追尋逐步達成的，絕對不是一蹴可幾的。因此，筆者在本節以及隨後的篇幅中，並不是要標舉出一個一成不變的標準與發展方式，而是要提出一些發展環境學習中心努力過程中，可能必須要注意的重要工作面向參考。藉由這些重點工作與考量的逐步被進行與實踐，能夠協助你（妳）的環境學習中心朝向心目中的理想邁進。

環境學習中心是一個活潑與生動的環境學習場域及專業機構，透過在這個機構裡進行的活動與學習，逐步培養了參與活動及學習的大朋友、小朋友們，實踐環境保育與永續發展的必要素養。如果你對這樣的場域心動了，那下一步就是如何一步一步的去建構這樣的機制了。不論對於個人或是一個組織，這個階段無疑都是最具挑戰性，但也是最迷人的。作為一個過來人，筆者覺得這個階段簡直就像是爬山一樣的歷程。面對著眼前所看到最近的山峰，我們賣力向前邁進，一步一步的爬上了山頂。但是環顧四望，仍然有著一座一座更高的山峰橫亙在我們的眼前。何時是終點，很難確認。但是可以確認的是，你在攀登每一座高峰過程所累積的能量，都將能夠提供你信心與能力，在你下一次攀登的挑戰中派上用場。

臺灣在發展環境與永續發展教育的過程中，各式的努力策略與工作已經陸陸續續的發展出來。而環境學習中心的發展，當然也在整個努力

過程中，很自然的會成為關注的焦點方向與目標。目前在臺灣有一些政府與民間的機構團體，已經或是正在開始發展環境學習中心。在發展的歷程中，也許筆者可以提供一些經驗，作為後繼者的參考。

本節所用的「發展」兩字，其實強調的是，這是個持續不斷、追求卓越的歷程之特性。如果你（妳）才開始，沒關係，開始就是一大進步了！你或妳的組織的資源與能力，也許都還在最初始的階段，沒關係，不要急，不要想一步登天！只要有目標方向並一步步往前邁進，你終究會找到最適合你（妳）的機構最佳的環境學習中心模式。雖然如此，筆者相信，我們仍可以從一些前人所走過的路，歸納出一些必須注意的步驟與難得的發展經驗要點，應可提供新手或是有心於此的同好們參考的。透過對於這些經驗累積與養分之攝取，相信將能夠讓發展的進程與腳步稍稍穩當些。這些必經的步驟與階段，筆者建議讀者需要一步步去思考、釐清、親身歷練，才會逐步達到理想的目標。

筆者過去多年協助過不少公民營機構，整合既有資源發展環境學習中心。尤其是從近年協助林務局發展自然教育中心的行動研究過程中，印證了許多策略與方法，可以提供同好們參考（周儒、郭育任、劉冠妙，2008，2010）。在整理了過去的經驗與各方的參考資訊後，筆者認為在發展建構一個環境學習中心，建議有以下之發展重心，可以提供作為有志於朝此方向前進的單位或個人，在發展環境學習中心過程努力之依據。筆者整理環境學習中心發展的重點向度架構，如圖8-2所示。

筆者要提醒讀者，這些重點方向並不是一個單純的線性發展歷程。所有以下模式所關注之六個層面的發展要件與工作重點，都會在一個中心不同的發展階段中被重複提出，甚至互為因果彼此影響著，差別只是關注深淺與投入資源的多寡而已。因此，在本書稱呼這些要素為「發展重點」，並非稱呼它們為「發展階段」，其重要考慮即在此。有興趣於環境學習中心發展之單位及個人，可以參考利用之。

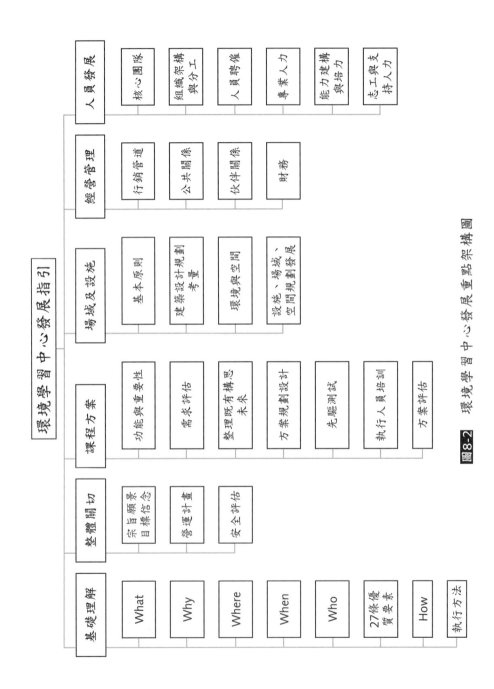

圖8-2 環境學習中心發展重點架構圖

這些發展重點大致可以區分為以下六個層面，現分別簡要說明之。

1. 建立基礎理解

主要工作在於釐清組織進行環境學習中心發展的動機，檢視個人與組織條件，了解環境學習中心的各項特徵要素與運作的基本考慮，以及認識發展成優質的環境學習中心之重要指標。這個階段的努力，是奠立一個組織發展環境學習中心之時，內部必要的理解和共識之基石。知道自己為什麼要做這件事、要往哪裡走、採用的策略方法、有哪些優質的指標要去追尋等。在此階段，組織常常採用策略規劃來進行。

2. 發展整體關切

組織要發展環境學習中心，並非只是設計些環境教育與解說活動，再找人來執行那麼簡單的事情而已。對於所從事的改變與努力，整個單位必須要對於先前策略規劃，建立環境學習中心的宗旨、願景、目標、信念等，並要獲得共識與充分理解。建立此理解，組織要檢視原有的營運現況，釐訂在未來特定時程內，環境學習中心不同進程發展所欲達成的目標。同時要注意因為不是新開始，而是就既有的設施人員場域等去發展，因此必須要隨著環境學習中心新的功能與服務對象，仔細檢視組織所有的條件，在教學、生活、活動等層面，是否有完善的安全評估與因應緊急狀況的處置計畫等。

3. 優化課程方案

一個中心的方案與活動，絕對是一個中心的靈魂與發揮影響力的核心，它因應著不同的需求、對象、目的，會有著不同的型態。不論是單日型態或是隔夜住宿型態的課程方案，基本上都會具有環境教育、環境解說、環境傳播等三種型態。環境教育方案比較上，是有教學目標、對象特定。環境解說方案，則比較上休閒遊憩成分較多，對象比較彈性。環境傳播方案活動，則對象廣泛，可以透過人員、媒體、網路等來進行，強調觀念的推廣。但是不論是哪種型態的方案活動，總是要注意能夠引導使用者、學習者了解中心的宗旨、願景，並要達成中心的教育、研究、保育、文化、遊憩等目標。

　　一個中心要發展與優化本身的方案，有些必要的工作步驟要經歷，大致包括：釐清功能與重要性、進行需求評估、整理既有方案活動，並構思未來課程方案的可能方向重點、進行方案的規劃設計、先驅測試教學活動方案並進行必要的修正調整、培訓執行方案教學引導的人員、進行方案評估等。由於此部分的關切，在本書先前第五章已經有詳細的介紹，筆者不在此多做介紹，讀者可以詳閱並採用相關章節內容與建議步驟來操作。

4. 完善場域及設施

　　本書所討論的中心絕對是實體而非虛擬的，要落實環境學習中心的目標，一定要創造使用者在中心真實環境裡的體驗、學習與生活。因此，完善、適合並具有啓發與教育意義的設施和場域空間安排，就非常重要。就中心場域設施的設置基本原則、建築規劃設計、環境與空間、設施場域空間規劃設計等重點關切，都必須要謹愼的去進行。中心的場域設施的設置與安排，應該要能呼應中心的存在價值與組織目標，並能夠配合各式方案與活動的規劃與使用者需求，來進行妥善的規劃設計。

　　場域與設施其實本身要能夠具有教育意義。各個不同區位、功能，對友善環境和永續發展的承諾，要能夠反應在實際的教育、生活等設施和空間的安排上。這些要求對於已經在運作的組織而言，其實也是一個挑戰。因爲很多空間都已經是既存的，因此透過妥善的規劃與改善，可能比新建還來得重要。雖有挑戰，但是如果能夠謹愼操作，這個努力去改善、維護與合理經營管理場域與各式設施的過程，本身就是對內部人員與外部使用者最真實的教育過程。

　　對於環境學習中心設施場域發展，市面上已經有許多環境與景觀規劃、環境學習中心設施規劃、解說規劃、兒童遊戲與學習空間規劃設計等相關方面的書籍可供參考。對於形塑環境學習中心的學習場域設施，都會非常有幫助。但是切記，場域設施一定要能夠呼應中心的宗旨，以及課程方案教學、生活與運作的需求，並反應出場域與組織精神。它本身就是具有教育意義功能與影響，能創造與方案相得益彰的效果。

5. 完善經營管理

要在既有的組織機構發展環境學習中心，需要許多內部溝通、建立共識、形塑新典範的努力。因此，把組織對中心的共同概念價值與經營做法調整到最適合的狀態，才能夠讓「老店新開」。而這個部分的工作，是一個組織能否順利建置完成環境學習中心的關鍵所在，千萬忽視不得！這些促成新建立一個中心或是「老店新開」，在經營管理方面的關懷重點與需要的努力，本章先前各節也都有相關的內容仔細說明。當「老店」已經完成內部整備，接下來是要把產品與服務拿到市場上去的時候了。這個時候，不僅是中心的經營管理單位內部的完備，更需要直接去與目標的服務使用對象進行有效的溝通行銷，才有可能把服務順利的推出，並透過方案活動的推出與使用，去創造環境學習中心理想的實踐與造成社會影響。

此外也要充分理解，一個中心必須要能夠獲得相鄰社區、所在地區、一般大眾、學校師生的支持，這種公共溝通與良好互動關係及氛圍的建立和維持，是中心平時就要積極去做的努力。而中心也必須與區域內其他的公民營團體機構，維持良好關係，互通有無、互相支持。這樣的夥伴關係建構，能夠創造互利與共存共榮的關係，重要性不容忽視。

中心推動與運作的不同階段，也都有資金的需求，因此要預作妥善的規劃。很多中心是以非營利組織的型態來營運，雖屬性上是不以營利為目的，但也仍必須要有充分妥當的經費支持，才能夠達成組織設置中心的宗旨與目標。中心應該有哪些的經費來源支持、互相的關係、所占的比率多少、年度人事、設備、業務等有關的費用支出，以及使用收費收入等，都必須預先評估核算，對來源預作規劃，才能以穩健的營運為基礎與後盾，來達成最初所設定的中心方向與目標。

6. 積極人員發展

人絕對是一個中心構成重要要素之一。由於是在既有的組織機構內，重新發展環境學習中心，因此必須要組織有核心的團隊來負責各項的努力與推動。同時對於新發展的環境學習中心，應該有什麼組織架構

與工作分工來推動中心的運作，也必須預作探討與進行妥善協調及建立。而中心運作服務所需要的環境教育與相關專業人員，如果不是組織內既有的人才而必須向外招募，則更需要對人員所需具備的知能有清楚要求與界定。如果也需要從組織內部既有人力進行專業培養提升，來因應環境學習中心新工作的能力需求，則需儘早開始進行專業發展，以便提升他們的能量（capacity building）與對於環境學習中心發展運作的積極認同、喚起參與人員的自我覺察，並能從心出發培養參與的習慣（empowerment）。

中心除了直接面對顧客與學生，進行教學、解說與活動執行的人員外，其他部門諸如業務、維護、銷售、餐飲、行政、棲地管理等有關部門人員，都必須整體的動起來，調整、建立適當的能力與認同，才能充分支持「老店」的「新開」。同時有許多單位由於專職人力有限，也部分仰賴志工（volunteer）的支持與參與，這時也必須要根據方案活動的執行、中心運作的需求，妥善預作人力規劃，並邀請他們參與適當的培訓與能力提升，以便未來能夠一起參與和支持環境學習中心的運作執行。

同時筆者根據多年經驗，也要提醒未來有意進行人員提升發展培育的單位，一定要留意在以上所提到的專業能力培訓、培力等工作，要掌握成人學習的特性與需求，妥善安排適當的組織學習課程與合宜的方式來執行。透過了這些以問題解決為導向的學習，來確保組織的動力與持續精進向前的企圖心與執行力。

第六節　如何呈現規劃報告？

規劃的結果，是要完成一份總體計畫，它也代表者一種夢想（Evans & Chipman-Evans, 2004）。愛做環境學習中心大夢的有心人與同好們，

千萬不要忽視了規劃的這個階段，因為你和那些同你一起做夢的夥伴，將夢想具體的藉由一份整體規劃全盤的表達出來！夢想的下一步當然就是付諸實行，這也可能是作為一種分享的開始。有一份完整的規劃，你可以更方便具體的去邀請更多的人一起來做夢與圓夢。你（你們）可以據以邀請他人出錢、出力，來實現夢想。每一個人在過去學習的背景各有不同，但是一份環境學習中心或環境學習中心的總體計畫，總要有一些具體的成分必須呈現出來，它才可以作為溝通理念時的重要根據。本節提出了一些前人的經驗供參考。但是要注意的是，它固然是個依據，但絕對不是要侷限你的工作範疇與想像力。

不要太擔心這個規劃報告是不是像個環境規劃公司的專業規劃報告，但是要掌握到交代這個美夢的完整邏輯順序就對了。筆者對一個完整的環境學習中心規劃書建議，包括以下各部分的內容：

1. 願景（vision）
2. 宗旨（mission）
3. 目的（goal）
4. 目標（objectives）陳述
5. 現況分析
6. 實施策略
7. 經營計畫
8. 解說方案計畫
9. 環境教育方案計畫
10. 人力發展
11. 設施發展
12. 營運策略
13. 預算及募款計畫
14. 用地發展

除此之外，甚至需要一份行銷企劃案。這些經過完整考慮所呈現的規劃報告，是實現你們一群人夢想的重要根據與溝通的工具，其重要性

不可小覷。一份完整的環境學習中心規劃書沒有規定一定要有什麼部分章節，因為每一個規劃報告所面對的委託單位企圖或是報告的閱讀者都有不同的期望。但是有志於此的同好可以參考前人的作品，有助於整理你們的思緒。要注意的是，其實規劃報告好比就是一份有條理邏輯的文書，更是清楚交代要如何去逐步努力追求夢想與實現夢想的指南。筆者根據過去經驗也藉由以下篇幅，呈現與分享一些環境學習中心規劃報告裡面可以包含的章節部分，供讀者與同好們參考。

案例一、設置臺北市新店溪畔河濱公園都市環境學習中心之規劃研究[1]

表目錄

圖目錄

第一章　緒論
　　第一節　研究緣起、背景與重要性
　　第二節　研究規劃目的、目標
　　第三節　研究規劃範圍
　　第四節　相關計畫、法規

第二章　相關理論與實務發展狀況
　　第一節　自然中心的緣起與發展
　　第二節　國外發展狀況
　　第三節　自然中心對於環境教育目標之達成
　　第四節　我國的狀況

1　周儒（2000）。《設置臺北市新店溪畔河濱公園都市環境學習中心之規劃研究》，市府建設專題研究報告第298輯。臺北：臺北市政府研究發展考核委員會。

　　以上是臺北市研考會委託筆者在2000年時，針對臺北市公館師大分部鄰近的新店溪河濱公園與鄰近區域的資源，以設置都市型態的環境學習中心為目標所做的一個初步研究規劃。

　　我們應該也知道並能接受不同的需求目標，會形成不同的規劃目標與不同的規劃成果報告。以下再呈現一個以臺灣師範大學理學院以永續校園為基礎標的的規劃書章節目次，它規劃出一個具有都市型態但是由大學所推展的一個小型環境學習中心。呈現了另外一種需求與企圖，同樣也具有參考價值。

案例二、國立臺灣師範大學永續校園之環境教育暨管理規劃建議書[2]

一、前言

1. 計畫緣起與背景

2. 計畫目的與目標

3. 計畫規劃範圍

4. 計畫架構

二、相關理論與實務發展狀況

1. 永續發展的起源與內涵

2. 綠色大學之發展與指導原則

3. 綠色大學（Green Campus）的相關案例

三、永續校園環境教育基地之現況與分析

1. 國立臺灣師範大學分部校區和鄰近區域的環境變遷

2. 環境教育基地規劃範圍

3. 國立臺灣師範大學理學院分部的環境現況與分析—SWOT分析

   (1) 分部校區位置

   (2) 分部校區環境概況

   (3) 鄰近社區之相關資源

   (4) 環境教育基地現況

   (5) 環境教育基地之SWOT分析

四、活動方案

1. 軟硬體經營管理方案

2　此份規劃書是針對臺灣師大理學院永續校園以環境學習中心發展為定位的初步規劃，完成於93學年第二學期的環境教育系統規劃課。王書貞、林思玲、林建南、林慧年、林學淵、紀藶倍、姜永浚、黃思婷、劉安怡、廖慧怡、鍾錚華（2005），《國立臺灣師範大學永續校園之環境教育暨管理規劃建議書》。未出版，臺北：國立臺灣師範大學環境教育研究所。

目前在臺灣已經有許多政府機構或是民間團體，致力於發展設置環境學習中心類型的專業環境教育設施，由於經費的來源、場域資源的特色、規劃推動的單位、土地的權屬、目標願景策略等都各有不同，所呈現的面貌當然就有所差異。本章筆者要特別介紹呈現另一個由彰化縣政府、內政部營建署所推動的彰化成功環境學習營區的規劃發展案例。可以藉由此案例的報告目次，了解另外一個環境學習中心規劃報告的內容（財團法人觀樹教育基金會，2004）。

這個「彰化成功營區綠色環境學習營地」是由財團法人觀樹教育基金會協助彰化縣政府規劃的環境學習中心[3]。位於彰化八卦山下，原為一廢棄十年的軍營（在1950-1991年為一陸軍砲兵營區），提供作為中心用地的面積約為8公頃。已經由彰化縣政府與內政部營建署（城鄉新風貌的專案）共同出資整修現有的閒置營舍與整理場域棲地，建構發展作為教學與住宿使用（含辦公室、教室、展示室、實驗室、餐廳、宿舍

3　「彰化成功營區綠色環境學習營地」的構想，是在內政部營建署「92年度地貌改造——城鄉風貌示範競爭型補助計畫」中，被評選為全國第二名，由中央補助經費來推動此一計畫。期望藉由環境學習中心的建立，結合彰化縣豐富的自然與人文資源，建立一環境學習基地，創造地方新的發展契機。此計畫的總體規劃是由彰化縣政府委託財團法人觀樹教育基金會的專業團隊，結合臺灣師大環境教育研究所的專業支持，進行整體的發展規劃。

等）。期望發展成為彰化縣以及中部地區最佳環境學習的主要基地。而規劃中環境學習中心的主要對象，在非假日（星期一至星期五）為國小高年級至國中的學生，假日則為一般民眾的親子活動。這個重量級專業環境教育設施的整建施工，從2003年開始至2005年已經大致完成。但是由於基層選舉改選與縣府組織及人事更替的緣故，相關的推動業務後來並沒有按照原先規劃順利延續。雖然目前仍由彰化縣教育局負責接手這個學習中心的推動工作，而由於相關的諸多條件因素之配合並不是那麼順暢，所以至今仍然在努力中。而這個案例仍然最起碼是臺灣所有縣市政府中，最早由縣政府推動的案例[4]。最起碼以永續觀點做發展核心，進行中心設施發展與課程規劃設計的做法，仍然值得後續有心發展環境學習中心者參考（財團法人觀樹教育基金會，2004）。筆者將此規劃報告的目次，也列述如下供參考。

案例三、綠色環境學習營地環境學習整體規劃

4　而新北市政府為了大力推展濕地環境教育與永續教育，在原來位於淡水河口附近挖仔尾自然保留區南側的「八里左岸會館」舊址，於2008年1月，成立了「新北市永續環境教育中心」，作為長期推展永續環境教育、保育與研究的中樞，則大概是目前各縣市政府中，第一個成功設置與積極提供教育服務的案例。

第九章　環境解說系統規劃

　　　　壹、目標對象

　　　　貳、路線規劃

　　　　參、設施與媒體

　　　　肆、策略

第十章　營地規劃與空間需求

　　　　壹、規劃原則

　　　　貳、土地分區使用規劃

　　　　參、營舍使用規劃

第十一章　設施需求與規劃

　　　　壹、教學設施與規劃

　　　　貳、生活設施與規劃

　　　　參、營運設施與規劃

第十二章　經營管理規劃

　　　　壹、潛在競爭者與合作者分析

　　　　貳、委託營運規劃

第十三章　結論與建議

　　　　壹、公部門配合事項

　　　　貳、策略

參考資料

附件

　　以上所介紹的幾個規劃報告的目次，並不是說要本書的讀者進行未來環境學習中心規劃時，一定要去套用這些格式。其實將這些內容呈現於本章，主要目的是想要協助有心發展環境學習中心的同好，在進行一

個中心的整體規劃之時，必須要去了解一個完整的環境教育系統，應該包含的成分與面向。目前國內很多單位或是個人，對於發展環境學習中心有著憧憬與夢想，這是非常可喜與值得鼓勵的。但是筆者建議個人與組織在一股腦投入前，最好還是參考以上建構一個環境學習中心之初，必須要了解到一個系統裡頭的各個不同面向的照顧與整合很重要。你（妳）未來在發展與建構一個環境學習中心時，你的組織或客戶對象就算不需要你去寫一份四平八穩的規劃報告出來，但是以上所呈現的三個不同規劃報告案例的目次，其實是主事者非常有用的參考。

第七節　持續追求卓越

從本章先前內容介紹，了解了規劃建構一個新的環境學習中心，以及從既有組織資源進行整合來發展出一個環境學習中心，所必須經歷的規劃與發展過程及努力重點。但是不論是哪種型態，一個環境學習中心從成立開始，就必須無時無刻要面對來自內部與外部的挑戰。如何調整自我，迎向挑戰，創造環境學習中心最佳的影響與社會實踐，絕對是許多經營環境學習中心的組織機構必須要了解與預作準備的。本節就針對環境學習中心應該如何持續追求卓越這關切點，來進行介紹。

一、要追求什麼卓越？

環境學習中心的發展，各國都有不同的發展特色與歷程，政府參與主導的角色也不盡然一樣。有些是民間保育團體與社區熱烈投入，帶動公部門相繼投入發展（如美國），也有些是由政府具有遠見的單位主導與充分支持，帶動民間的發展投入（如日本）。臺灣到目前為止尚在起

步發展階段，無法明確歸納。從起步到成熟，是一個漫長的歷程，它需要有許多方面專業的投入，也需要社會與政府的支持。要做好環境學習中心，相信是每個投入者心中都有的企圖與理想，但是優質的中心，反應的是一個什麼樣的型態與內涵？反應出的是一個什麼樣的哲理與社會現實與期望？美國的學者Wilson與Martin（1991）曾提出成功的自然中心七項準則，值得參考，曾被梁明煌（1998）引介並應用在評鑑研究上，現列述如下：

1. 服務的理念（創立的理念、機關社團團體的第一線服務、運作的評量、協助學校環境有關課程教學的工作、經費的靈活來源）
2. 穩固的支持（其他專業與經費人力等）
3. 一位負責發展業務的主任及一位執行活動方案的副主任是基本的人員條件（爭取公私立機關的員額補助、志工、短期實習生）
4. 完善的溝通網路（縱橫向關係的溝通聯絡、電腦網路、刊物、社區多議題交流、公眾展示）
5. 明確的目標（組織與發展目標、對象區隔性目標、工作進度、評量目標）
6. 明訂運作事項的優先順序
7. 一個諮詢委員會幫忙發展與引導（包括地方政府、環境教育專業、組織發展專家、學校行政與教學代表、社區民眾的加入）

以上這些針對自然中心發展之建議，其實清楚的標示出臺灣要發展優質的環境學習中心，在學校、社區播種環境保育的種子，應該考慮到的面向真的很多。而國內許多政府或是民間單位，都已經有注意到發展環境學習中心的必要與社會需求。而掌握了最多資源的政府單位，如何去更有系統的規劃與形塑符合臺灣社會需要的環境學習中心，需要更寬廣的眼光與盱衡全局的視野。

顯而易見，從許多過去國內外的研究與實務發展的過程及經驗中，大致可以知道是有一些發展方向重點，是環境學習中心必須要注意與追求的。如果臺灣可以直接吸取這些發展環境學習中心的重要經驗，必定

可以縮短自己摸索及發展的時間。因此，筆者過去曾進行過這方面的研究，出發點即在探索何謂「好」的環境學習中心？它應該具備哪些基本的設置標準？希冀透過這個研究的過程，能以先進國家長年發展的經驗，融合臺灣的本土研究發展成果，轉換成為符合臺灣狀況的優質環境學習中心之標準。希望能藉此幫助臺灣的類似產業與服務向上提升，促成臺灣在地的優質環境學習中心的實現（姜永浚，2006；周儒、姜永浚，2006）。

雖然這些優質環境學習中心要素的提出，並不是規範或是要求每個中心都要成為這樣的中心，但卻是標舉出一些我們可以追尋的標的。不同區位、屬性、資源、條件的中心，本來就有不同的發展階段、路徑與市場。但是在各自發展的歷程中，了解這些優質環境學習中心的要素，卻是有助於各中心進行自我的檢視、調整、不斷改善、成長、超越的一種參考指標。因此，筆者也把這些研究發現之優質環境學習中心的要素提出來，與所有的同好及業者共同分享和勉勵。

二、優質環境學習中心的特質

除了從國外相關文獻去探討優質的環境學習中心，應該有什麼特質外，筆者也一直覺得對於這個問題的回答與實務上的深化發展，一定要建立於在地的研究與理解上。因此，透過實際的研究進行了這方面的探究（姜永浚，2006；周儒、姜永浚，2006）。目的即在發掘優質環境學習中心的特質，了解這些特質，不僅可以更清楚的釐清一所環境學習中心的內涵，也可以為起步較晚的臺灣類似設施，提供急起直追的契機。

既然世界各國都已經歷了如此長期的發展，並演化出各式不同名稱及重心的上千所中心，是否也已形成成熟的發展策略或評鑑標準？研究者一度認為應該如此，很可惜的事與願違。Fien, Scott 與 Tilbury（2001）認為，這方面的研究仍屬新興且不足；Erickson 與 Erickson（2006）亦認為，現有針對成功中心的研究多在探討環境教育方案的效用及遊客知

識上的累積，而缺少對特定中心及其爲何成功的各方面原因進行探討。

　　因此，筆者在透過蒐集國內外針對此類設施各環節所進行的研究與建議，並參考國內此領域的發展事實與各式文獻的整理，以德懷術進行探究，研究的發現雖然是臺灣此類研究的第一次，研究結果未來仍然有很多的發展驗證與精緻化的可能，但是仍然可以補足臺灣在此方面發展的空白。筆者在此德懷術的研究，一共萃取歸納出二十七條優質環境學習中心的特質，分屬於五個重點面向：（一）整體關切、（二）場域與設施、（三）經營與管理、（四）人員、（五）軟體方案等，每個面向之下更囊括四到七條特質。茲條列如下：

（一）整體關切

　　　　特質1：環境學習中心基於其設立目的及資源特色（不論是既有的或新開創的），來發展出具體的環境教育使命、目標或願景。

　　　　特質2：環境學習中心的軟硬體設計，應儘量與參訪者的背景經驗、所關切事物、或生活模式（life style）產生連結，使其對該學習中心的使命、目標或願景產生共鳴。

　　　　特質3：環境學習中心軟硬體的規劃、設計與管理制度，應以人身安全爲優先考量。

　　　　特質4：環境學習中心應透過制度上的設計，公開且客觀的對其人員、設施、活動方案及經營管理等，進行持續的評鑑（evaluation）與改進。

（二）場域與設施

　　　　特質5：環境學習中心擁有或位於一塊具備環境資源特色的場域上。這裡所稱的特色可能是一塊人工棲地、一個自然生態

系、或是具有特殊環境教育意涵的場域，如特有的地質、地形景觀、綠建築、廢棄物處理設施、野生動物救護站、具歷史意義或文化價值的建築物、植物園、動物園、博物館、環境敏感地、天然災害紀念地等。

特質6：環境學習中心內的各項硬體設施，應依據中心的使命或願景進行規劃與設置，並促成方案的有效執行。

特質7：環境學習中心內的各項設施與設計，能融入當地的環境或反映當地的特色，並廣泛且深入的考量其節能設計、妥善

· 關渡自然公園廣大的濕地是一個超大的「濕地生態教室」。

利用能源、趣味性、知性、美學、人文與教育的意涵。

特質8：環境學習中心需考慮身心障礙者的學習權利並加以回應，其回應的內容則視中心的需求而定。

（三）經營與管理

特質9：環境學習中心應主動連結在地組織或個人，共同落實地方生活、生產與生態的均衡發展。

特質10：環境學習中心宜廣泛的發展伙伴關係，包括專家顧問、諮詢團體、民間企業或組織、公部門、學校、社區人士等。

特質11：環境學習中心在經營管理上，應考慮當地的遊憩承載量
（recreational carrying capacity），其衝擊參數包括有：
(1)生態承載量；(2)實質承載量；(3)設施承載量；(4)社
會承載量等，以儘可能減少對環境的衝擊。

特質12：環境學習中心應規劃有中長期的財務計畫，並尋求或接
受合適的財務支持。

特質13：環境學習中心應依據資源特色及服務對象，訂定適切的
行銷目標與多元的行銷策略，以實現組織的使命。

特質14：環境學習中心對自身環境及資源的狀況，應進行定期的
監測、管理與污染防制。

（四）人員

特質15：環境學習中心的工作人員，需具備適當的環境素養與永
續發展的理念。

> 說明：這裡的工作人員包括專職人員、兼職人員、義
> 工、實習人員等，其工作性質除教育人員外，也
> 包括經營者、行政人員、後勤人員等。

特質16：環境學習中心在工作團隊人數及專業職能上，需足以支
持環境學習中心的運作及方案之推動。

特質17：環境學習中心的工作人員，具備「熱情、好奇、創新、
同理心、相信自己的努力，將為環境及參訪者產生正面
的影響」等人格特質。

特質18：環境學習中心最少需有一位具備環境教育專業的全職工
作人員。

特質19：中心的環境教育專職人員在環境教育的專業能力上，最
少需具備下面的六個層面：(1)環境素養；(2)對「環境教
育」的基本認識；(3)對身為環境教育者的專業責任；(4)

規劃並執行環境教育課程與方案的能力；(5)促進學習的能力；(6)檢討與改進的能力。

特質20：環境學習中心應辦理或支持工作人員的專業成長及終身學習。

> 說明：這裡的人員包括專職人員、義工、實習生、兼職員工等。專業成長的管道除自辦外，與其他單位合作、補助或鼓勵參加外界的訓練，也都是可行的辦法。

（五）軟體方案

特質21：環境學習中心的活動方案通常具備某些特質，如：重啓發而非教導、強調互動而非單向的灌輸、協助參訪者獲得親身的體驗等。

特質22：環境學習中心的活動方案，要能反映出對環境的關懷及當地資源的特色。

特質23：環境學習中心的活動方案其目的，在於協助參訪者發展環境覺知、學習環境知識、培養環境倫理、熟習行動技能，甚至獲得環境行動的經驗。

特質24：環境學習中心應針對不同的參訪者，經常性地提供多元的環境教育方案與學習活動。

特質25：環境學習中心能推陳出新展示、課程及活動方案，吸引參訪者回流、持續運用中心的服務。

特質26：環境學習中心的學習活動能彌補在學校內進行環境教學的不足，並協助達成各學科課程的學習目標。

特質27：環境學習中心透過設計或安排，使活動方案及設施的使用者能在此體驗與履行對環境友善及永續發展的承諾。

三、這些特質的應用機會與可能

　　其實這套特質資料的參考運用空間仍很大，有待大家一起來開發。筆者必須強調以上這些經過研究確立出來的特質並非一成不變的，未來在經過研究與實務的廣泛運用和檢核後，這些特質應該是有內容上的調整可能，或甚至還可能會有增加的可能。所以筆者願意拋磚引玉，把這初步研究出來的特質，提供給有興趣的單位與個人參考利用，畢竟應用才是這些特質存在的意義與價值。以上這二十七條特質中，雖然都是經過研究歷程千挑百選細部琢磨下的產品，都是重要的特質。但是整體而言，仍然可以把它們做個相對的比較，甚至可以找出普遍上被研究對象視爲不容忽視的重要特質。這些相對重要的特質，絕對是可以被視作重點中的重點。研究過程中發現有十一條很普遍的，被研究對象認爲是非常必要不容忽視的，筆者相信這些特質將可以提供有興趣運用的單位或是個人，當作了解環境學習中心與追求改善及發展重點最入門切入的關切重心。這些包括了特質1、特質4、特質7、特質9、特質11、特質15、特質18、特質19、特質21、特質23、特質27。

　　這個研究所確立出來的二十七項優質環境學習中心的特質，可以提供有興趣於發展環境學習中心的政府與民間單位，作爲發展歷程中相關努力的重要參考指標。當然，筆者仍然必須強調與提醒未來使用這些特質資料的單位或是個人，不要誤會以爲要成爲一個環境學習中心，非要樣樣都照著這些特質去做才行。由於每個組織或個人發展的環境學習中心其實都有其不一樣的目標，在運作上也有不一樣的條件和資源，因此這些指標只是提供作爲發展過程中，去努力朝向目標發展的參考標的。因爲各單位著重點有所不同，因此你（妳）在運用時，必須要去挑選組織單位當下最迫切發展方向有關的項目去參考運用。而且政府單位與民間單位，其使命或是可以掌握運用的資源也不盡相同，於起始點和出發點也都有差異，當然追求卓越的標準自然就會有所不同。

　　筆者建議有心發展環境學習中心的單位，可以參考這些特質，發展

成一個自我檢核的指標系統。藉由此系統來了解自己的中心目前發展到什麼樣的階段，有助於自我檢核，以及惕勵未來應該努力發展的方向與空間。這個運用有點像是一個自我身體健康狀況檢核表，想要進行身體健康促進活動的人，可以先藉由自我狀況的了解，以自己心目中訂定的健康促進發展目標，打造適合自己的健康促進計畫。這就像是一個自我調整身體、挑戰自我生活習慣的歷程。相信透過這個歷程，自我的追求進步與調整的企圖及努力，將會被激發出來。

目前教育部環境保護小組正推動透過補助政府與民間環境學習中心類型服務的專案努力，來提升改善中小學的戶外教學品質。在各單位提案計畫書中，也第一次嘗試把這二十七條選取了最重要的幾條設計成一份狀況問卷，列在計畫書的末尾。期望提案單位利用這個自我檢核問卷的勾選，一方面協助各提案單位呈現目前發展的階段狀況，另一方面有助於教育部進一步了解申請單位的現況。當然需要說明的是，這問卷資料並不會成為各單位獲得計畫補助與否的檢核項目，而僅是作為申請者與教育部參考之狀況資料。這是筆者認為這二十七條特質者，可以在實務上運用的案例之一。

以學校單位的立場，可以用這些特質，去作為各校規劃各學期戶外教學選擇目標單位的一種參考指標。透過這些特質項目，去進一步分析了解學校將要帶學生去學習的環境學習中心、生態農場、教育農園等單位的狀況，以及符合學校戶外教育需求程度檢視的一個參考依據。相信如果這樣長久運用下去，將逐步的會改變各校校外教學的品質。在目前各級政府教育機構對於學校校外教學，尚無積極的介入與引導，僅有消極的條件規範提供給各學校參考的狀況下，這份特質對於優質環境學習產品與服務提供的影響，所產生的潛力絕對不容小覷。由於目前國中小戶外教學市場潛力很大，學校的慎重檢核服務提供單位與規劃學生學期中的戶外教學，更將會發揮消費者影響與創造優質市場產品的趨勢。對於服務提供單位甚至也是一種教育，絕對會造成優質的戶外環境學習服務產品的塑造、環境與永續發展的被照顧到，以及優質環境學習中心的

服務將更能夠有機會產生與立足。

　　筆者也建議這些特質，可以利用作為未來協助環境學習中心辦理一些提升品質的專業成長、專業訓練時，在設計課程方面的重要內容方向的參考。這些特質也可以作為政府或是民間單位，進行發展環境學習中心狀況與成效評估的設計參考向度。藉由這些參考指標特質進一步的狀況檢視，來了解目標對象中心發展與運作的情況。

　　如何運用這些指標特質，是要全部利用還是部分利用，筆者都留給有興趣運用者去做參考與取捨。重要的是從這些特質出發，就不會像是從零開始或是茫無頭緒，多少有些重點方向可以去把握。因此，相信對於實務工作者與各單位的持續追求改善與品質提升，會有實質上的助益。

參 考 文 獻

王書貞、林思玲、林建南、林慧年、林學淵、紀蘼倍、姜永浚、黃思婷、劉安
　　怡、廖慧怡、鍾錚華（2005）。《國立臺灣師範大學永續校園之環境教
　　育暨管理規劃建議書》。未出版，臺北：國立臺灣師範大學環境教育研究
　　所。

周文賢（1999）。《行銷管理：市場分析與策略規劃》。臺北：智勝。

周儒（2005）。《林務局整體環境教育之規劃與策略發展研究結案報告》。臺
　　北：行政院農業委員會林務局。

周儒（2001）。〈環境教育理想的實踐場所──環境學習中心〉。《中華民國
　　環境教育學會第四屆第二次會員大會暨校園環境教育研討會論文》，
　　17-42頁。臺北：中華民國環境教育學會。

周儒（2000）。《設置臺北市新店溪畔河濱公園都市環境學習中心之規劃研
　　究》：市府建設專題研究報告第298輯。臺北：臺北市政府研究發展考核
　　委員會。

周儒、呂建政、陳盛雄、郭育任（1998）。《建立國家公園環境教育中心之規
　　劃研究──以陽明山國家公園為例》。臺北：內政部營建署。

周儒、郭育任、劉冠妙（2010）。《行政院農業委員會林務局自然教育中心輔
　　導提昇計畫第一年成果報告》。臺北：行政院農業委員會林務局。

周儒、郭育任、劉冠妙（2008）。《行政院農業委員會林務局國家森林遊樂區
　　自然教育中心發展計畫結案報告（第二年）》。臺北：行政院農業委員會
　　林務局。

周儒、陳湘寧（2008）。〈探索林務局人員自然教育中心專業知能〉。
　　《2008中華民國環境教育學術研討會大會手冊及論文集》，51頁。臺
　　北：中華民國環境教育學會。

周儒、姜永浚（2006）。〈優質環境學習中心之初探〉。《2006年中華民國
　　環境教育學術研討會論文集（下）》，879-888頁。臺中：國立臺中教育
　　大學環境教育研究所、中華民國環境教育學會。

財團法人觀樹教育基金會（2004）。《綠色環境學習營地環境學習整體規劃
　　I》。彰化：彰化縣政府。

姜永浚（2006）。《探討優質環境學習中心之特質──一個德懷術研究》。碩
　　士論文，臺北：臺灣師範大學環境教育研究所，。

梁明煌（1998）。《師範院校環境教育中心運作及輔導功能之成效評估與研究
　　（一）報告》。教育部環保小組委託研究計畫報告。

Byrd, N. J. (1998). *The nature center handbook: A manual of best practices
　　from the field*. Dayton, Ohio: Association of Nature Center Administrators.

Division of Instructional Programs and Services (1987). *Steps in carrying out an
　　environmental education program*. Olympia, Washington: Office of the
　　Superintendent of Public Instruction.

Erickson, E., & Erickson, J. (2006). Lessons learned from environmental
　　education center directors. *Applied Environmental Education and
　　Communication, 5*(1), 1-8.

Evans, B. & Chipman-Evans, C. (2004). *The nature center book: How to create
　　and nurture a nature center in your community*. Fort Collins, Colorado: The
　　National Association for Interpretation.

Fien, J., Scott, W. & Tilbury, D. (2001). Education and conservation: Lessons
　　from an evaluation. *Environmental Education Research, 7*(4), 379-395.

Gross, M., & Zimmerman, R. (2002). *Interpretive centers: The history, design
　　and development of nature and visitor centers*. Stevens Point, WI: UW-SP
　　Foundation Press, Inc.

Kotler, P. (1997). *Marketing management: Analysis, planning, implementation,
　　and control(9th ed)*. US: Prentic Hall, Upper Saddle, New Jersey.

Milmine, J. T. (1971). *The community nature center's role in environmental
　　education*. University of Michigan. Master Thesis.

Ruskey, A., & Wilke, R. (1994). *Promoting environmental education*.
　　Wisconsin: University of Wisconsin-Stevens Point Foundation Press, Inc.

9

場域與設施

第一節　場域設施絕對重要

　　本書先前曾用了不少的篇幅，介紹環境學習中心的組成，包括方案、人、設施場域、經營管理等四個基本要素。一個卓越的環境學習中心，除了要有完善的經營管理、優質的方案活動、有經驗專業的教師與人員外，更需要有能夠讓學習者與活動服務使用者安全、有啟發、有教育影響功能的環境場域（site）與相關的設施（facility），使他們能夠「浸潤」在這個整體氛圍情境下，創造出最好的體驗與學習效果。因此，中心除了要有好的課程方案吸引使用者參與外，對於如何妥善塑造中心的室內／室外空間、場域與各項設施，使能夠創造出這種「境教」的效果，也同樣是一個環境學習中心成功卓越的關鍵之一，不可等閒視之。

　　此外，許多國家地區的環境學習中心、自然中心的所屬場域、設施與建築，目前大多已經把環境與永續的關懷注入其中。就筆者過去多年所實際觀察到以及資料閱讀，發現這些關切幾乎已經是任何一個環境學習中心發展設施建築時必須要具備的條件，充其量只是著重表現程度的差異。而這些趨勢顯現的意涵很清楚，就是一個推廣環境與永續觀念及行為的機構，除了在各式活動方案上要顯現這些價值外，更要把這種價值與態度內化到中心的設施、場域、建築與經營管理上。使得建築設施不僅是滿足中心的行政、教學、生活、營運等各項需求，而是建築與設施本身，也已經是一個生動、真實的環境與永續學習題材及課程內容（Miller, 2005）。在歐、美、日本、澳洲，充分反應環境與永續關懷的環境學習中心設施、建築與場域規劃的案例不勝枚舉，充分的反應出以上關切的世界趨勢。

　　既然適當的設施與場域，對於一個環境學習中心的教育功能與使命達成很有影響，不容忽視，讀者一定會想問一個環境學習中心應該有哪

些設施與場域呢？或甚至如果作爲一個中心的經營管理單位或規劃單位，在設施與場域的規劃設置時，應該要注意哪些基本原則或事項呢？以上問題絕對沒有單一標準答案！但是筆者基於多年參與此方面的經驗，還是試圖用有限篇幅的文字與案例相片來回答。

第二節　基本考慮

　　考慮一個中心所需要的各式設施、場域設置與建構的需求，應該還是要回歸到中心設置的宗旨、目標、對象、課程方案的需要、營運組織機構的財務狀況等面向來考慮，絕對沒有一個標準答案。一個中心應該有什麼設施與場域，實在很難用一個標準去套在不同組織機構運作的中心上。因爲，絕對會因爲組織與場域的基本條件和方案目標需求而有所差異。這好比一個人要從甲地到乙地，可以有好幾種交通方式的選擇。從步行、腳踏車、公共汽車、捷運、自行開車、搭便車等都有可能。決定了目的地，通常再怎麼樣都會到達，其差別只是在所需要的時間、經費與力量的投入差別，就看個人如何取捨而定。

　　雖然各個中心的條件不同，但是在規劃與選擇設置中心的設施與場域的過程裡，仍有一些基本原則必須要考慮。在中心的場域（site）與設施（facility）方面的規劃與設計，牽涉到很多不同的領域，譬如景觀、環境、建築、解說、教育、展示、兒童發展、保育等領域。因此，規劃的團隊絕對必須要是一個跨領域、多元專業參與的團隊。在這些領域裡，早就有各自專業領域規劃的重點與提醒，筆者無意於此介紹。但在此節的介紹，還是回歸到一個「環境學習中心」的場域和設施規劃的基本考慮與原則的核心關切。

　　譬如在美國許多晚近發展的環境學習中心建築與設施，都可以發現在顯著的地方，標示著它符合與獲得了美國綠建築協會（U.S. Green

Building Council, USGBC）之LEED的認證（Leadership in Energy & Environmental Design）[1]（USGBC, n.d.）。LEED的認證在美國與加拿大地區的建築界是很有影響力的，而自然中心、環境學習中心當然也不能自外於此需求與趨勢，因此此方面的優質案例非常容易找得到。

而臺灣近年來也由內政部建築研究所推動「綠建築標章」，於2003年正式施行，它包括了綠化量、基地保水、水資源、日常節能、二氧化碳減量、廢棄物減量、污水垃圾改善、生物多樣性、室內環境等九項指標。內政部期望藉此標章機制推出，使臺灣的建築能夠達到「生態、節能、減廢、健康的建築物」的積極目標（內政部建築研究所，n.d.）。目前已經有許多政府與民間的建築，都是以此作為努力目標並獲得標章。在環境學習中心的發展方面，當然也不例外。譬如林務局嘉義林區管理處的觸口自然教育中心，在其新校舍的設計與施工，都已經是以綠建築標章作為規劃設計努力的標的，目前正在興建中。相信落成後，將可以成為南部地區環境學習中心永續建築設施的優質示範案例。

筆者曾經探索過優質的環境學習中心特質（姜永浚，2006；周儒、姜永浚，2006；Chou & Chiang, 2007），發現有一些特質，足以顯現一個環境學習中心在場域和設施方面優質的特徵。這些研究結果發現，可以作為一個中心（不論其規模）在設施場域方面積極發展與提升品質時候的最基本參考。茲提供如下，供讀者、同好在此方面可以參考：

特質5：環境學習中心擁有或位於一塊具備環境資源特色的場域上。
　　　　這裡所稱的特色可能是一塊人工棲地、一個自然生態系、或是具有特殊環境教育意涵的場域，如特有的地質、地形景觀、綠建築、廢棄物處理設施、野生動物救護站、具歷史意

1　USGBC是以轉變建築物、社區被設計、建造與運作的方法，賦予具備環境與社會責任、健康並富足的環境，促進生活品質為宗旨，從2000年開始推動的LEED認證，是針對建築包括能源使用效率、土地規劃使用、省水和回收、再生能源、建材回收與室內空氣品質等項目進行評分。

義或文化價值的建築物、植物園、動物園、博物館、環境敏感地、天然災害紀念地等。

特質6：環境學習中心內的各項硬體設施，應依據中心的使命或願景進行規劃與設置，並促成方案的有效執行。

特質7：環境學習中心內的各項設施與設計，能融入當地的環境或反映當地的特色，並廣泛且深入的考量其節能設計、妥善利用能源、趣味性、知性、美學、人文與教育的意涵。

特質8：環境學習中心需考慮身心障礙者的學習權利並加以回應，其回應的內容則視中心的需求而定。

　　美國的解說界對於解說中心、自然中心類型設施與場域規劃設計方面，一直以來都有很清楚的主張，譬如Gross 與 Zimmerman（2002）就提醒規劃設計者，一定要在四個面向上做出仔細的考慮，並將這些原則反應到實際的規劃設計工作上。他們主張中心的規劃必須要：

1. 與所在場域要和諧
   (1) 視覺上是相容的
   (2) 文化上是相容的
   (3) 生態上是相容的
   (4) 地理與地質特性上是相容的

2. 要以人需求使用為本
   (1) 滿足基本需求（供水、遮蔽、安全、舒適）

・中心的設施可以引領使用者「看到」另外一個世界。

   (2) 幫助遊客在身、心、靈方面能「再創造（recreate）」[2]
   (3) 可即的（accessible）（也要考量身心障礙者的使用）

---

[2] recreate是recreation的動詞，recreation在臺灣常被翻譯使用為「遊憩、遊樂」一詞，但究其動詞之意義，應該含有人透過休閒活動使自我「再充電」、再提升之意。因此，在本文此處不用遊憩而用再創造，以更貼切的表達其原意。

3. 永續的
   (1) 運用曾經被利用干擾過的土地區域
   (2) 把未來擴充性考慮設計進去
   (3) 要有效率地運用材料和能源
   (4) 運用回收的或可被回收再利用的材料
   (5) 儘量降低對更大生態系統的干擾影響

4. 要經濟的
   (1) 人事花費儘可能降低
   (2) 建設經費最佳化利用
   (3) 維護費最少

　　近年來世界各國許多新發展的環境學習中心，或是利用既有中心的老舊設施改建或是重建，面對著社會新的使用需求與全球環境的變遷，以及綠建築、永續建築等的要求，在場域和設施的規劃設計上，都多多少少反應出上述的規劃原則並呼應與實踐。筆者過去在協助林務局發展自然教育中心系統期間，曾於2006年帶領一隊林務局自然教育中心發展團隊夥伴，赴美國華盛頓州考察與學習自然中心、環境學習中心相關的機構與設施。期間拜訪了多處國家公園、林務署、華盛頓州、西雅圖市、民間非營利組織等不同性質單位所運作的環境學習中心、自然中心，對於他們在設施場域與經營管理方面，如何努力回應與落實永續、環保的世界潮流趨勢與需求，印象深刻。譬如在美國西雅圖，著名的IslandWood環境學習中心，其整體環境設施規劃與操作實踐上，就充分的反應出這個趨勢，非常值得參考（郭育任，2008）。郭育任

・美國西雅圖的IslandWood是優質中心的典範之一。

在檢視了IslandWood在設施場域上的成功設計與實踐案例後，歸納總結於一個自然中心的設施場域，規劃者要能：

1. 良好運用「土地的故事」來教學，準確呈現其場域規劃的發展主軸。
2. 建立明確的指導性原則，具體引導整體場域設施的規劃設計。
3. 場域設施規劃設計適切結合多元化課程，成為支持學習的最佳情境塑造工具。
4. 藉由專家、居民、孩童的參與設計，以及優良案例場域的參訪，精準形塑建物設施發展的最佳模式。
5. 運用科技落實友善環境的具體建設，使建物設施成功成為環境守望教育的最佳教材。

筆者認為從以上的案例分析，以及各種相關於優質環境學習中心規劃設計等原則，讀者應該不難發現，在規劃一個中心的設施和場域之時，應該要把握以下幾項重要原則。相信這些原則將能夠幫助同好們建立實用、有教育意義，又能兼顧永續理念之環境學習中心設施與場域。這些基本原則是：

1. 要反應場域的精神與環境特質。
2. 要符合中心的宗旨與目標。
3. 要能反應與滿足多元的方案與服務的需要。
4. 要尊重環境狀況，並遵循永續建築的原則與考慮。
5. 設施與建物要具有教育的意義與功能。
6. 要滿足使用者（可能是遊客、學生、志工、行政管理人員、教師……）的需求。

第三節　中心可能有的設施與場域

　　環境學習中心的形態多元，各個不同區域與目的設置的中心，也展現了反應不同需求的設施與場域的設計和空間安排。有提供住宿功能的中心，與只提供單日活動的中心，自然會有所不同。而設置在較為鄉野的環境學習中心，與位在都會區域的中心，也會有不同的設施與場域空間安排。縱使因為型態上的變異頗大，但是筆者還是依使用功能需求來做個區分並逐項介紹，以幫助讀者具體的理解一個環境學習中心裡可能有的設施與場域的樣貌。

　　依據一個中心的使用需求和功能性的要求，並參考了相關的書籍、資料（周儒、呂建政、陳盛雄、郭育任，1998；周儒、郭育任、劉冠妙，2008；Ashbaugh, 1971; Evans & Chipman-Evans, 2004; Watson, 2006），以及筆者過去多年實地參訪各國中心的經驗整理歸納後，筆者將一個環境學習中心的設施場域，大致區分為：1.教育、解說、研究；2.行政與管理；3.生活與服務；4.環保與永續等四大類。現逐步介紹如下：

　　1. 教育、解說、研究

　　　(1) 教室

　　　(2) 會議室：應強調多功能使用，桌椅可因人數及活動規模大小、使用方式不同，而彈性排列。

　　　(3) 會議廳：較大型的會議時使用，平日亦可作為需要較大空間之室內活動使用。

　　　(4) 多媒體簡報室（座椅設備要有彈性，不要像電影院固定式的）。

　　　(5) 多功能室內活動教室

・日本清里KEEP的多功能會議廳。

・美國Noth Cascade Institute 的多功能教室。

(6) 科學教室（實驗室）

(7) 電腦與媒體教室

(8) 圖書室（館）

(9) 教材教具室

(10) 標本室

(11) 工坊

(12) 餵鳥平臺（bird feeder）、鳥屋（bird nest）

(13) 賞鳥小屋

(14) 戶外教學空間

・美國Noth Cascade Institute 的圖書室。

・自然中心常見的賞鳥牆。

· 羅東自然教育中心的戶外教育與解
　說據點1。

· 羅東自然教育中心的戶外教育與解
　說據點2。

(15)戶外活動場：戶外教學場、遊戲場

(16)戶外活動設備儲存室

(17)探索教育場

(18)露營場

(19)營火場

(20)解說牌／誌
　　（interpretive sign
　　and panel）

(21)室內展示：強調中心
　　所欲傳達之特殊主題
　　與訊息，並且讓遊客
　　可以透過觀看內容而

· 中心的販售部也可創造環境教育效
　果。

達到自我學習。此外，亦需將後續維護工作納入規劃考量。

(22)戶外展示

(23)步道：教學步道、解說步道、自然步道、健行步道、感覺步
　　道、特殊步道（無障礙步道、自行車步道）等。

(24)主題研究室

(25)研究器材設備：譬如氣象資料、酸雨監測、水質檢驗、野生
　　動物追蹤等。

(26)天文臺（planetarium）

(27)植物園（arboretum）

(28)溫室

(29)教學示範農園

(30)原生植物復育園、苗圃

(31)人工濕地、生態池

(32)具特色的自然或人為環境區

(33)文化歷史遺址：保存文化遺跡，可能帶來外界對中心發展的
　　支持。

(34)野生動物救傷、保育室

(35)觀測臺

(36)樹屋

‧IslandWood的戶外教室兼營火場 friendship circle。

‧IslandWood可以利用太陽能發電的教室。

‧二格山自然中心的土造屋。

2. 行政與管理
    (1) 行政辦公室
    (2) 會議室
    (3) 教師辦公室
    (4) 志工室
    (5) 儲藏室、庫房
    (6) 棲地管理設備與庫房
    (7) 維修器材設備與庫房
    (8) 防火、安全維護設施

・IslandWood具人性思考與環境關懷的學員宿舍。

3. 生活與服務
    (1) 停車場：慎選土地區位、引導指示需明確、鋪面需平整，亦需考慮雨水下滲需要。
    (2) 訪客服務中心（臺）
    (3) 餐廳：學員使用、訪客使用。考量安全、衛生、環保及用餐容量與室內動線。

・餐廳也可以是優質的學習區。

    (4) 住宿：提供給各種具有住宿需求的對象，包括參與活動者、工作人員、約定參訪者。
    (5) 洗衣房：洗衣與烘乾機。

・IslandWood步道邊的堆肥式廁所（composting toilet）。

    (6) 廁所：室內與戶外，傳統式、分解式（composting toilet）。
    (7) 戶外小亭（shelter，可以遮陽避雨）

(8) 紀念品販賣部（gift shop）、書店

(9) 戶外座椅

4. 環保與永續

(1) 污水處理設施

(2) 再生能源設施：
可充分利用太陽
能、風力等再生
能源，達到教育
大眾節能及資源
充分利用的目
標。

・雨水回收再利用設施也是教育設施。

(3) 雨水回收設施

(4) 中水回收再利用設施

(5) 垃圾處理與資源回收設施

(6) 堆肥設施

　　儘管以上所列出一個環境學習中心可能的設施項目繁多，但其實仍然無法窮盡的。要有哪樣的設施，端視中心的方案需求、對象、特色而定。但是不管再多元變化，目前全世界的環境學習中心、自然中心都會考慮到設施與建築的永續與環保。這個普遍的趨勢，筆者覺得不僅是來自環境學習中心、自然中心這個行業內部對自己的要求，其實也是反應出整個社會在面對自然資源日益匱乏、全球變遷、極端氣候影響、調適等永續發展挑戰與課題時，對環境學習中心這個領域所產生的影響。

　　除了對於環境永續的關懷，要注入環境學習中心的設施場域的規劃外，筆者仍要再次提醒讀者們，環境學習中心仍是一個對於孩子和成年人都具有啟發性的場域，因此一定要忠實反應本書先前章節所提到，要滿足不同對象有意義學習體驗的期望和需求。譬如要能夠提供孩童在自然中自由遊戲（free play）的機會（Finch, 2010；財団法人キープ協，2008）；要能滿足大朋友與小朋友各式靜態與動態戶外活動可能之需要

（Kaplan, Kaplan, & Ryan, 1998）；要能提供不同年齡層對象在中心裡學習、體驗、探索、實踐綠色生活的機會（孟磊、江慧儀，2011）。

　　筆者樂觀的認為，臺灣的環境教育法正式施行後（行政院環境保護署，2010），因為該法的第十四條與第二十條相關環境教育設施場所之條文的宣示促進效果，再加上民間自發的能量與需求，將會有更多的環境學習中心等設施場域與機構的出現。而在既有的綠建築標章系統、環境教育法、優質校外教學的規範與要求以及其他對於環境與永續的要求，都將會逐步普遍應用在臺灣的環境學習中心之設施、場域與建築發展上，成為優質環境學習中心裡不可缺少的元素。

參 考 文 獻

內政部建築研究所（n.d.）。綠建築標章。2011年4月20日，擷取自http://
　　www.abri.gov.tw/utcpagebox/CHIMAIN.aspx?ddsPageID＝CHIMPX#2

行政院環境保護署（2010）。環境教育法。2011年1月9日，擷取自http://
　　ivy5.epa.gov.tw/epalaw/index.aspx

孟磊、江慧儀（2011）。《向大自然學設計——樸門Permaculture啓發綠生活
　　的無限可能》。臺北：新自然主義股份有限公司。

周儒、呂建政、陳盛雄、郭育任（1998）。《建立國家公園環境教育中心之規
　　劃研究——以陽明山國家公園爲例》。臺北：內政部營建署國家公園組。

周儒、郭育任、劉冠妙（2008）。《行政院農業委員會林務局國家森林遊樂區
　　自然教育中心發展計畫結案報告（第二年）》。臺北：行政院農業委員會
　　林務局。

周儒、姜永浚（2006）。〈優質環境學習中心之初探〉。《2006年中華民國
　　環境教育學術研討會論文集（下）》，879-888頁。臺中：國立臺中教育
　　大學環境教育研究所、中華民國環境教育學會。

姜永浚（2006）。《探討優質環境學習中心之特質——一個德懷術研究》。碩
　　士論文，臺北：臺灣師範大學環境教育研究所。

郭育任（2008）。〈自然教育中心場域設施規劃設計——以美國西雅圖島木自
　　然中心爲例〉。《臺灣林業》。第34卷，第1期，44-63頁。

財団法人キープ協（2008）。《森のようちえんのうた～八ヶ岳の森に育つ子
　　どもたちの記憶》。日本東京，每日新聞社。

Ashbaugh, B. L. (1971). *Planning a nature center.* National Audubon Society.

Chou, J. & Chiang, Y. C. (2007). *Exploring the characteristics of quality
　　environmental learning center in Taiwan.* Article presented at the 36th
　　Annual Conference of The North American Association for Environmental
　　Education. November 14-17, 2007, Virginia Beach, Virginia, U.S.A.

Evans, B. & Chipman-Evans, C. (2004). *The nature center book: How to create and nurture a nature center in your community*. Fort Collins, Colorado: The National Association for Interpretation.

Finch, K. (winter 2010). Design principles for nature play places. *Directions*, pp. 1-8.

Gross, M., & Zimmerman, R. (2002). *Interpretive centers: The history, design and development of nature and visitor centers*. Stevens Point, WI: UW-SP Foundation Press, Inc.

Kaplan, R., Kaplan, S., & Ryan, R. (1998). *With people in mind: Design and management of everyday nature*. Washington, D.C.: Island Press.

Miller, D. E. (2005). *Toward a new regionalism: Environmental architecture in the Pacific Northweat*. Seattle, WA: the University of Washington Press.

U.S. Green Building Coucil (n.d.). *About USGBC*. Retrieved April 20, 2011, from http://www.usgbc.org/DisplayPage.aspx?CMSPageID=124

Watson, D. (2006). *Director's guide to best practices interpretive design-Buildings*. Daton, Ohio: Association of Nature Center Administrators.

10

我見、我聞、我思
——省思與期盼

第一節　緒論

筆者過去二十多年來從事環境教育專業研究與發展，在環境學習中心方面，也一直持續不斷的進行努力，希望能夠促成臺灣也能在學校以外建構優質的環境學習場域，並能夠藉以提升全體國民的環境素養。為了滿足個人對於這個關切的深入了解，部分也是滿足對於這個世界的好奇，過去多年來我總是利用出國開會、旅遊、訪問研究、考察的機會，造訪了許多其他國家的自然中心、戶外學校、環境學習中心、自然學校（還有其他很多不同的名稱）等相關設施。筆者也深信，任何一個型態教育服務的產生，一定有其社會與文化情境的支持，才有可能持續發展而不會曇花一現。所以在造訪這些設施機構的同時，也對於孕育這樣設施的國家、社會、民情進行觀察了解。所以，也儘可能利用開會或是訪談的機會，與他們的專家、學者、家長、專業工作者以及政府官員對話請教。這些現場的經驗與對話，增進了筆者對於發展運作一個環境學習中心的實況背後的社會文化情境脈絡的理解和啓發。而這許多年的現場參訪觀察經歷與對話，除了讓我對於所拜訪過的這些中心，以及支持這些中心存在運作的社會情境背景有進一步理解外，當然也不時的會提供我自己有機會在觀察其他國家的案例時，反過來檢視自己所做過的夢、走過的路、遇到的人、發生的事以及臺灣這方面的現況。這些點點滴滴讓我自己不斷的反思，檢視自己所相信的、所參與推動的、所經歷的、所期盼的。而這些省思與期望，先前亦曾在其他的場合與同好們分享過（周儒，2009）。筆者仍想再次分享給同樣對於臺灣發展環境學習中心，有興趣與夢想的好朋友們。

第二節　這是一個重要機會

環境學習中心也是臺灣社會品質提升的重要機制與機會！從關心環境的人來看，環境學習中心是一個市民環境素養的培養機會平臺。從關心有意義學習的父母或教育工作者來看，環境學習中心是一個實踐「教育即生活」哲學

．環境學習力也是國力。

理念的活潑學習場域。從一個關心有意義休閒遊憩產品的塑造、地方振興、在地文化保存的工作者角度，環境學習中心也是一個地方永續發展的平臺。筆者覺得大家以上的關切面向其實是殊途同歸的，即環境學習中心的發展，就是臺灣社會品質提升的眾多重要工程與機會中的一種。

就像是一個人成長到一個階段，可能他的穿著、打扮自己的方式、想做的事情，都會與自己人生前面一個階段有所不同，一個社會的文化、價值、休閒、品味、消費行為等，也都會逐步的演化與改變。從臺灣過去二、三十年來，就可以清楚的看到這些改變。以筆者的觀察與自身的經驗，發現其實環境學習中心不僅是一個提供社區居民與學校師生，有意義的環境學習經驗與休閒遊憩體驗的專業場域，它其實也是一個促進社會進步的動力。不僅是環境學習，中心的服務產品是多樣化的（當然仍然有所為與有所不為，要以環境與永續作為主要的關懷與考慮），它提供了周邊社區以及學校師生多樣的生活與有意義休閒遊憩的

產品與機會。這些機會與活動，圍繞著與中心所在區域環境與生活、生產與生態等有關的素材與議題。其型態是多樣化與活潑的，從藝術、人文、社會、科學、技藝、文化、產業等都有關係。美國、英國與澳洲人的學校，有傳統去讓他們的學生到這些場域體驗與學習，因為這些中心的專業教育活動方案，滿足了學校豐富學習經驗目標的期望，減輕了學校教師為進行環境教育教學設計力有未逮的壓力。而社區居民們也把這樣的地方，當作是另外一種生活與休憩的學習及體驗的場域，可以全家一起趁著週末假日到這樣的場域去享受輕鬆的環境體驗與有趣的活動。往往這些活動提供了社區居民有意義的休閒遊憩活動與機會，使這些中心成為社區居民生活與學習的中心。既然能夠同時滿足學校學生、社區居民、一般市民這樣活潑與生活化的學習體驗需要，很明顯的環境學習中心就是臺灣社會一個有效與平易近人的終身學習機構。既能滿足個人終身學習的需求，又能將各個階層的學習者習得的知識、態度、技能轉化成適當的行動，成為促成臺灣與全球永續發展的重要根據地。

這樣與社區居民關係密切的場域和機會，猶如臺灣從都市到鄉村無所不在的便利商店一般，都以成為社區的好鄰居自許。不僅提升了國民的環境素養，也間接提供了終身學習、休閒遊憩的機會與經驗，尤有甚者，更提供了在地社區的相關經濟與工作機會。同時也由於文化活動的推展，促成在地文化保存與地區產業振興的機會。在地區發展得以永續與人民素養於潛移默化中提升的歷程中，筆者相信其實這不僅是提升全民的環境素養，更進一步的是藉由終身學習與有意義的休閒活動，提升了國民的品質，也進一步提升了社區發展的永續性。因此，環境學習中心也許因其發展的宗旨是在促進環境的學習，但是從其發展脈絡與實質影響而言，其實也是社會品質提升的重要推手。

以臺灣社會目前的發展狀況而言，面臨社會快速發展所造成的人性疏離、政治上的畸形發展造成了人性的扭曲與鬱悶、全球化的產業競爭與淘汰、全球永續發展的重視、少子化與高齡化社會的來臨、重視休閒遊憩的需求與機會、地區文化保存與產業振興的挑戰等諸多議題。環境

學習中心雖無法解決以上這些複雜的議題，但它的存在卻是可以提供社會一個促進永續發展的機會出口，更有其發展的重要性與必要性。

記得在2007年於蘇澳無尾港岳明國小的會議室裡，幾十位同好自行發起的環境學習中心工作坊中，腦力激盪下產出了一份我至今都還難忘的「我們共同的期盼——臺灣環境學習中心宣言」（周儒，2009）。大夥們當時認真豪氣地共同譜出了這份文字紀錄，在本書第三章第五節也有詳細的內容介紹。希望臺灣各地區能藉由結合民間與政府的力量與資源，發展與提供環境學習中心的服務，進而帶動臺灣多元發展與社會品質的提升。這些期盼筆者在此再次呈現出來，它不僅是關心環境的，更是關心臺灣社會優化發展，以及最重要的是促成地方與國家的持續發展。再次把當時大家的想法引述如下：

我們期盼能：
一、結合政府相關單位、企業、民間團體、學校、社區及個人，建立「全國性的環境學習中心夥伴關係」，推動環境學習中心普及化。
二、結合「知識經濟」、「體驗經濟」、「環境保育」及「終身學習」，推動環境學習中心成為臺灣民眾從事終身學習、有意義休閒活動體驗的第一選擇。
三、協助所在地基礎資料的建立、自然生態的維護、文化資產的保存、地方產業的振興以及優質環境學習機會的提供。
四、協助在地的環境關懷與行動，追求並實現地方可持續性發展。

這樣的思緒，筆者近年來也從其他有心者對臺灣應該發展軟性實力，帶動臺灣社會更上層樓的一些著作中，看到了同樣的思考方向與期盼。最明顯的就是嚴長壽（2008）所著的《我所看見的未來》一書，他提出了對於提升與發展臺灣休閒與遊憩觀光服務產業品質，帶動偏鄉人才資源與文化發展，來實現生活、生產與生態三生一體的地方永續發

展。而此種關切，其實早幾年也在日本所興起與提倡的綠色旅遊的主張與實踐（黃靜儀，2005），以及「里山（Satoyama）保全與振興」運動中也充分的顯現出來（Chou, 2006）。自然中心、自然學校、生態農場作為在地的環境教育、解說、保育觀念與行動推廣的重要據點，自然可以站在很有利的角色地位去參與和促進這種改變。所不同的只是從不同的專業背景角度出發，但是許多想法與建議，其實是殊途同歸的。筆者深信環境學習中心的發展，絕對可以觸發出臺灣社會更多元的終身學習風氣與實踐，更能豐富地方永續發展的內涵，絕對是臺灣社會品質提升的一個重要機會與實踐策略。

第三節　誰該在這個過程中參與？

　　以上所提出的對於臺灣環境學習中心的想像，是作為大家可以共同努力的標的。而筆者過去多年也看到過澳洲、日本、美國以及其他國家藉由發展環境學習中心、自然中心，促成了全民環境學習的落實、提升環境素養，以及活絡社區、振興地方產業、促進文化保存的可能性與案例，不由得想到臺灣要發展這樣的設施機制，到底應該有誰在這個促成社會品質提升的過程中參與呢？以臺灣的目前狀況而言，筆者覺得政府的主導參與是絕對必要的。以日本和澳洲的案例而言，政府都是自然中心、環境學習中心開啓與蓬勃發展不可或缺的推手，當然在發展過程中民間的力量亦是不容忽視。民間的力量有些是商業性質的，有些是非營利組織（NPO）性質的。以臺灣的狀況而言，目前已經有商業機制的運轉案例，但是由於缺乏一些專業的關鍵技術、人才與視野，因此自然在經營上也不能算完整成功。非營利性的民間團體則有少數的案例陸續開始，是值得期待的。但是存在的挑戰是民間在整合專業力量時，缺乏的

是資源，同樣也有專業人力不足的問題。政府的自然資源管理單位具有一些部分的優勢，但是同樣的也缺乏專業人力與完善計畫及系統去推動。譬如林務局在發展自然教育中心的同時，也面臨到同樣的問題與挑戰，必須適度引入組織外部專業人力才能盡其功。

　　誠如世界各國不同案例所顯示的共通現象，就是學校的學生與教師是環境學習中心很重要的消費者（服務使用者）。這蠻符合自然中心或環境學習中心存在的基本目的與價值，就是要能夠建構年輕的一輩與環境間緊密的連結關係。因此，學校必然要清楚他們有一個推動環境學習的好夥伴在那裡向他們招手，等待他們去利用。但是臺灣實際的情況是目前這樣的好夥伴太少了，老師們也不見得知道有這樣的產品與服務在那裡。另外就算是學校教師們知道了，要克服原來學校傳統型態「校外教學」的行政操作與執行的型態，也確實需要勇氣與耐心。長期存在的種種限制條件，讓學校的老師們利用環境學習中心的狀況並不普遍。但是可喜的現象是一旦學校老師們知道這個優質的環境學習服務機制，成為好夥伴的機會是非常大的，而且重複再利用的案例也非常的多。這與澳洲、日本、美國與英國的情況非常類似。在國外，很多受歡迎的環境學習中心其服務甚至必須在一年以前就預約的，很期望臺灣未來同樣能夠有這樣的發展趨勢與現象產生。因為，這代表了這類型服務與機制是為消費者所需要，各中心本身也因為這樣的趨勢而持續發展優質教學方案與培養、聘僱所需的專業人才。

　　環境學習中心需要很多不同類型的專業人才，但是其核心的環境教育活動方案所需的環境教育、解說等專業規劃、設計、發展與執行人才，無疑是最基礎也最為必要的核心人才。目前在臺灣，雖然有許多的公民營機構與團體在從事環境教育方面的努力，但是如果考慮到有系統的環境教育專業人才培育，目前可能還是在大學相關環境教育研究所等學術機構才比較完整。然而這樣的人才培養，無論在數量與品質上，目前仍然無法完全滿足這個產業所需。許多的民間自然中心或是公營的環境教育中心、學習中心等，仍然非常欠缺這樣專業的人才。

第四節　臺灣準備好了嗎？

　　臺灣發展環境教育的進程，比起先進國家已經緩慢了許多。不論在發展的內涵、策略上，都仍有許多成長的空間。而在眾多努力中，自然中心、環境學習中心之類型的服務機制與設施，無疑是潛力深厚、影響深遠而應該優先去發展的。然而實際上這個領域過去雖然有政府與民間的一些努力，但是相較於正規環境教育系統上的努力與資源的投注，政府與民間在這一塊的努力仍不夠。從臺灣過去多年在社會的進化與環境教育的發展上，已經具備了環境學習中心發展的條件，而且事實上是可以跨大步向前的。但是以筆者多年接觸政府、民間各不同階層單位的經歷與反思，其實仍有很多需要大家一起在觀念、行動、策略、做法上有所調整與準備的。而過去到現在這一階段的摸索、挫折、跌倒，我也將之視為必要的成長與演化的歷程。這些調整與準備，我認為是絕對有助於下一階段的躍升。臺灣任何一種改變，大概都不可能是完全準備好了才開始的，多半是逐漸的發展與演變。在環境學習中心這種產業與服務機制方面，我的觀察也是如此。現在將我過去多年在這個領域，不同面向的觀察與省思整理分享給大家。

一、政府應扮演什麼角色？

　　臺灣過去數十年來在環境教育上已經投入了不少工夫，不論是政府或是民間都已經有許多心力與資源的導入。因此，可以說已經建構了一個環境學習中心、自然中心類型產業發展的社會基礎。在更上層樓的需求產生時，政府的確有必要站在引領的角度去促進這方面的改變與發展。但是以目前教育部、環保署、國家公園、林務局等單位，除了在自

己業務相關的關切上努力外，並沒有很明確這方面國家級的促進和引導。由政府單位營造出具備完整功能與示範的環境學習中心仍屬少數。雖然各單位多少都在這方面有些許的努力投注，但是嚴格來說，成果並不是很顯著（林務局近年在此方面的發展是個異數）。檢視起來，各單位都具備發展的條件，但是要把條件整合串連起來，成為實踐的基石去創造實際的成果，就顯得鬆散許多。很可能政策上、工作人員觀念與視野上、運作制度上、施政先後順序上、策略上以及專業能力上，都有調整與提升的必要。

在擁有自然保育、環境保育傳統的國家與社會，民間總是走在政府的前面，引領社會的改變與進步。在環境學習中心這類型設施的出現與運作方面上，也是如此，但是我們也不能忽視政府在引領改變上的影響力與必要性。尤其以環境學習中心、自然中心這類型設施機構與產業來說，其實政府的引導與支持仍然是很重要的，在臺灣尤其如此。譬如在日本發展這方面服務機制的歷程中，很明顯的文部省起了帶頭的作用，而環境省則接續了文部省的努力，在永續發展與環境保育上面，給予這類型設施更多的支持。在日本的環境教育法裡，提供了這類型設施發展更重要的支持基礎。在澳洲也同樣看到了各州政府，在引領與支持這些設施機制上的積極作為。譬如昆士蘭與維多利亞兩州政府，對於環境學習中心的人力、經費與行政安排上皆有積極參與。而在北美洲的美國與加拿大，也有近一半的中心是由各級政府單位運作的。因此很明顯的，臺灣在發展這類型功能設施的時候，政府必須擔負引領與必要支持的角色，必須對於這類型的設施機構，在法規政策或行政作為上，政府要能夠標舉出好的設置營運標準（不論是在活動方案、設施、人力素質、經營管理上都要），在經費、資源與行政上給予一些必要的支持，相信民間必能發揮其活力。另外，在擁有資源的政府環境保護、自然資源管理等單位，也應該充分運用資源，創造自己優質的中心案例，對於社會各界與有心投入的民間機構與團體，這些都是具有指標性示範意義的。

經過了十多年漫長的努力，臺灣的環境教育法已經通過，2011年6

月5日即將正式施行。根據
該法立法精神與條文，積
極鼓勵社會各個階層，上
自總統下自小學生，都需
透過正規與非正規的環境
教育參與學習，這是一個
嶄新與令人興奮的開始。
而該法中，也已經將環境
學習中心、自然中心這類
型重要的全民環境學習設
施場所的建構與促進，列
入該法第十四條與第二十
條要積極推動與促進的重
要工作之一。這對於促進

・環境教育法可以提供臺灣環境學習中心發展極大的支撐。

臺灣環境學習中心的發展，協助實現環境與永續發展教育的目標方面，
是一個重大突破（行政院環境保護署，2010）。實際狀況上，目前在政
府各相關單位都已經確實有這類的需求，也擁有這方面發展所需要的資
源。如果能在施政重點與目標上調整視野、投注資源，相信在法規的支
持下，各個單位應能夠建立不同特色的這類型設施與服務機制，也足為
社會各界的表率與楷模。甚至各單位的策略性資源與施政支持，將可帶
動民間更活潑的投入發展與優質服務的提供，將有可能逐漸形成一個更
龐大的環境學習產業。

二、教育行政機構可以做什麼？

　　雖然環境學習中心等設施的服務使用者是社會各界，但是國內外案
例資料顯示，有很大一部分的使用者是來自學校。這樣的發展趨勢顯示
這類型設施的功能與目標的特質。各國案例都顯示了教育行政主管單

位，對於這樣的服務品質確保與提升有很大的影響力，日本的文部省是最明顯的引導案例。而澳洲，尤其是昆士蘭州的行政引導整合、資源與人力的支持導入，更是明顯創造了一個學校、政府、民間機構三贏的局面。我們的教育部與各縣市的教育局應該要有更明確積極的政策與行政作為，才能夠引領改變，提升學生環境學習、人格成長與社會人士的終身學習的品質。而目前新北市與桃園縣的教育局在此方面的關切與投入，已遠遠超越了其他縣市，創造出令人振奮的案例。譬如新北市目前已經成立了永續環境教育中心。

　　筆者關注此領域多年之經驗，深深體會到影響力甚大的教育主管機構，必須對有品質的戶外教育經驗與學習，做出更明確的規範與承諾。在美國屬於社會發展正向演化的自然中心、環境學習中心，都仍必須有學校充分支持與產品使用，才能建立實踐與成效。臺灣現在努力發展環境學習中心、自然中心，多屬於自然資源管理單位。但學校長久以來放任無具體學習要求的「娛樂型」校外教學習慣下，並不一定會去認真考慮採用環境學習中心類型之產品與服務。解鈴仍需繫鈴人，教育部在此方面責無旁貸。必須對優質的戶（校）外教學做出定位與要求，才能突破傳統，不能再放任說這都是學校的事！否則再多政府與民間投入環境學習中心之發展，仍不一定能改變行之已久的玩樂型校外教學模式。而這種情況有如一個拳擊選手想要右手重重的出拳，左手卻把右手拉回，同一個大腦，做出這樣分裂的決斷，自己敗給自己。社會民主化更深的美國、英國、日本的教育主管單位，都已在此方面做出更果斷的要求，有的清楚定位與定義出優質的戶外學習標準，有的直接整合政府與民間資源去達成具體的目標。臺灣難道就永遠不能嗎？

三、環境教育學術機構可以貢獻什麼？

　　當環境學習中心這類型態的服務，將成為一個社會普遍常見的產業與產品時，我想關鍵的產品品質塑造就成為很重要的關切。環境學習中

心所提供的服務產品當然是多樣的，如果我們要發展這類型服務，必須了解環境學習中心的功能目標是多樣的，包括教育、研究、保育、文化、遊憩等。其中最基本的服務，即環境教育專業服務必須是優質的，在這方面就有賴環境教育專業人員來提供與引導才行。目前國內培養環境教育專業的人才，主要是在大學的環境教育、自然資源保育等相關系所。這類型的人才必須是在環境教育、環境解說、環境傳播等方面有專業訓練，始能勝任並引領潮流與改變。檢視人才的培養重點與歷程，國內目前這方面似乎仍是不夠的，需要持續加強。更重要的是，過去國內學術界在培養環境教育人才時，以學校教學為主。以環境學習中心這類非正規環境教育（non-formal environmental education）學習機構的特色而言，需要的環境教育人才是要具有教育、解說、有效溝通的能力。既需要了解學校的課程，能促進在學校以外的學習中心場域有效的學習與教學，也要能有效的去引導成人的體驗學習與成長。因此，這種全方位促進學習的專業人才，培養起來實屬不易。更需要學術機構妥善的設計課程，儘早悉心的開始培養能夠從事這種工作特質的人才，或是由相關專業團體辦理這方面的培訓課程，才能夠引領帶動這個產業的品質提升。

四、民間機構與組織呢？

從美國、澳洲與各國的案例看出，厚植民間活力與能力的意義與重要。在筆者參訪過的諸多環境學習中心案例上，看到了蓬勃投入的公民團體如何藉由環境學習中心的發展與促進，去促成公民社會的實踐與在地的環境保育行動的產生與參與，可說是「全球思考、在地行動」的重要體現。民間團體的參與，整合了社會資源與人力，在許多環境議題上給予政府壓力，但也提供落實環境教育與推動在地保育行動方面莫大的支持。在其中，民間組織自身人員的能力素質提升占有很重要的關鍵，尤其在經營一個環境學習中心的事務上，才能提供專業水準的服務給社會各界。因此，筆者充分體認若要經營一個環境學習中心，民間組織自

身人員的專業能力是很重要的關鍵。

　　臺灣有為數眾多非常蓬勃的民間團體，在參與保育事務與環境教育。要迎接這個即將開展的環境學習中心運動（筆者暫時以此稱之），我們的民間是否準備好了？當政府機構有心將部分設施資源交由民間，以環境學習中心的目標與方式經營時，民間團體的人員其專業能力是否能夠勝任？是否能在經營管理、教育方案提供、環境教育與解說專業人力、設施的整備上，做好有效經營環境學習中心準備？這些問題目前可能的解答都不是很有信心與明確的。因此，筆者覺得有意朝此方向發展的民間組織宜儘早開始準備，儲備能量。學習永遠不嫌晚，機會通常是留給準備好的人，筆者相信在未來幾年，這樣的機會將會非常的多，也就代表民間參與和實踐理想的機會將會更多。

五、有興趣發展的產業界準備好了嗎？

　　環境學習中心、自然中心之類型的設施，在美國、日本、英國、澳洲等國，大都是由政府或是民間組織所經營，但是也有部分是由私人企業或個人所擁有，並不是以非營利組織型態與目標來經營，但他們也在提供這方面的學習服務產品，這種型態的中心在臺灣仍然可能存在的。筆者相信這類型態的中心或機構（目前在臺灣有些生態農場、農園也屬之），其環境教育服務的產品品質與經營的理念，也符合環境學習中心的存在目標與水準，還是有存在價值與可能的。以筆者經驗，相信這些中心如果不是具有某些特質或是堅實的財務做後盾支持，是比較難持久經營的。因為環境學習中心不是遊樂場或主題公園，活動產品主要是以學習體驗為主，再加上對象很多是學生，因此並不是高單價的遊憩活動體驗產品，所以很難短時間獲利的。

　　雖然機會看似很大，但筆者需提醒這些願意加入提供社會與學校優質環境學習經驗與產品的單位，必須真正以環境保育與永續為目標。聘用與培育具有環境保育和環境教育方面理念與專業的人才，才能提供各

界優質環境學習產品，促成在地的保育與永續的實踐。而不能只是搶搭
上這班環境學習列車，穿上一件時髦的外衣而已。尤其在優質環境學習
產品與專業人力的部分，許多單位其實都還未達到該有水準，亟需努力
成長改善。當然這也牽涉到市場規模等因素，但是很重要的是企業主並
不是很清楚這個產業的精神與專業。很多自行摸索也很辛苦，硬體設施
投資有餘，而專業人力與軟體投資不足。此外，臺灣產業的一窩蜂現象
向來嚴重，譬如幾年前葡式蛋塔旋風來得快，卻也去得快。另外，社會
休閒時間的充裕與增加，個人化休閒的活動需求增加，間接促成許多鄉
間民宿的興起。而民宿到處標立的結果，促成了商業惡性競爭、缺乏內
涵、資源競逐（如水資源）與鄉間環境或資源的破壞。筆者覺得企業或
個人有意參與環境學習中心的努力是可喜的，但是必須認知到一定要掌
握優質環境教育產品提供、專業環境教育與解說人力的運用、注重環境
保護與保育，並能促成地區永續發展、文化保存，才不致流於追逐流
行，卻無法建構優質服務提供的穩固基礎，以及長遠經營的可能。

六、學校呢？

　　綜觀各國以學校為主要對象的環境學習中心，其主要的使用者大多
是來自學校的教師與學生，其中以學生為主（當然仍有許多其他小型或
社區型態的中心，是以地區振興與社區人士為主要對象）。很明顯的，
就是這類型的設施機制其實是學校環境教育最好的夥伴。從發展成熟國
外的案例（如英、美、日等國）來看，學校與環境學習中心是非常緊密
的互補關係，中心提供的環境教育專業服務、在真實環境中的一手體驗
等，都對於滿足學校課程學習非常有助益。所以，使用中心的服務許多
都必須一年以前預約。穩固的消費群也使生產者得以穩健的發展，提供
優質的產品，很明顯這是種正向的回饋互動。

　　臺灣一般學校傳統的校外教學模式，經歷了那麼多年的操作，其實
從型態上、操作上、教學引導上、課程配合程度上、教師學生家長心態

上，都已經面臨到必須檢討改進的地步。當國外的學生在森林、草原、濕地、海岸、河流等地方，進行一手的體驗與學習和成長時，我們的學子仍然被呵護備至的停留在室內上網、到主題遊樂園去「校外教學」等活動模式上。可以看到這兩者在學生心智成熟與啟發，以及有意義學習目標達成上的差異。當教育改革、課程改革甚囂塵上時，學校仍然被陳舊的校外教學模式拖著原地打轉。「三六九小月」的型態像是個魔咒般，限制著有意義的校外教學（戶外教育）的機會。這樣的型態有必要突破，但是學校教師與行政人員也會問，如果不去那些慣常的地方，我們要去哪裡呢？要影響這種可能的進化與改變，觀念的障礙突破與外部環境學習中心優質服務的出現與提供，無疑是一股推與拉的力量。教育機構裡的行政與教育人員必須嘗試不一樣的可能，而環境學習中心正是這種改變與服務提供的最佳夥伴。

七、一般消費者準備好了嗎？

臺灣社會在歷經了長時間的經濟發展，國民在工作上、生活上所承受的壓力，其實亟需尋求身心的出口，舒緩過度工作所帶來的疲憊。而週休二日的實施，也提供了這種休閒與遊憩的機會。整個社會其實已經發展出對於休閒強烈的需求。在對於休憩需求的滿足上，兩個重要的因子：時間與空間的考慮上，發現時間的因素較好解決。但是在空間的因素與需求條件

・環境學習中心也可以是國民優質休憩活動的首選。

上，就顯得比較困難。這可以從週末假日臺灣各大都會區開放空間或是綠地上面擁擠的人潮，以及往郊區名勝聯外道路的擁擠車潮得到些許印象。大家休憩活動的地點與資源的選擇上，其實是有限的。如果環境學習中心或是自然中心之類寓教於樂的設施，能夠在臺灣逐步實踐出現，相信社會對於這樣的設施應該是會蠻支持的。現在的挑戰是，臺灣這樣的服務設施其實在質與量上並不足夠（也許應該說稀少），具有全功能運轉的環境學習中心如鳳毛麟角。當然，這並不代表臺灣這個環境學習中心產業不能成形，而是在消費者（使用者）與服務提供者（中心）兩方面都需要加油改進。尤其筆者也相信，其實社會上消費者的意識與力量是很大的，追求優質服務產品的需求也很強。譬如現在許多強調環保、健康、永續特質的「樂活」（LOHAS）產品，以及綠色旅遊的推出，都代表著臺灣的消費者可以、也願意去接受這類有意義的休閒遊憩產品和服務。如果社會大眾能夠對環境學習中心這類型的服務接受，並且對於這種類型產品有很高的需求，則很自然的會對於從事這種服務不論是公家或是民間的單位，都會形成一股很大的支持與驅動力。這種趨勢將絕對有助於這種服務的產生與品質提升。

第五節　臺灣要有跳得更高、跑得更遠的企圖與做法

　　筆者造訪過不少國家不同類型名稱的環境學習中心，也與許多不同領域但志同道合的朋友，共同參與了臺灣民間與政府環境學習中心發展的歷程。對於環境學習中心在臺灣的發展，筆者認為這是一個社會發展歷程中「應該」要走的路。卻也深深的感受到，如果沒有政府適時的政策引導或是協助，以及民間的認同與投入，它並不一定是臺灣社會「必定會」走出來的路與服務機制。當然以目前的趨勢而言，筆者仍然是抱

持著審慎的樂觀。但是也深知要真正發展出完善優質的環境學習中心機制與服務，仍然有一些必要的條件與考慮必須要提出。因此，針對這些不同層面可以做的努力，與建構更多能量策略的關切，一一建議與說明如下。這些建議也許是對於政府有關單位的期望，有些是對於國內環境教育界的期望，或是學術界與產業界的期望與建議。我當然知道在別的國家花了數十年，甚至更長久時間演化出來的成果與狀態，臺灣要在短時間就演化出來、一次到位，是不太可能的。可是如果我們覺得發展環境學習中心對於臺灣是必要的，那麼也許大家應該可以接受把目標訂得高一點，讓我們多一些挑戰。我深信我們的強烈企圖心，將使我們在這場和自己的挑戰競賽中能夠跳得更高、跑得更遠。筆者試著提出以下的諸項建言，與夥伴們分享共勉之。

一、明確的國家政策、法令與積極落實

環境學習中心的發展，對於社會整體環境素養的提升，絕對有正面的效果。同時也能夠提升與滿足國民有意義的休閒遊憩的需求，更有健全孩童人格發展的重要意義。對於環境的保育、社區的永續發展，也都有重要的影響。在目前政府的相關政策中，雖然有一些政府機構有這樣的發展企圖與工作，民間也有一些零星的案例在努力，但是如果要穩固長遠的發展，政府明確政策的影響力仍然是很關鍵重要的一環。它不僅是發展一種環境學習機制，同時也是促進一種具有永續關懷的「綠色」學習型產業在臺灣健全發展的機會。

如果要尋找國家政策的關切，其實早在2002年行政院國家永續發展委員會所提出與推動的「國家永續發展行動計畫」的八項行動計畫中，永續教育行動計畫的第貳項重點任務（整合政府、民間、企業及學校資源，推動永續發展教育）裡，第一項工作項目就指示要營造學習空間。而要落實與必須完成之三項具體工作內容裡，頭兩項工作就直接指示要推動建構永續發展教育的中心（行政院國家永續發展委員會，2002），

而環境學習中心當然就是其關切的最具體體現與實踐——

1. 開放公共空間，研擬開放供民間使用之優惠辦法，以提供作為推動「永續發展教育」的學習中心。

2. 鼓勵學術界與民間團體參與社區保育與教育工作，以建立永續發展教育相關的示範區，並提供經費鼓勵設置社區層級「永續教育推動中心」以推動長期性計畫。

從以上已經存在的政府政策宣示與策略工作項目裡面，就可以發現，其實政府已經有非常明確的方向，要促成具有永續發展觀念與行為推廣落實的學習中心之設置。而環境學習中心或自然中心，本就朝向促成在地的環境關懷、行動實踐，與地區文化的保存、地方的振興，當然就是此種方向最佳的實踐。

此外，在行政院環境保護署2009年向行政院提出的「環境教育法草案」條文中，第十一條內容更是直接指出環境學習中心設置的必要：

各級主管機關及中央目的事業主管機關應整合規劃具有特色之環境教育設施及資源，並優先運用閒置空間、建築物或輔導民間設置環境教育設施、場所，建立及提供完整環境教育專業服務、資訊與資源。

在歷經波折，長期艱辛的推動環境教育立法努力後，2010年5月18日，立法院終於三讀通過了環境教育法，並經總統於同年6月5日公布，於2011年6月5日正式施行（行政院環境保護署，2010）。這個歷經十七年，由民間團體、政府機構、學術機構、民意代表共同努力與期盼多時的環境教育法的通過與正式施行，將帶給臺灣環境教育的推動落實有非常大的助力與影響。在該法中，已經明確的有與環境學習中心有關的條文。譬如：

第十四條　各級主管機關及中央目的事業主管機關應整合規劃具有特色之環境教育設施及資源，並優先運用閒置空間、建築物或輔導民間設置環境教育設施、場所，建立及提供完整環境教育專業服務、資訊與資源。

接受環境教育基金補助之環境教育設施或場所，其辦理環境教育活動，應給予參與者優待。

中央主管機關應對第一項環境教育設施、場所辦理認證；其資格、認證、收費基準、評鑑、認證之有效期限、撤銷、廢止、管理及其他應遵行事項之辦法，由中央主管機關定之。

第十五條　中央主管機關為辦理環境教育人員、機構及環境教育設施、場所之認證，應邀集中央目的事業主管機關及專家學者審查。

第二十條　各級主管機關及中央目的事業主管機關應輔導及獎勵下列事項：

一、民間運用公、私有閒置空間或建築物設置環境教育設施、場所。

二、國民主動加入環境教育志工。

前項輔導獎勵之對象、條件、適用範圍、審查程序、審查基準及其他相關事項之辦法，由各級主管機關及中央目的事業主管機關定之。

各級主管機關及中央目的事業主管機關應輔導民營事業促使其主動提供經費、設施或其他資源，協助環境教育之推展。

　　雖然長久以來的困難與挑戰不會一下就全都消失，但筆者仍樂觀的相信這些條文的規範，對於臺灣發展環境學習中心等類型的服務機制，一定會產生正面的影響。但是如果深究實際的狀況，其實各級政府目前

並沒有清楚的去落實以上所提政策目標。甚至在相關的案例中，還可以看到公部門仍然用舊有的法規與思維在工作。許多有可能與潛力建構成環境學習中心、自然中心的場域和資源，仍然被各有關單位以「營利」的眼光，用營利性質或不恰當的模式去進行委外，導致全民環境教育的功能無法發揮，非常值得檢討。很明顯的在事實上，許多單位仍需要調整這些做法，才可能達到環境教育法所期望的積極促進的目標。

筆者認為目前已經有充分的政府政策與法令，來作為國家發展環境學習中心的依據，但是了解其重要性的政府部門工作人員卻可能不多，因而錯失了許多良機。而現有許多資源的閒置、錯置或是採用錯誤的委外經營模式，都會導致環境學習中心類型的服務，無法廣泛存在與發揮影響。因此有必要加強產、官、學三方面的對話，積極促成夥伴關係的形成與發揮，以落實政府既有對於推動與建構環境學習中心服務的政策。另一方面，也必須有貫徹執行既有相關政策法規的決心與行動，才有可能落實環境學習中心類型服務，全面提升國民環境素養與終身學習的品質。

二、政府的協助責無旁貸

以筆者對於環境學習中心相關事務長期的觀察，與對這個領域世界與地區趨勢的了解，覺得政府其實在建構臺灣的環境學習中心服務與產業的歷程中，有非常關鍵的角色必須要扮演，而這個責任絕對是不容拋棄的。不能覺得這是可有可無的東西，任由民間自行摸索就可以成形。政府要確保這樣的機制能夠成立，並且要提供優質的環境學習機會，促進地方與社區的永續發展，而不是任由民間自行發展（或甚至走錯了方向，反而會造成臺灣環境與棲地遭受另外一種的破壞）。參酌在此方面發展已經有多年歷史與經驗的美、日、英、澳等國的經驗與歷程，發現政府有主導社會此方面發展的責任，政府必須要創造有利的條件，並且動員政府的資源去創造優質的示範模式。政府的存在價值、定位與責任，本來就是要引領與創造人民及社會共同的福祉。因此要透過清楚的

政策與法規，來營造一個環境學習中心可能存在的環境與條件，這種策略性引領是非常重要的。政府的責任就是要有前瞻性與視野，訂出適合的遊戲規則，並輔以必要的行政安排與資源的支持，營造一個適合環境學習中心發展的社會環境條件與情況，相信臺灣的優質環境學習中心機制，必然會因應產生與蓬勃壯大。

　　目前環境教育法已確實在所謂「環境教育設施、場所」上面，有規範條文與辦法的出現。這是一個發展環境學習中心很好的支撐點。但是無庸諱言，很多個人與團體，對於此「設施、場所」仍然用字面上的涵義在看待此條文。筆者甚至已經從報章上的報導，看到了有「掛羊頭賣狗肉」的案例出現。但是環教法此條文與相關的辦法之實質意涵，絕對是要求要具備有「專業人員、優質方案的環境教育設施場所」才有申請認證的必要與可能。因此，在法條文字上的模糊與民間甚至執法單位都沒能清楚掌握其實質精神的狀況下，很可能會有執行上的混亂產生。所以筆者仍要在此很認真的呼籲，有法條固然是一個鼓勵與支撐，但是圖法不足以自行，推動認證的執法者與參與此產業創發的各個單位及個人，一定要秉持著推動環境教育，實踐永續發展的目標和誠懇的態度去耕耘，不要走短線與一窩蜂，才能夠為臺灣此產業的發展與環境教育的實踐，奠定紮實與長久的根基。

三、產業要有自己好的標準與期許

　　環境學習中心類型的服務，從國外發展的歷程與經驗裡，可以得知不論是公營或是民營的中心，其實整體觀之，它隱然形成的是一個結合教育、研究、保育、文化、遊憩等多重功能的特殊學習型產業，也是一個學習服務型產業。如果再從地方永續發展的觀點來看，它其實也是一個促進地方產業振興、環境與文化保育、社區永續發展的重要基地。從它的學習產品推出與使用，設施的建構，以及滿足使用者衣、食、住、行、育、樂的需求目標所必須做的努力，在在都顯示出它其實是具有類似「火車頭產業」的功能與角色。譬如英國全國三百多個各式型態的戶

外教育中心、田野學習中心，已經形成了一個一年7億5000萬英鎊產值的產業。臺灣要發展這方面的服務機制，必然也會帶領起可觀的實質效益。但是很重要的一個考慮是，臺灣其實是土地狹小、人口眾多，而環境脆弱的。因此，有意發展的公民營單位機構都應該要確實了解環境學習中心的實質，知道如何在促進此方面發展的同時，不會因為推展環境學習而破壞了環境。

臺灣在此方面發展之初，可能許多民間或是政府主管單位也沒有想到那麼長遠深刻。但是考慮臺灣島嶼生態的特質與文化的特性，筆者建議政府有必要結合產業與學術界，持續積極對話，發展出一套簡單可以依循的品質標準來作為引導。在時機條件成熟的階段，推出一套有助於品質保證與提升的認證機制，來主導此類型服務產業的健全發展，相信最後受益的一定是追求品質的產業、全體國民與臺灣的社會及環境。譬如在歐盟，就對於生態露營場有非常清楚的規範與認證制度。而在美國加州，也對於住宿型環境學習服務提供者，做出清楚的品質規範，都是很好的例子。

筆者要特別提醒的是，環境學習中心絕對不是另外一波的休閒產業振興計畫，或是變形的民宿產業升級風潮。臺灣社會慣常一窩蜂搶熱門，不重實質卻走短線模仿的「葡式蛋塔」風潮，絕對不適用、也不利於臺灣環境學習中心產業的發展。我們應該嚴肅的看待這個過程與實質，它是一種結合臺灣社會，提升生活品質、教育改革、促進終身學習、地方與國家永續發展及環境教育實踐的重要工程。環境學習中心應該是一種促進社會品質提升，具有環境、生態、文化、社會、教育、人本關懷的國民品質提升計畫。因此從事這種服務提供的單位，應該要誠懇地下工夫，必須做出滿足以上關懷的最好示範。

四、消費者要提升

環境學習中心這類型的服務，對於國外已經發展多年有深厚基礎的國家如美、英、日、澳等國社會一般大眾與學校來說，是非常常見普遍

的。然而對於國內的消費者而言，可能大多數的人不曾聽過或接觸過。這種服務機制，其實是學校以外最龐大與重要的環境教育機會的提供者。臺灣過去多年發展環境教育，各界的努力大多集中在學校，但是對於這種能夠提供整個社會學習與利用的環境學習中心及自然中心的設施機制，卻是疏於投注心力與資源，現在是開始迎頭趕上的時刻了。但是很重要的關切是，我們在創造與建構這種設施機制的時候，需同時思考要如何讓這種服務與使用者充分結合的議題。也就是要讓整個社會充分的了解這種服務的存在與功能，進而樂於使用與參與。這樣生產者與消費者充分的結合，才能具體的形成一個產業生態系。因此，教育消費者其實也是發展環境學習中心開始階段必須要注意的一環。讓消費者充分了解環境學習中心的優質服務與滿足其需求的專業品質，是促進環境學習中心良性優質發展的重要因素。環境學習中心以有意義的環境學習體驗、生活的、文化的、環保的、永續的形象進行這方面的努力，相信將逐步能建立社會各界使用者（消費者）對於這類型設施服務的信心與愛用度。對於從事環境學習中心發展的政府與民間單位來說，這都是非常有實質促進效果的基本努力。

· 臺灣環境學習中心發展絕對需要民間共同參與。

五、學校行政與教育的態度要改變

　　自20世紀末全世界各國吹起的教育改革、課程改革的風潮，也吹到臺灣過。過去多年來，正規教育系統內的改變，不論是從師資培育、教育行政人員的行政方式、課程的革新、教學的多元化等，在在都顯示著學校這個傳統的學習重鎮已經有不少的改變。這種改變不論是被動的因應社會的期望，或是發自教育機構與教育人員的自發與創新，都顯示著是一股教育品質向上提升的風氣。

　　可是很奇怪的是，大部分的學校在處理學生的校外教學、畢業旅行等，能夠讓學生去擁抱真實世界、在環境中學習的事務安排上，似乎仍然沒有太多的改變。舊有委託旅行社代辦的「三、六、九、小、月」模式仍然非常一致的重複上演著，一下子十幾輛遊覽車浩浩蕩蕩全年級出發的壯觀景象，仍然非常容易見到。這種規模，光要讓學生集合上下車就已經是莫大挑戰了，遑論所謂「教學」的品質與效果。其實在這個現象背後，一定程度代表著現有教育人員在面對與處理孩子難得離開校園，進行難得的學習與體驗時某種價值觀、認知與行為。

　　環境教育在國內也推行多時，相信一般學校教師一定也能夠感受到有品質的戶外教學對於孩子學習的重要。學校圍牆外面，不論是政府部門或是民間團體，都可以也願意努力的創造環境學習中心類型的專業環境教育服務和產品給學校師生。但是如果學校教師與行政不能夠體會這種專業服務的品質與重要，則我們的教師與下一代仍將是在這種既有的窠臼中打滾而無法改變。我不反對類似主題公園遊樂設施的存在與利用，但是學校活動如果是以教學的名義與目標來推出，理當要有更好的教育品質與意義。筆者認為關鍵點在於主其事的教師與教育行政人員觀念是否能夠突破，是否能夠突破多年來習慣模式加諸在大家身上的「魔咒」。　當然這個現象的產生，教育主管機構也有很大的責任，因為到目前為止，尚未定義什麼才是優質的戶外教學、校外教學。

究竟什麼是優質的戶外教學該有的質素？為什麼一定要一個年級一起去「校外教學」呢？筆者認為如果在校內，學校都無法以少數幾位教師，同時去教一整個年級（或是好多個班級）的學生，讓學生有效的學習數學、自然、語文、藝術、人文等學科內容。為什麼我們的教育工作者就可以相信，當我們同時帶著五輛、十輛遊覽車的學生，同時湧入環境學習中心、生態教育園區、地質公園時，這些機構就有能力把有關環境的關懷、自然的奧妙、先民的篳路藍縷與環境變遷等內涵，有效的引導那麼多的學生去學習呢？筆者覺得關鍵是我們並沒有把「校外教學」當作是「教學」，用「教學」的思維、期盼來審慎規劃與執行。

　　其實目前已經有一些有心的教師、教育行政機構、人員、與家長們能夠勇敢的跨出一步，儘管是小小的一步，但是對於整個系統的改變，是具有示範與象徵意義的。自然中心、環境學習中心的存在，有很重要的意義就是要成為學校教師們進行環境教育的好夥伴，提供專業的環境教育服務給來自學校的孩子與教師。因此，在環境學習中心這項努力逐步開展時，學校教師與教育行政人員，應該更積極主動的去握緊這些中心機構所伸出的友誼之手，為孩子們共同創造在真實環境中學習、體驗與挑戰自我的機會和經驗。而這些重要的生命經驗，相信對於形塑他們未來成為負責任環境公民，將具有非常重要與正面的意義和影響。

六、加強相關專業人員的培養

　　環境學習中心是一種綜合了環境教育、環境解說、生態棲地經營管理、環境管理、景觀規劃、社區發展、社會行銷、餐旅管理、企業管理等諸多專長的特殊學習型服務體。中心服務的完善推出與中心的教育、研究、保育、文化、遊憩等目標的達成，有賴於各種專業人員的通力合作與統合力量的發揮。其中當然環境教育、環境解說與環境傳播方面專業人力的素質，因為牽涉到中心的核心教育活動方案的規劃、設計與執行的品質，更是一個中心存在非常重要的關鍵。以此焦點檢視目前朝向

環境學習中心發展的公民營之中心，明顯的發現這方面核心工作的人力質與量都是不足的。如果一個環境學習中心的核心環境學習產品，都無法充分的對社會各界與學校產生優質的示範與影響，當然中心的經營與存續就會面臨挑戰。因此，要培養這方面的專業人力是刻不容緩的。不只是高等教育學府裡相關環境教育、環境解說的系所，需要加緊培養這方面的專業人力，其他社會上相關的專業團體，也應該提供相關的在職專業訓練課程給有心朝向此方面發展的社會人士，共同加速培養此產業發展所需要的環境教育與環境解說等方面專業人力。

環境學習中心唯有顯現出比學校教師更專業、更優質的戶外環境教育能力、經驗與教學服務，才能吸引學校教師放心帶領他們的學生來使用中心的環境教育服務。另一方面，中心也要能夠滿足社會與社區成年人有意義休閒遊憩與終身學習的需求，才有可能讓更多社會人士走進環境學習中心去渡過他們難得的休閒與假日時光。而這些難得的邂逅，都將是播下對環境與社會永續關懷的種子。環境學習中心由於產品與服務的特質，面對社會上其他諸如渡假村、遊樂區、休閒農場等類型設施的競爭，必須能夠清楚的區隔產品與定位，推出優質的環境教育活動方案，成為學校與社會更安心與密切的教育夥伴，才能夠在此社會演化的歷程中找到位置，積極扮演推手的角色。相信環境學習中心服務在社會上逐漸推出與普遍化的過程中，能夠藉由更優質與專業的服務品質及形象，吸引更多對此方面有興趣與具專業的學子與社會人士投入。共同帶動這個行業在臺灣的深耕，並能夠與社會需求脈動更緊密的結合及更廣泛長遠地發展。

七、 夥伴結盟、儘速發展優質案例模式

環境學習中心是地區推動環境教育的重要推手，臺灣要能更快速的在此方面發展成功的案例，累積屬於臺灣此方面之專業技術能量，這需要更多公部門與民間單位共同努力。臺灣發展環境學習中心，不比美

國，由於資源、人力都沒有像美國那麼大的量與規模，可以慢慢演化，去蕪存菁。因此，個人覺得政府應結合民間與學術機構，善用資源集約而重點突破。再由點的突破，產生面的擴散效應。目前政府單位如林務局、國家公園都有些經驗與成果，宜結合民間資源、人力、專業，共同合作與協助有心發展單位，共同提升品質，更上層樓，結合正規教育系統，形成一個更綿密的環境教育服務平臺與推動機制。

我認為不論是政府或民間重量級團體機構，都應該要建立一些（數量並不在多）實力堅實的環境學習中心，對全社會做出最佳的實踐案例（best practice）。累積相關專業，就近提供各界學習參考。而原推動單位也才能據此累積經營管理的專業技術能量，不斷的提供教育訓練與成長的服務，給所在區域有興趣發展之單位。

除了鼓勵重量級中心要出現外，也要鼓勵地方性、社區型的小型中心（此處指的並不是面積大小，而是服務能量）發展。小型社區型的環境學習中心，在臺灣多屬私人或社區等團體所擁有或推動。這類型的中心由於發展上貼近地方社區、文化與資源，對振興社區與促進地方永續發展很有助益，千萬不可忽視。

第六節　我相信

一個社會要做出某些發展與改變，絕對不是一朝一夕，也不是少數幾個人能夠辦到的。臺灣自然中心與環境學習中心的發展，歷經了十幾二十年來，許多不同的組織、機構、個人，在這個過程中，投注了許多的心力與熱忱。而這個努力的過程，其實也就是臺灣環境教育向前演化邁進的歷程之一。有了那麼多的關心與投入，目前與未來環境學習中心的推展才能夠成為可能。這個過程，就是一個匯聚社會有心人士，共同

為了臺灣的環境教育、優質教育共同努力的歷程。我們也許彼此不認識，但是我想我們都有一些相似與共同的夢想，讓我們那麼多年來，在公部門、私部門、學校、社區、產業界、學術界等不同的角落，不約而同前仆後繼地在做夢、築夢與實現夢想。而這個大家共同願景的實現，我相信將能夠促成臺灣人更關心自己所處的環境、社會，以及更大的世界。同時才能讓孩子們的學習與成長和真實的世界接軌，並將能提供更多有意義休閒遊憩經驗的服務與產品，給社會各階層的個人與團體。

　　但更重要的是，我相信，透過了你我以及社會各個不同部門的合作及參與，我們將能夠克服個人與組織在能力或結構條件上的限制而創造不一樣！對於過去這些年來，一同為建立臺灣環境學習中心而努力奮鬥的政府機構、民間團體、學術機構、個人，以及環境教育界的好朋友與年輕夥伴們，我充滿了感激。對於所有有心發展自然中心、環境學習中心的公私部門，我相信只要大家堅持這個理想與信念，互相扶持，尤其在環境教育法的法制基礎充分支持下，自我要求並不斷地追求品質提升，我們將能夠走得更遠、更穩，更優化發展與落實臺灣的環境教育！這本書是筆者個人多年來參與經驗的一個階段性整理，只是一個起點，仍有不足之處。但仍期望本書能夠幫助並帶動臺灣各界同好在此領域勇於開創與實踐，創造臺灣環境教育下一個階段更蓬勃的發展。

參 考 文 獻

行政院國家永續發展委員會（2002）。永續發展行動計畫分工表——永續教育工作分組。2011年2月16日，擷取自行政院國家永續發展委員會網站：http://sta.epa.gov.tw/nsdn/ch/plan/index.htm

行政院環境保護署（2010）。環境教育法。2011年1月9日，擷取自http://ivy5.epa.gov.tw/epalaw/index.aspx

周儒（2009）。〈我見、我聞、我思——對臺灣推動環境學習中心的想法與期待〉。《2009全國自然教育中心推動發展研討會論文集》，54-68頁。2009年12月18-19日。臺北：行政院農業委員會林務局、中華民國環境教育學會。

黃靜儀譯（2005）。《NOSARI——迎接綠色假期時代》。臺北：中國生產力中心。佐藤誠原著。

嚴長壽（2008）。《我所看見的未來》。臺北：天下文化。

Chou, J. (2006). *The development of environmental education and environmental learning center in Taiwan.* Article presented at the Asian Academic Meeting on 'SATOYAMA' Research and Environmental Education, July 14-17, 2006, Kanazawa, Japan: Kanazawa University.

附錄 他山之石
—— 更多環境學習中心參考案例

美國

- Aldo Leopold Nature Center - Home, http://www.naturenet.com/alnc/
- Audubon Center at Debs Park, http://ca.audubon.org/debs_park.php
- Audubon Greenwich, http://www.greenwich.center.audubon.org/
- Audubon Nature Institute, http://www.auduboninstitute.org/
- Aullwood Audubon Center & Farm, http://aullwood.center.audubon.org/
- Beaver Lake Nature Center, http://onondagacountyparks.com/beaver-lake-nature-center/
- Cayuga Nature Center Online, http://www.cayuganaturecenter.org/
- Cibolo Nature Center, http://www.cibolo.org/
- Cincinnati Nature Center, http://www.cincynature.org/
- Eagle Bluff Residential Environmental Learning Center, http://www.eagle-bluff.org/
- Frost Valley YMCA: Year-Round Residential Camping, Environmental
- Education & Conference Center Facilities, http://www.frostvalley.org/
- Great Smoky Mountains Institute at Tremont, http://www.gsmit.org/
- Hawai'i Nature Center, http://www.hawaiinaturecenter.org/index.html
- Ijams Nature Center - Welcome to Ijams Nature Center, http://www.ijams.org/
- IslandWood, http://islandwood.org/
- Kalamazoo Nature Center, http://www.naturecenter.org/
- Kandersteg International Scout Centre, http://www.kisc.ch/
- Marjory Stoneman Douglas Biscayne Nature Center, http://www.biscaynenaturecenter.org/index.html

- New Jersey School of Conservation, http://www.csam.montclair.edu/njsoc/index.html
- North Cascades Institute, http://www.ncascades.org/index.html
- Olympic Park Institute at NatureBridge, http://www.naturebridge.org/olympic-park
- Pocono Environmental Education Center, http://www.peec.org/
- Reinstein Woods Nature Preserve & Environmental Education Center, http://www.dec.ny.gov/education/1837.html
- Rye Nature Center, http://ryenaturecenter.org/
- Schmeeckle Reserve, University of Wisconsin-Stevens Point, http://www.uwsp.edu/cnr/schmeeckle/
- Seattle Parks and Recreation: Carkeek Park - Environmental Learning Center, http://www.ci.seattle.wa.us/parks/parkspaces/CarkeekPark/ELC.htm
- Springbrook Nature Center, http://www.springbrooknaturecenter.org/
- Tenafly Nature Center, http://www.tenaflynaturecenter.org/
- Teton Science Schools, http://www.tetonscience.org/
- Texas Freshwater Fisheries Center, http://www.tpwd.state.tx.us/spdest/visitorcenters/tffc/
- The Association of Nature Center Administrators, http://www.natctr.org/
- The Morton Arboretum, http://www.mortonarb.org/
- The Watershed Institute, http://www.thewatershed.org/about-us/the-watershed-institute/
- The Wilderness Center, http://www.wildernesscenter.org/
- Urban Ecology Center, http://www.urbanecologycenter.org/
- Water Resources Education Center, http://www.cityofvancouver.us/watercenter.asp?waterID=25038

· Wetlands Environmental Education Centre, http://www.wetlandseec.
schoolwebsites.com.au/home.aspx

英國

· Brockhole - FSC Brockhole, http://www.field-studies-council.org/
centres/brockhole.aspx
· Canterbury Environmental Education Centre, http://www.econet.org.
uk/reserve.html
· Castle Espie - Wildfowl & Wetlands Trust (WWT), http://www.wwt.
org.uk/visit-us/castle-espie
· Centre for Alternative Technology, http://www.cat.org.uk/
· Epping Forest - FSC Epping Forest, http://www.field-studies-council.
org/centres/eppingforest.aspx
· FSC Centres, http://www.field-studies-council.org/centres/index.aspx
· Juniper Hall - FSC Juniper Hall, http://www.field-studies-council.org/
centres/juniperhall.aspx
· London - Wildfowl & Wetlands Trust (WWT), http://www.wwt.org.
uk/visit-us/london
· Margam Discovery Centre - FSC Margam Park, http://www.field-
studies-council.org/centres/margamdiscoverycentre.aspx
· Orielton - FSC Orielton, http://www.field-studies-council.org/centres/
orielton.aspx
· Wildfowl & Wetlands Trust (WWT) centres, http://www.wwt.org.uk/
visit-us

瑞典

- Naturum - visitor centres in nature – Naturvardsverket, http://www.
  naturvardsverket.se/en/In-English/Start/Enjoying-nature/National-
  parks-and-other-places-worth-visiting/Naturum---visitor-centres-in-
  nature/
- Naturum – Naturvardsverket, http://www.naturvardsverket.se/en/
  Start/Friluftsliv/Skyddade-omraden/Naturum/

澳洲

- Amaroo Environmental Education Centre, http://www.amarooeec.eq.
  edu.au/index.html
- Bilai Environmental Education Centre, http://www.bilaieec.eq.edu.au/
- CERES - Centre for Education and Research in Environmental
  Strategies, http://www.ceres.org.au/
- Gould Group - Water Wise Discovery Garden, http://www.gould.org.
  au/html/WaterWiseDiscoveryGarden.asp
- Griffith University EcoCentre, http://www.griffith.edu.au/
  environment-planning-architecture/ecocentre
- Marine Discovery Centre - Department of Primary Industries, http://
  new.dpi.vic.gov.au/fisheries/education/marine-discovery-centre
- North Keppel Island Environmental Education Centre, http://www.
  nkieec.eq.edu.au/
- Port Phillip EcoCentre, http://www.ecocentre.com/
- Queensland Department of Education and Training's Outdoor and
  environmental education centres (O&EECs) List, http://education.qld.
  gov.au/schools/environment/outdoor/oeclist.html

- Royal Botanic Gardens Melbourne, http://www.rbg.vic.gov.au/
- Toolangi Forest Education Program, http://www.dse.vic.gov.au/DSE/
  nrenfor.nsf/LinkView/3DFBD67A0C6DFA944A2567EF0009E7803146
  C558D297DF104A256AA40000D687

日本

- Toyota Shirakawa-Go Eco-Institute(Japan), http://www.toyota-global.
  com/sustainability/corporate_citizenship/environment/toyota_shirakawa-
  go_eco-institute/
- ホールアース自然学校 （Whole Earth自然學校），http://wens.gr.jp/
- 田貫湖ふれあい自然塾，http://www.tanuki-ko.gr.jp/
- 志摩自然学校-トップページ，http://www.shima-sg.com/index.html
- 国際自然大学校 - キャンプ、自然体験プログラム，http://www.nots.
  gr.jp/
- 河川環境楽園自然発見館ウェブサイトへようこそ，http://www.
  kisosansenkoen.go.jp/~kasenkankyou/hakkenkan/
- 金沢大学「角間の里山自然学校」，http://www.adm.kanazawa-u.
  ac.jp/satoyama/satoyamaschool/
- 富士自然学校（株），http://fujikirara.jp/

香港、澳門

- Kadoorie Farm and Botanic Garden - Index Page, http://www.kfbg.org/
- WWF世界自然基金會香港分會米埔自然保護區，http://www.wwf.
  org.hk/getinvolved/gomaipo/
- 大潭山環境教育中心，http://www.iacm.gov.mo/sal/ecoteca/MAIN/
  BIG.HTM
- 明愛陳震夏郊野學園（Caritas Chan Chun Ha Field Studies Centre），

http://www.caritasfsc.edu.hk/chi/index.htm

· 香港濕地公園，http://www.wetlandpark.com/tc/index.asp

· 嗇色園興辦的可觀自然教育中心暨天文館，http://www.hokoon.edu.hk/main.html

· 澳門環境資訊與教育中心，http://www.iacm.gov.mo/sal/ecoteca/MAIN.HTM

臺灣

· 100%玩米主義「有機稻場」，http://www.organicfarm.org.tw/

· 二格山自然中心，http://www.tfsc.org.tw/

· 八仙山自然教育中心，http://nec.forest.gov.tw/LMSWeb/NEC-N/NECPage_08_S.aspx?QANEC_ID=bss

· 太平生態農場，http://www.uhome.org.tw/tai-ping/e-tai-ping.htm

· 太魯閣國家公園，http://www.taroko.gov.tw/zhTW/?type=1

· 池南自然教育中心，http://nec.forest.gov.tw/LMSWeb/NEC-N/NECPage_08_S.aspx?QANEC_ID=cn

· 杉林溪自然教育中心，http://www.goto307.com.tw/index-e1.html

· 林務局自然教育中心，http://nec.forest.gov.tw/NEC-N/necIndex.aspx

· 東眼山自然教育中心，http://nec.forest.gov.tw/LMSWeb/NEC-N/NECPage_08_S.aspx?QANEC_ID=tys

· 知本自然教育中心，http://nec.forest.gov.tw/LMSWeb/NEC-N/NECPage_08_S.aspx?QANEC_ID=jb

· 芝山文化生態綠園，http://www.zcegarden.org.tw/

· 阿里磅生態農場，http://www.albefarm.idv.tw/

· 紅樹林生態教育館，http://mangrove20110301.blogspot.com/

· 員山生態教育館，http://yuanshan-elc.blogspot.com/

· 國立臺灣大學生物資源暨農學院附設山地實驗農場，http://mf.ntu.

edu.tw/hotnew.php

‧陽明山國家公園，https://www.ymsnp.gov.tw/web/activity.aspx

‧奧萬大自然教育中心，http://nec.forest.gov.tw/LMSWeb/NEC-N/
NECPage_08_S.aspx?QANEC_ID=awd

‧溪頭自然教育園區，http://www.exfo.ntu.edu.tw/sitou/cht/

‧福山植物園，http://fushan.tfri.gov.tw/

‧臺北市立動物園，http://www.zoo.taipei.gov.tw/MP_104031.html

‧羅東自然教育中心，http://nec.forest.gov.tw/LMSWeb/NEC-N/
NECPage_08_S.aspx?QANEC_ID=ld

‧關渡自然公園，http://your.gd-park.org.tw/ind/modules/
tinycontent9/index.php?id=1

‧觸口自然教育中心，http://nec.forest.gov.tw/LMSWeb/NEC-N/
NECPage_08_S.aspx?QANEC_ID=ck

五南文化廣場

橫跨各領域的專業性、學術性書籍
在這裡必能滿足您的絕佳選擇！

五南全國門市

【台大店】

【台大法學店】

【逢甲店】

【海洋書坊】

【嶺東書坊】

【環球書坊】

【台中總店】

【高雄店】

【屏東店】

海 洋 書 坊：202 基 隆 市 北 寧 路 2號　　TEL：02-24636590　FAX：02-24636591
台 　大 　店：100 台北市羅斯福路四段160號　TEL：02-23683380　FAX：02-23683381
台大法學店：100 台北市中正區銅山街1號　　TEL：02-33224985　FAX：02-33224983
逢 　甲 　店：407 台中市河南路二段240號　　TEL：04-27055800　FAX：04-27055801
台 中 總 店：400 台 中 市 中 山 路 6號　　TEL：04-22260330　FAX：04-22258234
嶺 東 書 坊：408 台中市南屯區嶺東路1號　　TEL：04-23853672　FAX：04-23853719
環 球 書 坊：640 雲林縣斗六市嘉東里鎮南路1221號　TEL：05-5348939　FAX：05-5348940
高 　雄 　店：800 高 雄 市 中 山 一 路 290號　TEL：07-2351960　FAX：07-2351963
屏 　東 　店：900 屏 東 市 中 山 路 46-2號　TEL：08-7324020　FAX：08-7327357
中信圖書團購部：400 台 中 市 中 山 路 6號　　TEL：04-22260339　FAX：04-22258234
政府出版品總經銷：400 台中市綠川東街32號3樓　TEL：04-22210237　FAX：04-22210238
網 路 書 店 http://www.wunanbooks.com.tw

專業法商理工圖書・各類圖書・考試用書・雜誌・文具・禮品・大陸簡體書
政府出版品總經銷・中信圖書館採購編目・教科書代辦業務

國家圖書館出版品預行編目資料

實踐環境教育：環境學習中心／周儒著. —
初版. — 臺北市：五南, 2011.09
　　　面；　　公分. --

ISBN 978-957-11-6343-7 (平裝)

1.環境教育 2.學習資源中心

445.9　　　　　　　　　　100013306

1IVN

實踐環境教育
環境學習中心

作　　者 ― 周　儒(105.2)

發 行 人 ― 楊榮川

總 編 輯 ― 王翠華

主　　編 ― 陳念祖

責任編輯 ― 李敏華

封面設計 ― 哲次設計

出 版 者 ― 五南圖書出版股份有限公司

地　　址：106台北市大安區和平東路二段339號4樓

電　　話：(02)2705-5066　　傳　　真：(02)2706-6100

網　　址：http://www.wunan.com.tw

電子郵件：wunan@wunan.com.tw

劃撥帳號：01068953

戶　　名：五南圖書出版股份有限公司

法律顧問　林勝安律師事務所　林勝安律師

出版日期　2011年9月初版一刷
　　　　　2015年9月初版三刷

定　　價　新臺幣500元